U0127565

Spark

大数据技术与应用

微课版

千锋教育 | 策划　贺鑫 史宏 | 主编　刘利民 秦怡 黄晶晶 | 副主编

人民邮电出版社

北 京

图书在版编目（ＣＩＰ）数据

Spark大数据技术与应用：微课版 / 贺鑫，史宏主编. -- 北京：人民邮电出版社，2024.3
（大数据应用人才能力培养新形态系列）
ISBN 978-7-115-63009-4

Ⅰ. ①S… Ⅱ. ①贺… ②史… Ⅲ. ①数据处理软件
Ⅳ. ①TP274

中国国家版本馆CIP数据核字(2023)第201460号

内 容 提 要

　　本书以初学者的角度详细介绍 Spark 架构的核心技术，主要围绕 Spark 的架构、Spark 的开发语言、Spark 模块的主要功能展开；以 IDEA 为主要开发工具，CentOS 为运行环境，采用"理实一体化"授课模式。本书内容包括 Spark 导论，Spark 环境搭建与使用，Scala 语言，Spark 弹性分布式数据集，Spark SQL、DataFrame 和 DataSet，Kafka 分布式发布-订阅消息系统，Spark Streaming 实时计算框架，Spark MLlib 机器学习算法库，Redis 数据库，综合案例——Spark 电商实时数据处理。通过对本书的学习，读者可以充分理解常用数据预处理方法的精髓，掌握具体技术细节，并在实践中提升实际开发能力，为学习大数据技能打下扎实基础。

　　本书可以作为高等院校计算机、软件工程、数据科学与大数据技术等相关专业的教材，也可作为相关技术人员的参考书。

◆ 主　　编　贺　鑫　史　宏
　　副 主 编　刘利民　秦　怡　黄晶晶
　　责任编辑　李　召
　　责任印制　王　郁　陈　犇

◆ 人民邮电出版社出版发行　　北京市丰台区成寿寺路 11 号
　　邮编　100164　电子邮件　315@ptpress.com.cn
　　网址　https://www.ptpress.com.cn
　　三河市祥达印刷包装有限公司印刷

◆ 开本：787×1092　1/16
　　印张：14.25　　　　　　　　　2024 年 3 月第 1 版
　　字数：343 千字　　　　　　　2024 年 3 月河北第 1 次印刷

定价：59.80 元

读者服务热线：**(010)81055256**　印装质量热线：**(010)81055316**
反盗版热线：**(010)81055315**
广告经营许可证：京东市监广登字 20170147 号

Apache Spark 作为大数据处理引擎，现已成为大数据领域极为活跃和高效的大数据计算平台。Spark 提供了 Java、Scala、Python 和 R 等的高级 API，支持一些功能强大的高级工具，包括使用 SQL 进行结构化数据处理的 Spark SQL、用于机器学习的 Spark MLlib、用于图处理的 Spark GraphX，以及用于实时流处理的 Spark Streaming。这些高级工具可以在同一个应用程序中无缝组合，大大提高开发效率，降低开发难度，深受广大大数据工程师及算法工程师的喜爱。本书旨在帮助"零基础"的读者快速熟悉、掌握 Spark 体系架构，提高自身的职业能力。

本书涵盖当前整个 Spark 生态系统中主流的大数据开发技术，较为全面地介绍 Spark 大数据技术的相关知识。本书以实操为主、理论为辅，对于大量案例，采用一步一步"手把手"的讲解方式，易于读者理解，很适合读者快速上手。通过对本书的学习，读者能够理解并掌握 Spark 相关框架，可以熟练使用 Spark 集成环境进行大数据项目的开发。本书的大部分章包含实战训练与习题，其内容由易到难、由浅入深，习题类型涵盖填空题、选择题、思考题、编程题等。读者通过练习和实践操作，可以巩固所学内容。

本书共 10 章。第 1 章、第 2 章详细介绍 Spark 核心基础、Spark 环境搭建与使用；第 3 章详细讲解用于开发 Spark 框架的 Scala 编程语言；第 4 章、第 5 章、第 7 章、第 8 章主要讲解 Spark 弹性分布式数据集，Spark SQL、DataFrame 和 DataSet，Spark Streaming 实时计算框架，Spark MLlib 机器学习算法库；第 6 章、第 9 章主要讲解大数据环境中常见的辅助系统——Kafka 流处理平台和 Redis 数据库，包含辅助系统的搭建方式、使用方法以及相关底层实现的基本原理；第 10 章讲解一个综合案例，利用 Spark 框架开发流式计算系统。读者掌握了这些 Spark 相关技术，就能够很好地适应企业开发的技术需求，为离线、实时数据处理平台的开发奠定基础。

本书特点

1. 案例式教学，理论结合实践

（1）经典案例涵盖主要知识点
- 根据主要知识点，精心挑选案例，促进隐性知识与显性知识的转化，将书中隐性的知识外显，或将显性的知识内化。

- 案例包含实现思路、代码详解、运行结果等，结构清晰，方便教学和自学。

（2）企业级大型项目，帮助读者掌握前沿技术

- 引入企业真实数据，进行精细化讲解，厘清代码逻辑，从动手实践的角度，帮助读者逐步掌握前沿技术，为高质量就业赋能。

2. 立体化配套资源，支持线上线下混合式教学

- 文本类：教学大纲、教学 PPT、习题及答案、题库。
- 素材类：源码包、实战项目、相关软件安装包。
- 视频类：微课视频、面授课视频。
- 平台类：锋云智慧教辅平台、教师服务与交流群。

3. 全方位的读者服务，提高教学和学习效率

- 人邮教育社区（www.ryjiaoyu.com）。教师可登录人邮教育社区网站搜索图书，获取本书的出版信息及相关配套资源。
- 锋云智慧教辅平台（www.fengyunedu.cn）。教师可登录锋云智慧教辅平台，获取免费的教学和学习资源。该平台是千锋教育专为高校打造的智慧学习云平台，传承千锋教育多年来在 IT 职业教育领域积累的丰富资源与经验，可为高校师生提供全方位教辅服务，依托千锋教育先进教学资源，重构 IT 教学模式。
- 教师服务与交流群（QQ 群号：777953263）。该群由人民邮电出版社和编者共同建立，专门为教师提供教学相关服务，实现分享教学经验、案例资源，答疑解惑，助力教师提高教学质量。

教师服务与交流群

致谢及意见反馈

本书的编写和整理工作由高校教师及千锋教育高教产品部共同完成，其中主要的参与人员有贺鑫、史宏、刘利民、秦怡、黄晶晶、刘帆、马艳敏、吕春林等。除此之外，千锋教育的 500 多名学员参与了本书的试读工作，他们站在初学者的角度对本书提出了许多宝贵的修改意见，在此一并表示衷心的感谢。

在编写本书的过程中，我们力求完美，但书中难免有一些不足之处，欢迎各界专家和读者朋友给予宝贵的意见，联系方式：textbook@1000phone.com。

编者

2024 年 3 月

目录

第 **1** 章 Spark 导论

本章学习目标

- 了解 Spark 演进路线及特点。
- 了解 Spark 生态系统。
- 熟悉 Spark 的整体架构和原理。
- 熟悉 Spark 的应用场景。

Spark 导论

　　Spark 是美国加利福尼亚大学伯克利分校 AMP 实验室开发的通用大数据框架，是力图在算法（Algorithm）、机器（Machine）和人（Person）三者之间通过大规模集成来展现大数据应用的一个开源平台。AMP 实验室运用大数据、云计算等各种资源以及各种灵活的技术方案，对海量数据进行分析并将其转化为有用的信息，让人们更好地了解世界。

　　Spark 是用于大规模数据处理的统一分析引擎、基于内存的专门为处理海量数据而设计的计算引擎，正如传统大数据技术 Hadoop 的 MapReduce 引擎、Hive 引擎、Storm 流式计算引擎等对数据进行处理，现在已经有诸多大型公司在生产环境下深度地使用 Spark 作为大数据的计算框架。

1.1 认识 Spark

　　Spark 的目标是提供一个快速、通用的数据处理引擎，支持各种数据处理场景，如批处理、交互式查询、流处理和机器学习等。本节将对 Spark 的演进路线、Spark 的特点、Spark 与 Hadoop 的联系进行讲解。

1.1.1 Spark 的演进路线

　　2009 年，Spark 最初属于美国加利福尼亚大学伯克利分校的研究性项目，之后的 4 年中，Spark 在 AMP 实验室逐渐形成了现有的 Spark 雏形。它在 2010 年正式开源，并于 2013 年成为 Apache 软件基金会项目，于 2014 年成为 Apache 软件基金会的顶级项目，整个过程历时不到 5 年。Spark 代码开源、基于内存计算的优势，使 Spark 进入 Apache 软件基金会后风靡大数据生态圈，成为该生态圈和 Apache 软件基金会内十分活跃的项目，得到了许多大数据研究人员、机构和厂商的支持。

1.1.2 Spark 的特点

在使用 Spark 计算框架处理数据时，所有的中间结果都被保存在内存中，正是由于 Spark 充分利用内存，从而减少了磁盘读写操作，提高了框架计算性能。此外，Spark 还与 Hadoop 系统兼容，能够与 HDFS、Hive 良好地融合，从而解决了 MapReduce 高延迟的性能问题。Spark 是一个快速、高效的大数据计算平台。

Spark 具有以下几个显著的特点。

（1）速度快。与 Hadoop 的计算框架 MapReduce 相比，Spark 基于内存的数据处理速度比 MapReduce 的快 100 个数量级以上，基于硬盘的运算速度也快 10 个数量级以上。使用 Spark 和 MapReduce 处理数据时有诸多不同：其一，使用 Spark 处理数据时，可以将中间结果保存到内存中，而 MapReduce 则把中间结果保存到磁盘上；其二，Spark 中的作业（Job）以 DAG（Directed Acyclic Graph，有向无环图）方式调度，并且每个任务（Task）以线程（Thread）方式执行，而 MapReduce 以进程（Process）方式执行。Spark 实现了高效的 DAG 执行引擎，可以基于内存来高效处理数据流。Hadoop 和 Spark 执行逻辑回归时间的对比如图 1.1 所示。

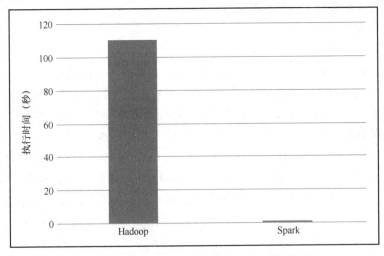

图 1.1　Hadoop 与 Spark 执行逻辑回归时间的对比

（2）易于使用。Spark 支持调用 Java、Python、Scala、R 和 SQL 的 API（Application Program Interface，应用程序接口），方便开发者在熟悉的语言环境下进行操作；Spark 支持超过 80 种高级算法，帮助用户快速构建不同的应用以满足各行各业使用的需求；Spark 还支持 Python Shell 和 Scala Shell 的交互式操作，让用户更方便地在 Shell 中使用 Spark 集群来验证问题解决方法的可行性。使用 Python 编写 Spark 程序如图 1.2 所示。

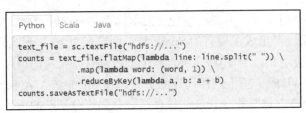

图 1.2　使用 Python 编写 Spark 程序

（3）通用性强。Spark 提供了统一的解决方案，如用于数据批处理的 Spark Streaming、用于交互式查询的 SQL and DataFrames、用于机器学习的 Spark MLlib 和用于图计算的 Spark GraphX 等模块。这些不同类型的模块可以在同一个应用中无缝组合。Spark 提供的统一解决方案非常具有吸引力，能够帮助企业减少开发和维护的成本。Spark 提供的方案如图 1.3 所示。

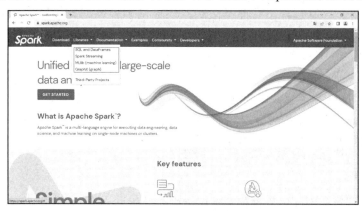

图 1.3　Spark 提供的方案

（4）运行兼容。Spark 可以非常方便地与其他的开源产品进行融合。比如，Spark 可以使用 Hadoop 的 YARN 和 Apache Mesos 作为它的资源管理和调度器（Scheduler），并且可以处理所有 Hadoop 支持的数据源，包括 HDFS、HBase 和 Cassandra 等。这对于已经部署 Hadoop 集群的用户特别重要，因为用户不需要做任何数据迁移就可以使用 Spark 的强大处理功能。Spark 也可以不依赖于第三方的资源管理和调度器，它实现了 Standalone 作为其内置的资源管理和调度器，进一步降低了 Spark 的使用门槛，使得所有人可以非常容易地部署和使用 Spark。此外，Spark 还提供了在 EC2 上部署 Standalone 的 Spark 集群的工具。Spark 与其他开源产品的兼容性如图 1.4 所示。

图 1.4　Spark 与其他开源产品的兼容性

1.1.3　Spark 与 Hadoop 的联系

Spark 是在 Hadoop 系统上改进的产物，它是专为大规模数据处理而设计的快速、通用的计算引擎，为大数据处理提供了一个全面、统一的框架。Spark 与 Hadoop 的联系主要体现在以下几个方面。

3

1．编程模型

在使用 Hadoop 的计算框架 MapReduce 计算任务时，需要将计算过程转化为 Map 阶段和 Reduce 阶段，而且复杂的数据处理过程需要迭代多个 MapReduce 任务，这种处理方式比较烦琐；Spark 计算过程不受此类限制，还提供多种数据高级操作 API，编程模型更加灵活。

2．数据处理

在每次使用 Hadoop 执行数据处理时，都需要从磁盘中加载数据，这导致磁盘的 I/O 开销较大；而使用 Spark 执行数据处理时，只需要将数据加载到内存中，之后直接在内存中加载中间结果数据集即可，减少了磁盘的 I/O 开销。

3．数据容错

MapReduce 计算的中间结果被保存在磁盘中，并且 Hadoop 框架底层实现了备份机制，从而保证了数据的容错；同样 Spark RDD 实现了基于 Lineage（血缘）的容错机制和设置检查点的容错机制，解决了在内存中处理数据时服务宕机的问题。

4．迭代效率

MapReduce 只提供了 Map 和 Reduce 两种操作，而 Spark 提供的数据集操作有很多，大致分为 Transformations 和 Actions 两大类。Transformations 包括 map、filter、flatMap、sample、groupByKey、reduceByKey、union、join、cogroup、mapvalues、sort 等多种操作，同时还提供 Count；Actions 包括 Collect、Reduce、Lookup 和 Save 等操作。

Spark 支持 4 种编程语言：Scala、Java、Python、R。总的来说，Spark 是 MapReduce 的替代方案，而且兼容 HDFS、Hive，可融入 Hadoop 的生态系统，以弥补 MapReduce 的不足。

1.2　Spark 的生态系统

Spark 起源于美国加利福尼亚大学伯克利分校，Spark 的整个生态系统称为伯克利数据分析栈（BDAS），BDAS 涵盖提供基础与核心功能的 Spark Core、支持结构化数据查询与分析的查询引擎 Spark SQL、实时流计算框架 Spark Streaming、机器学习算法库 Spark MLlib、并行图计算框架 Spark GraphX 等。Spark 生态系统如图 1.5 所示。

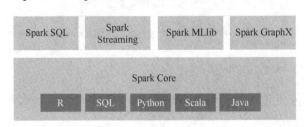

图 1.5　Spark 生态系统

1.2.1　Spark Core

Spark Core 提供了 Spark 基础与核心的功能，包含任务调度、内存分配、宕机恢复与数据源交互等，它还定义了弹性分布式数据集（Resilient Distributed Dataset，RDD）的概念，并提供了用于 RDD 的创建转换和行动操作的 API。Spark SQL、Spark Streaming、Spark MLlib、Spark GraphX 的功能是建立在 Spark Core 之上的。

1.2.2　Spark SQL

Spark SQL 是一种结构化的数据处理模块，它提供了 DataFrame 的编程模型，也可以作为分布式 SQL 查询引擎，用来操作结构化数据。一个 DataFrame 相当于一个分布式采集组织，类似于关系数据库中的一个表。可以通过多种方式构建 DataFrame，如结构化数据文件、外部数据库或 RDD。

1.2.3　Spark Streaming

Spark Streaming 是 Spark 生态系统中的一个重要框架，其核心思想是将源源不断的数据按照固定的时间间隔进行微批划分，然后对每个微批数据进行快速分析和处理，当时间间隔较小（一般为秒级）时，像是实时处理。它可以从多种数据源获取数据，并且可以使用复杂算法和高级功能对数据进行处理。

1.2.4　Spark MLlib

Spark MLlib 是常见的机器学习算法库，其提供的算法包括分类、回归、聚类、协同过滤等，还提供了模型评估、数据导入等额外的支持功能。

1.2.5　Spark GraphX

Spark GraphX 是一个分布式图处理框架，它基于 Spark 平台提供针对图计算和图挖掘的简洁、易用且丰富的接口，能够满足对分布式图处理的需求。GraphX 通过引入弹性分布式属性图（Resilient Distributed Property Graph）、顶点和边均有属性的有向多重图来扩展 Spark RDD。为了支持图计算，GraphX 开发了一组基本的功能，以及一个优化过的 Pregel API。另外，GraphX 也包含一个快速增长的图算法和图 builders 的集合，用以简化图分析任务。

在 Full Stack 的指引下，Spark 中的 Spark SQL、Spark Streaming、Spark MLlib、Spark GraphX 和库之间可以无缝地共享数据和操作，这不仅打造了 Spark 在当今大数据计算领域其他计算框架都无可匹敌的优势，而且使得 Spark 加速成为大数据处理中心首选通用计算平台。

1.3　Spark 运行模式

Spark 运行模式分为 Local 模式（本地单机模式）和集群模式。Local 模式常用于本地开发程序与测试，集群模式又分为 Standalone 模式、Mesos 模式和 YARN 模式。本节将对 Spark 的 3 种集群模式进行详细讲解。

1.3.1 Standalone 模式

Standalone 模式又被称为集群单机模式。Standalone 是 Spark 自带的默认集群管理器。在 Standalone 模式下，可以使用 Spark 自带的启动脚本（start-all.sh）来启动集群中的所有组件，包括 Master 节点和 Worker 节点。Master 节点负责任务调度和资源管理，Worker 节点负责任务执行。Standalone 模式适用于小型或独立的 Spark 集群。

1.3.2 Mesos 模式

Mesos 模式又被称为 Spark On Mesos 模式，是一种通用的集群管理器，可用于管理分布式系统资源。在 Mesos 模式下，Spark 将 Mesos 作为其资源管理器，并将自己部署在 Mesos 上作为一个应用程序。Mesos 可以为 Spark 提供服务，Spark 任务运行在 Mesos 资源管理器框架之上，由 Mesos 负责资源管理，Spark 负责任务调度和计算，Spark 任务所需要的各种资源由 Mesos 负责管理。Mesos 模式适用于需要与其他分布式系统集成的大型 Spark 集群。

1.3.3 YARN 模式

YARN 模式又被称为 Spark On YARN 模式，即把 Spark 作为一个客户端，将任务提交给 YARN 服务。由于在生产环境中，很多时候都要与 Hadoop 使用同一个集群，因此采用 YARN 来管理资源调度，可以有效提高资源利用率。YARN 模式是 Hadoop 生态系统中的一种资源管理器，可以用于管理分布式计算任务。在 YARN 模式下，Spark 将 YARN 作为资源管理器，并将自己部署在 YARN 上作为一个应用程序。在 YARN 模式下，可以使用 Hadoop 命令行工具（如 hadoop fs 和 hadoop yarn）来管理 Spark 任务和资源。YARN 模式适用于需要与 Hadoop 生态系统集成的大型 Spark 集群。

1.4 Spark 架构

下面讲解 Spark 架构的组成、运行流程、特点，帮助读者了解 Spark 的核心概念和工作机制。

1.4.1 Spark 架构组成

Spark 架构主要由以下组件组成。

- Cluster Manager：Cluster Manager 是 Spark 的集群管理器，主要负责资源的分配与管理，将各个 Worker 上的内存、CPU 等资源分配给应用程序。目前 Standalone、YARN、Mesos、EC2 等都可以作为 Spark 的集群管理器。
- Worker：Worker 是 Spark 的工作节点，主要负责创建 Executor，将资源和任务进一步分配给 Executor，然后同步资源信息给 Cluster Manager。
- Executor：Executor 是 Spark 任务的执行单元，主要负责任务的执行以及与 Worker、Driver App 的信息同步。
- Driver App：Driver App 是客户端驱动程序，用于将任务程序转换为 RDD 和 DAG，并与 Cluster Manager 进行通信与调度。
- RDD：RDD 是 Spark 中基本的数据抽象，代表一个不可变、可分区、元素可并行计算的集合。RDD 是 Spark Core 的底层核心。

- DAG：DAG 反映了 RDD 之间的依赖关系。
- Task：Task 是一个分区上的一系列任务（即 pipline 上的一系列流水线操作）。一个 Task 由一个线程执行。Task 是运行在 Executor 中的最小单元。
- Job：Job（作业）是在 DAG 执行过程中形成的。它是并行计算的单元，由多个任务组成，这些任务是响应 Spark 中的 Action（动作）产生的。
- Stage：Stage（阶段）是作业的基本调度单位，一个作业会被分为多组任务，每组任务被称为阶段，或者被称为任务集。

1.4.2 Spark 架构运行流程

不论 Spark 以何种模式进行部署，用户提交任务后，Spark 都会先启动驱动程序。驱动程序随后向集群管理器请求集群资源。集群管理器根据资源需求在工作节点上分配资源，并指示工作节点启动执行器。工作节点接收到指令后，启动执行器进程。驱动程序将 Spark 任务分解为多个小任务，并将这些小任务发送给执行器进行处理。执行器在工作节点上执行具体的任务操作，如数据的读取、计算和转换等。任务执行完成后，工作节点将计算结果返回给驱动程序。Spark 架构运行流程如图 1.6 所示。

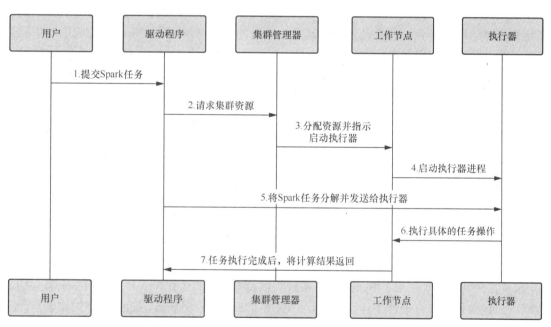

图 1.6 Spark 架构运行流程

1.4.3 Spark 架构特点

与 Hadoop 的 MapReduce 计算框架相比，Spark 架构具有以下特点。

（1）每个应用有自己专属的 Executor 进程，并且该进程在应用运行期间一直驻留。Executor 进程以多线程的方式执行任务，这种隔离机制是有优势的，无论是从调度角度看，还是从运行角度看，意味着 Spark 的 Application 不能跨应用共享数据，除非将数据写入外部存储系统。

这减少了多进程任务频繁的启动开销，使任务执行变得非常高效和可靠。

（2）Spark 运行流程与资源管理器的类型无关，只要 Spark 能够与 Executor 保持通信，每种资源管理器下的运行流程都一致。

（3）Executor 上有一个 BlockManager 存储模块，在处理迭代计算任务时，不需要把中间结果写入 HDFS（Hadoop 文件系统）等文件系统，而是直接放在这个存储模块上，如需要查询中间结果可以直接读取。在交互式查询场景下，也可以把表提前缓存到这个存储模块上，提高读写性能。

（4）执行任务时采用了数据本地性和推测执行等优化机制。数据本地性是指尽量将计算移动到数据所在的节点上进行，即"计算向数据靠拢"，因为移动计算比移动数据所占的网络资源要少得多。Spark 采用了延时调度机制，可以在更大的程度上实现执行过程优化。

综上所述，Spark 架构具有专属 Executor、每种资源管理器的运行流程一致、使用 BlockManager 存储模块提高读写性能、使用数据本地性和推测执行实现过程优化等特点，是一个快速、高效、灵活、可扩展的大数据处理框架。

1.5 Spark 应用场景

从其基于内存的迭代计算的设计理念出发，Spark 适合有迭代计算的或者需要多次操作特定数据集的应用场合，并且迭代次数越多，读取的数据量就越大，Spark 的应用效果就越明显。因此，对于机器学习之类的"迭代式"应用，Spark 比 Hadoop 的 MapReduce 的计算速度快数十倍。另外，Spark 使用内存存储中间结果的特性使其处理速度非常快，也可以应用于需要实时处理大数据的场合。当然，Spark 也有不适用的场合。比如异步细粒度更新状态的应用（如 Web 服务的存储或增量的 Web 爬虫和索引），即对于增量修改的应用，Spark 是不适用的。Spark 也不适用于进行超级大数据量处理的场合，这里所说的"超级大"是相对于这个集群的内存容量而言的，因为 Spark 要将数据存储在内存中。一般来说，单次分析 10TB 以上的数据就可以算是处理"超级大"的数据量了。

1.6 本章小结

本章首先对 Spark 进行了总体的介绍，包括 Spark 的演进路线、Spark 的特点及 Spark 与 Hadoop 的联系，其次介绍了 Spark 的生态系统以及 Spark 的运行模式，最后对 Spark 架构的组成、运行流程及特点进行了详细说明，并阐述了 Spark 应用场景。通过本章的讲解，希望读者能够对 Spark 有一定的认识，熟悉 Spark 的特点及 Spark 与 Hadoop 的联系等，熟悉 Spark 的生态系统及架构。

1.7 习题

1. 填空题

（1）Apache Spark 是用于_____处理的统一分析引擎、基于_____的专门为处理海量数据而设计的计算引擎。

（2）Spark 的生态系统由_____、_____、_____、_____、_____组成。

（3）Spark 的特点有_____、_____、_____、_____。

（4）Spark 的 3 种集群模式为_____、_____、_____。

2．思考题

（1）简述 Spark 与 Hadoop 的联系。

（2）简述 Spark 架构运行流程。

第**2**章　Spark 环境搭建与使用

本章学习目标

- 熟悉 Spark 集群的部署环境。
- 掌握 Spark 集群的搭建和配置方法。
- 掌握集群的启动和任务提交流程。

Spark 环境搭建与使用

第 1 章主要对 Spark 的定义、生态系统、运行模式等方面进行了介绍，让读者对 Spark 有了整体的认知。本章在第 1 章的基础上对 Spark 环境的搭建过程进行介绍，带领读者学习 Spark 的配置过程和命令的使用。

2.1　搭建环境前的准备

本节着重介绍如何搭建 Spark 集群，以便更好地使用 Spark。Spark 底层基于 Scala 语言进行开发，Scala 是一种范式语言，不会受到开发语言的过度限制。需要注意的是，Spark、Java 和 Scala 三者需要搭配特定版本使用，可以在官网上找到对应版本进行下载安装，否则可能会导致启动异常。本书采用 Spark 3.2.1+Java 8+Scala 2.12.11 组合。Spark 版本选择页面如图 2.1 所示。

图 2.1　Spark 版本选择页面

Spark 需要运行在 Linux 操作系统下，因此在进行 Spark 部署之前需要准备一套 Linux 系统，可以是物理机，也可以是虚拟机。本书采用 Linux 的 CentOS 发行版作为操作系统。

2.1.1　Spark 的下载

打开浏览器，输入网址，进入 Spark 官网首页，单击 Download 选项，如图 2.2 所示。

图 2.2　Spark 官网首页

进入 Spark 下载页面，单击页面底部的 Spark release archives 超链接，如图 2.3 所示，以进入选择历史版本页面。

图 2.3　选择历史版本入口

跳转至选择历史版本页面，在选项中选择 3.2.1 版本，如图 2.4 所示，在跳转出的页面中单击 spark-3.2.1-bin-hadoop2.7.tgz 超链接下载即可。

图 2.4　Spark 下载版本选择

2.1.2　Scala 的下载

打开浏览器，输入网址，进入 Scala 官网首页，如图 2.5 所示。

图 2.5　Scala 官网首页

单击 INSTALL 进入下载页面。下载页面提示：建议使用 cs setup。cs setup 是由 Coursier 提供支持的 Scala 安装程序，它通过命令行安装使用最新 Scala 发行版所需的一切，此处不选择页面推荐的方法进行下载。在页面中找到 PICK A SPECIFIC RELEASE 选项，如图 2.6 所示。

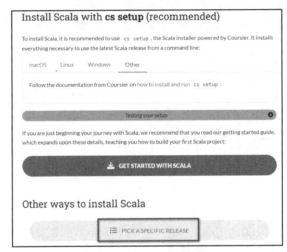

图 2.6　Scala 下载页面

单击 PICK A SPECIFIC RELEASE 选项，进入选择 Scala 版本的 ALL AVAILABLE VERSIONS 页面，如图 2.7 所示。

图 2.7　ALL AVAILABLE VERSIONS 页面

根据 Spark 版本需要的 Scala 版本进行灵活搭配，此处选择的版本是 2.12.11。单击 Scala 2.12.11 超链接，进入下载页面，根据 Linux 版本下载对应的压缩包类型即可，如图 2.8 所示。

Archive	System	Size
scala-2.12.11.tgz	Mac OS X, Unix, Cygwin	19.83M
scala-2.12.11.msi	Windows (msi installer)	124.33M
scala-2.12.11.zip	Windows	19.88M
scala-2.12.11.deb	Debian	145.11M
scala-2.12.11.rpm	RPM package	124.63M
scala-docs-2.12.11.txz	API docs	53.14M
scala-docs-2.12.11.zip	API docs	107.61M
scala-sources-2.12.11.tar.gz	Sources	

图 2.8　Scala 下载列表

请读者自行前往 Java 官网下载 Java 8。至此，与 Spark 相关的依赖软件的下载工作已经完成。

2.1.3　Spark 的前置配置

在使用 Spark 之前，我们需要部署环境，检查防火墙，以及对 Linux 操作系统进行一定的配置。对 Linux 操作系统进行配置的主要工作包括部署环境、检查防火墙和安装 SSH 服务。

1．部署环境

准备 3 台 Linux 服务器或者虚拟机，主机名和 IP 地址如下。

```
node1 192.168.88.161
node2 192.168.88.162
node3 192.168.88.163
```

2．检查防火墙

需确保集群中各节点的防火墙处于关闭的状态，查看防火墙状态，具体命令如下。

```
service iptables status
```

关闭防火墙，具体命令如下。

```
service iptables stop
```

永久关闭防火墙，具体命令如下。

```
chkconfig iptables off
```

3．安装 SSH 服务

SSH 协议是一种基于应用层的传输协议，专门用于提供远程登录会话和其他网络服务的安全性。SSH 协议通过加密传输数据，有效地防止了远程传输过程中的信息泄露。在搭建 Spark 集群时，多台服务器之间需要进行文件传输等通信操作，如果每次传输都需要输入密码，则会非常烦琐，因此，可以配置免密码登录服务，避免这种情况的发生。

在 CentOS 中，安装 SSH 服务可以通过 yum install -y 命令加服务名的方式进行。安装的服务存在于 CentOS 配置的源服务器中。源服务器存储了大量的镜像服务，类似于一个软件应用商店，使用该命令，可以通过网络从远程的应用商店中下载并安装 SSH 服务。

查看 3 台主机是否安装 SSH 服务，具体命令如下。

```
rpm -qa|grep ssh
```

返回结果为空表示本机未安装 SSH 服务，则执行安装命令，具体命令如下。

```
#sudo 表示使用管理员权限进行安装
sudo yum install -y openssh-*
```

安装完 SSH 服务后，生成 SSH 密钥对，具体命令如下。

```
ssh-keygen -t rsa
```

按 Enter 键，终端会提示需要填写一些内容，这里可以不用填写，按 Enter 键跳过该步骤继续运行，运行结束以后，默认在~/.ssh 目录下生成两个文件。

```
#私钥
id_ras
#公钥
id_rsa.pub
```

在 authorized_keys 文件中添加公钥的内容，具体命令如下。

```
cat ~/.ssh/id_ras.pub >> ~/.ssh/authorized_keys
```

修改.ssh、ssh/authorized_keys 文件的权限，具体命令如下。

```
chmod 700 ~/.ssh
chmod 600 ~/.ssh/authorized_keys
```

验证 SSH 服务是否安装成功，具体命令如下。

```
ssh localhost
```

若不需要输入密码则说明设置成功，如果需要输入密码，那么需要修改.ssh 文件的权限和 authorized_keys 文件的权限。

2.2 Spark 集群的部署与操作

Spark 的任务是通过提交到集群的方式运行的，因此在提交任务之前需要先启动集群，并检查集群状态，确保集群每个节点处于正常可用的状态。在第 1 章已经讲述，Spark 除了可以在 YARN、Mesos 集群模式下运行，也可以在 Standalone 或 Local 模式下运行，运行于 Local 模式下可以进行基本的 Spark 操作，该模式一般用于简单的测试。本书采用 Standalone 模式进行讲述。Standalone 是一种独立模式，自带完整的部署方式，无须依赖其他资源管理器，可以被单独部署到集群中，不同于 Local 模式需启动多个线程来模拟集群的环境。

2.2.1 Spark 集群的部署

（1）上传 spark-3.2.1-bin-hadoop2.7.tgz、scala-2.12.11.tgz、jdk-8u241-linux-x64.tar.gz 安装包到 Linux 服务器。

（2）解压安装包到指定位置，本书将服务组件均安装在/export/servers 路径下，后续不赘述，具体命令如下。

```
tar -zxvf spark-3.2.1-bin-hadoop2.7.tgz -C /export/servers/
tar -zxvf scala-2.12.11.tgz -C /export/servers/
tar -zxvf jdk-8u241-linux-x64.tar.gz -C /export/servers/
```

（3）修改 profile 文件，一般使用图形化工具完成 Windows 操作系统中环境变量的设置，而在 Linux 中需要手动修改/etc/profile 文件，具体命令如下。

```
#以管理员权限修改 profile 文件
sudo vi /etc/profile
```

用管理员权限打开 profile 文件，输入密码后即可进行编辑。按 i 键进入 Linux 文本编辑模式，再按 Shift+G 组合键进入文本底部（或者按 CapsLook 键切换为大写后，输入 G），对 Java、Scala、Spark 的环境进行配置。

Java 环境具体配置如下。

```
#配置 JAVA_HOME
export JAVA_HOME=/export/servers/jdk1.8.0_241
#配置类路径
export CLASS_PATH=/export/servers/jdk1.8.0_241/lib
#添加 bin 路径到 Path，可以在命令行中直接调用
export PATH=$PATH:$JAVA_HOME/bin
```

Scala 环境具体配置如下。

```
#配置 SCALA_HOME
export SCALA_HOME=/export/servers/scala-2.12.11
#添加 bin 目录到 PATH
export PATH=$PATH:$SCALA_HOME/bin
```

Spark 环境具体配置如下。

```
#配置 SPARK_HOME
export SCALA_HOME=/export/servers/spark-3.2.1-bin-hadoop2.7
#添加 bin 目录到 PATH
export PATH=$PATH:$SPARK_HOME/bin
```

输入完毕后，按 Esc 键退出文本编辑模式回到命令行模式，输入冒号，再输入 wq，保存内容并退出，具体命令如下。

```
:wq
```

配置好的环境变量（profile 文件）不会立即生效，重启操作系统后即可生效，也可以手动更新系统环境变量，具体命令如下。

```
source /etc/profile
```

验证环境变量是否生效，可用命令 echo+$变量名的方式输出，具体命令如下。

```
echo $JAVA_HOME
echo $SCALA_HOME
echo $SPARK_HOME
```

若上述配置好的路径输出成功，则环境变量已经生效，如图 2.9 所示。

图 2.9　验证环境变量

（4）因解压后的 Spark 安装包名过长，故给其重命名为 spark，具体命令如下。

```
mv /export/servers/spark-3.2.1-bin-hadoop2.7/ /export/servers/spark
```

（5）进入 Spark 目录，查看 Spark 目录结构，具体命令如下。

```
#进入 Spark 目录
```

```
cd /export/servers/spark
#查看 Spark 目录结构
ll
```

Spark 目录名称及内容如表 2.1 所示。

表 2.1   Spark 目录名称及内容

目录名称	目录内容
bin	可执行脚本
conf	配置文件
data	示例程序使用数据
examples	示例程序
Jars	JAR 包
LICENSE	licenses 文件
licenses	license 协议声明文件
python	使用 Python 开发程序
R	使用 R 开发程序
sbin	集群管理命令

（6）修改 Spark 配置文件。

① 进入 conf 目录，将 spark-env.sh.template 配置文件重命名为 spark-env.sh，并修改该文件配置，具体命令如下。

```
cd /export/servers/conf
#重命名 spark-env.sh.template
mv spark-env.sh.template spark-env.sh
vim spark-env.sh
```

② 在 spark-env.sh 文件中添加以下内容，并将 node1 设置为主节点，具体命令如下。

```
#添加 JAVA_HOME
export JAVA_HOME=/export/servers/jdk1.8.0_241
#添加 SCALA_HOME
export SCALA_HOME=/export/servers/scala-2.12.11
#设置主节点
export SPARK_MASTER_HOST=node1
#设置节点内存大小为 4g
export SPARK_WORKER_MEMORY=4g
#设置节点参与计算的核心数
export SPARK_WORKER_CORES=2
```

③ 保存 spark-env.sh 并退出。

④ 重命名 workers.template 文件并修改该文件，具体命令如下。

```
mv workers.template workers
vim workers
```

⑤ 在 workers 配置文件中添加以下 Spark 集群的 Worker 节点的主机名，具体内容如下。

```
node1
node2
node3
```

（7）在启动过程中会生成新的文件等，所以需要赋予 Spark 目录更高的操作文件的权限，具体命令如下。

```
sudo chmod -R 777 /export/servers/spark-3.2.1-bin-hadoop2.7
```

（8）将配置好的 Spark 文件发送到 node2、node3 节点上，具体命令如下。

```
scp -r /export/servers/spark node2:/export/servers/
scp -r /export/servers/spark node3:/export/servers/
```

复制后修改 node2、node3 的环境变量文件/etc/profile。至此 Spark 集群配置完毕，目前有 1 个 Master 节点、3 个 Worker 节点，在 node1 上启动 Spark 集群。

2.2.2　Spark 集群的启动与停止

Spark 提供了一些单点、集群的启动与停止脚本，可以在 Spark 目录下的 sbin 中查看启动与停止 Spark 的操作脚本。

进入 Spark 的 sbin 目录，并查看该目录下的脚本。具体命令如下。

```
cd /export/servers/spark/sbin
ll
```

Spark 的 sbin 目录下的脚本如图 2.10 所示。

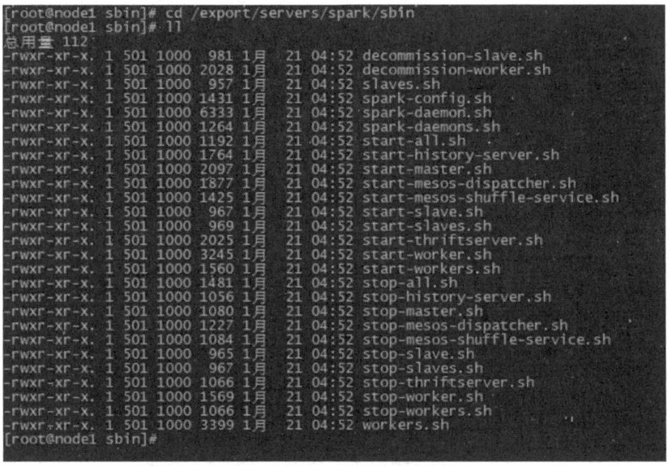

图 2.10　Spark 的 sbin 目录下的脚本

Spark 启动与停止脚本的名称和具体描述如表 2.2 所示。

表 2.2　　　　　　　　　　　Spark 启动与停止脚本的名称和具体描述

脚本名称	具体描述
slaves.sh	在所有定义在\${SPARK_CONF_DIR}/slaves 的机器上执行一条 Shell 命令
spark-config.sh	被其他所有的 Spark 脚本所包含，里面有一些 Spark 的目录结构信息
spark-daemon.sh	将一条 Spark 命令变成一个守护进程
spark-daemons.sh	在所有定义在\${SPARK_CONF_DIR}/slaves 的机器上执行一条 Spark 命令
start-all.sh	启动 Master 进程，以及在所有定义在\${SPARK_CONF_DIR}/slaves 的机器上启动 Worker 进程
start-history-server.sh	启动历史记录进程
start-master.sh	启动 Master 进程
start-slave.sh	启动某机器上的 Worker 进程

续表

脚本名称	具体描述
start-slaves.sh	在所有定义在${SPARK_CONF_DIR}/slaves 的机器上启动 Worker 进程
stop-all.sh	在所有定义在${SPARK_CONF_DIR}/slaves 的机器上停止 Worker 进程
stop-history-server.sh	停止历史记录进程
stop-master.sh	停止 Master 进程
stop-worker.sh	停止某机器上的 Worker 进程
stop-workers.sh	停止所有 Worker 进程

启动和停止 Spark 集群可以通过以下步骤完成。

1．启动集群

运行 start-all.sh 启动脚本后，首先会启动 Master 进程。启动 Master 进程以后，启动脚本开始解析 slaves 配置文件，启动相应节点的 Worker 进程。启动 Worker 进程以后，开始向 Master 进程进行注册，把注册信息发送给 Master 进程。Master 进程收到注册信息后，先将信息保存到内存和磁盘，然后将 MasterUrl 响应给 Worker 进程。Worker 进程收到 Master 进程发送过来的 MasterUrl 后先进行保存，接着开始与 Master 建立心跳，至此，Spark 集群启动完成。

运行 start-all.sh 脚本启动 Spark 集群，具体操作命令如下。

```
./start-all.sh
```

运行启动脚本后，查看返回信息，并使用 jps 命令查看进程启动情况，本地 Standalone 模式下，node1 部署 Master 节点和 Worker 节点，node2 和 node3 部署 Worker 节点，可以依次查看，如图 2.11 所示。

图 2.11　Spark 集群的启动

启动成功后打开浏览器，输入地址 node1:8080 即可查看集群的 UI，在 Spark UI 的页面可以看到集群的节点数、总核心数、内存、存活的 Worker 的信息以及集群状态信息等，如图 2.12 所示。

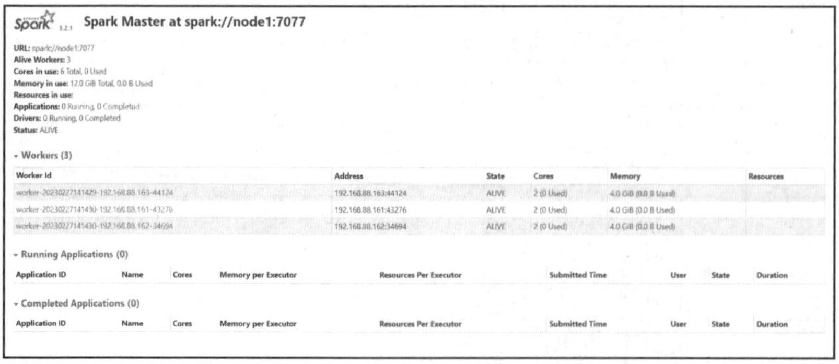

图 2.12　Spark UI 的页面

2．停止集群

进入 sbin 目录中，运行 stop-all.sh 脚本停止 Spark 集群，如图 2.13 所示。

```
[root@node1 sbin]# ./stop-all.sh
node2: stopping org.apache.spark.deploy.worker.Worker
node1: stopping org.apache.spark.deploy.worker.Worker
node3: stopping org.apache.spark.deploy.worker.Worker
stopping org.apache.spark.deploy.master.Master
```

图 2.13　Spark 集群的停止

2.3　第一个 Spark 程序

Spark Shell 是 Spark 自带的交互式 Shell 程序，方便用户进行交互式编程，用户可以在命令行下使用 Scala 或 Python 编写 Spark 程序，便于学习和测试。Spark 的开发语言是 Scala，这是 Scala 在并行和并发计算方面的优势的体现，是微观层面函数式编程思想的一次胜利。此外，Spark 在很多宏观设计层面都借鉴了函数式编程思想，如接口、惰性赋值和容错等。本书第一个 Spark 程序采用 Spark Shell 的方式编写，使用 Scala 进行开发，操作步骤如下。

（1）启动 Hadoop 集群。进入 hadoop-2.7.5/sbin 目录，运行 start-all.sh 脚本，如图 2.14 所示。

```
[root@node2 sbin]# pwd
/export/servers/hadoop-2.7.5/sbin
[root@node2 sbin]# start-all.sh
This script is Deprecated. Instead use start-dfs.sh and start-yarn.sh
Starting namenodes on [node1]
node1: starting namenode, logging to /export/servers/hadoop-2.7.5/logs/hadoop-root-namenode-node1.out
node2: starting datanode, logging to /export/servers/hadoop-2.7.5/logs/hadoop-root-datanode-node2.out
node3: starting datanode, logging to /export/servers/hadoop-2.7.5/logs/hadoop-root-datanode-node1.out
node1: starting datanode, logging to /export/servers/hadoop-2.7.5/logs/hadoop-root-datanode-node1.out
Starting secondary namenodes [node2]
node2: starting secondarynamenode, logging to /export/servers/hadoop-2.7.5/logs/hadoop-root-secondarynamenode-node2.out
starting yarn daemons
starting resourcemanager, logging to /export/servers/hadoop-2.7.5/logs/yarn-root-resourcemanager-node2.out
node1: starting nodemanager, logging to /export/servers/hadoop-2.7.5/logs/yarn-root-nodemanager-node1.out
node3: starting nodemanager, logging to /export/servers/hadoop-2.7.5/logs/yarn-root-nodemanager-node3.out
node2: starting nodemanager, logging to /export/servers/hadoop-2.7.5/logs/yarn-root-nodemanager-node2.out
[root@node2 sbin]#
```

图 2.14　Hadoop 集群的启动

（2）启动 Spark 集群。进入 spark/sbin 目录，运行 start-all.sh 脚本，如图 2.15 所示。

```
[root@node1 sbin]# pwd
/export/servers/spark/sbin
[root@node1 sbin]# start-all.sh
starting org.apache.spark.deploy.master.Master, logging to /export/servers/spark-3.2.1-bin-hadoop2.7/logs/spark-root-org.apache.spark.deploy.master.Master-1-node1.out
node3: starting org.apache.spark.deploy.worker.Worker, logging to /export/servers/spark-3.2.1-bin-hadoop2.7/logs/spark-root-org.apache.spark.deploy.worker.Worker-1-node3.out
node1: starting org.apache.spark.deploy.worker.Worker, logging to /export/servers/spark-3.2.1-bin-hadoop2.7/logs/spark-root-org.apache.spark.deploy.worker.Worker-1-node1.out
node2: starting org.apache.spark.deploy.worker.Worker, logging to /export/servers/spark-3.2.1-bin-hadoop2.7/logs/spark-root-org.apache.spark.deploy.worker.Worker-1-node2.out
```

图 2.15　Spark 集群的启动

（3）准备模拟数据，在 Linux 服务器的/export/data 目录下创建两个文本文件，将其分别命名为 word.txt、word1.txt，用来存储模拟数据进行单词统计操作。

在 word.txt 中添加以下内容，并进行保存。

```
hello world hello
spark hadoop hadoop
hive spark spark
hello world hello
spark spark
```

在 word1.txt 中添加以下内容，并进行保存。

```
hello world hello
spark hadoop hadoop
```

```
hive spark spark
hello world hello
spark spark scala
scala scala java
java java
```

使用 cat 命令浏览文件，校验模拟数据是否正确，如图 2.16 所示。

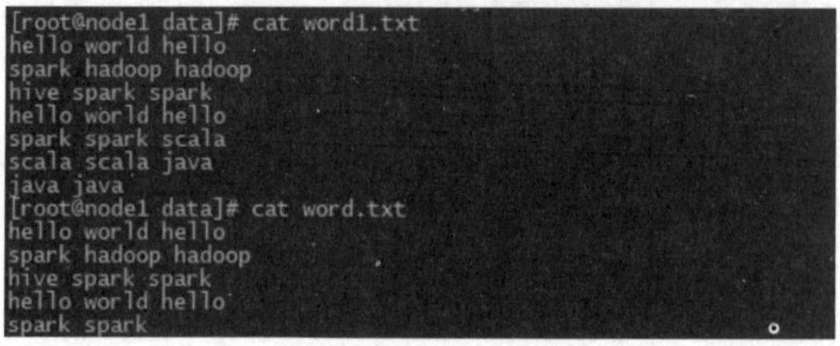

图 2.16　模拟数据的校验

（4）将模拟数据文本文件 word.txt、word1.txt 上传到 HDFS 的/data/input 目录下，作为本程序的数据来源，上传模拟数据到 HDFS 并查看上传结果，具体命令如下。

```
hdfs dfs -put word.txt /data/input
hdfs dfs -put word1.txt /data/input
hdfs dfs -ls /data/input
```

上传结果如图 2.17 所示。

图 2.17　上传结果

（5）进入 spark/bin 目录下，运行 Spark Shell，如图 2.18 所示。

图 2.18　运行 Spark Shell

（6）编写 Spark 程序，实现单词统计，具体代码如下。

```
sc.textFile("hdfs:192.168.88.161:9000/data/input").flatMap(_.split(" ")).map
((_, 1)).reduceByKey(_ + _).collect()
```

返回结果如下。

```
res7: Array[(string , Int)] = Array((scala,3),(world,4),(hadoop,4),(hello,8),
(java,3),(spark,10),(hive,2))
```

上述代码的说明如下。

- sc 是 SparkContext 对象，该对象是提交 Spark 程序的入口。
- textFile("hdfs:192.168.88.161:9000/data/input")表示在 HDFS 中读取数据。
- flatMap(_.split(" "))表示先映射再压平。

20

- map((_,1))表示将单词和 1 构成元组。
- reduceByKey(_+_)表示按照 key 进行聚合，并将 value 累加。
- collect()方法用于收集一个弹性分布式数据集的所有元素到一个数组。

本案例为采用 Scala 编写的 Spark 程序，在第 3 章中将详细介绍 Scala。

2.4　Spark Shell 的启动

使用 Spark Shell 实现了用户逐行输入代码进行操作的功能。启动 Spark Shell 的具体方法如下。

（1）进入 bin 目录下，启动 Spark Shell（单机版），具体命令如下。

```
./spark-shell
```

（2）如果启动集群版则需要指定一些参数，具体命令如下。

```
/usr/local/ spark-3.2.1-bin-hadoop2.7/bin/spark-shell \
--master spark://node01:7077 \
--executor-memory 2g \
--total-executor-cores 2
```

参数的说明如下。

- --master spark://node01:7077 表示指定 Master 的地址。
- --executor-memory 2g 表示指定每个 Worker 可用内存为 2GB。
- --total-executor-cores 2 表示指定整个集群使用的 CPU 核数为 2。

（3）如果启动 Spark Shell 时没有指定 Master 地址，也可以正常启动 Spark Shell 和执行 Spark Shell 中的程序。这其实是启动了 Spark 的 Local 模式，该模式仅在本机启动一个进程，没有与集群建立联系。

（4）Spark Shell 中已经默认将 SparkContext 类初始化为对象 sc。用户编写代码时，如果需要用到，则直接应用 sc 即可。

2.5　本章小结

本章对 Spark 环境的搭建过程进行了介绍，重点讲述了部署的详细过程，实践了本书第一个 Spark 程序的编写。在实际生产环境下，Spark 作为一个组件被集成在其他大数据资源管理器中，需以实例的方式进行部署，读者要不断试错，才能成长。

2.6　习题

1. 填空题

（1）启动 Spark Shell 的具体命令是_____。

（2）关闭防火墙的命令为_____。

（3）Spark 集群的启动和关闭脚本分别为_____、_____。

（4）更新系统环境变量的命令为_____。

（5）Spark Shell 中已经默认将_____类初始化为对象 sc。

2．选择题

（1）下列描述正确的是（　　　）。

A．Spark 的版本与 Java、Scala 的版本可以随意搭配

B．Spark 的底层是用 Java 编写的

C．Spark 程序中 Scala 可以和 Java 混合编写

D．Spark 源码不能自行编译

（2）Linux 中给文件夹赋权限的命令是（　　　）。

A．chmod　　　　　　B．cat　　　　　　C．ls　　　　　　D．chown

（3）运行下列选项中的（　　　）脚本，可以启动 Spark 集群。

A．./start-all.sh　　　B．./start-all　　　C．start-all　　　D．.\start-all.sh

（4）下列 Spark 目录中（　　　）是可执行的脚本。

A．conf　　　　　　B．bin　　　　　　C．data　　　　　　D．sbin

（5）下列 Spark 目录中（　　　）可以查看启动与停止 Spark 的操作脚本。

A．conf　　　　　　B．R　　　　　　C．sbin　　　　　　D．data

（6）下列选项中，关于 start-master.sh 脚本的描述正确的是（　　　）。

A．启动历史记录进程　　　　　　　B．启动 sparkmaster 进程

C．启动某机器上的 Worker 进程　　D．停止历史记录进程

（7）下列关于 Spark Shell 启动的描述正确的是（　　　）。

A．Spark Shell 实现了逐行输入代码进行操作的功能

B．进入 sbin 目录，可以启动 Spark Shell

C．Spark 的 local 模式在本机可启动多个进程

D．如果启动的是集群版，则不需要给定一些参数

（8）下列关于 SSH 的描述错误的是（　　　）。

A．SSH 是一种基于应用层的传输协议

B．SSH 专门用于提供远程登录会话和其他网络服务的安全性

C．SSH 协议传输数据时不用加密

D．SSH 可以通过“yum install -y”命令加服务名这种方式进行安装

3．思考题

（1）简述 Spark 环境的搭建流程。

（2）简述启动和关闭 Spark 集群的方法。

第 **3** 章　Scala 语言

本章学习目标

- 了解 Scala 的安装。
- 熟悉 Scala 的基本概念及语法。
- 掌握 Scala 中表达式、循环、类等的概念及应用。
- 掌握 Scala 中的流程控制结构及语法。
- 掌握 Scala 中面向对象的特性。

Scala 语言

Scala 是 Spark 的主要开发语言之一，具有面向对象编程和函数式编程的特性。通过 Scala，Spark 提供了一个强大的并行计算框架，使得开发者可以轻松地进行大规模数据的处理和分析。本章将深入介绍 Scala 在 Spark 中的应用，包括 Scala 的基础语法、Scala 的流程控制、Scala 的方法与函数等内容，为学习 Scala 提供足够的知识和实践经验，帮助读者在 Spark 中编写高效的、可维护的 Scala 代码。

3.1　Scala 简介

Scala 是一种静态类型的编程语言，运行在 JVM 上，支持面向对象编程和函数式编程，拥有强大的类型推断和模式匹配功能。Scala 可以与 Java 互操作，使用 Java 的库和工具。它还提供了许多功能，如并发控制、字符串插值、类型参数化等，使得代码更加简洁、灵活和可重用。Scala 在数据处理、并发编程、Web 应用等领域都有广泛的应用。

3.1.1　什么是 Scala

Scala 是 Scalable Language 的简写，是一门基于 JVM 的多范式的编程语言，Scala 运行于 Java 平台并兼容现有的 Java 程序，它具备函数式编程思想的特点，能把运算过程写成一系列的函数并调用。Scala 的设计目标是随着用户的需求一起成长，Scala 可被广泛应用于各种任务场景，从编写小型脚本到构建整体系统，它都能够胜任。许多大数据公司依靠 Java 进行的关键性业务应用已转向或正在转向 Scala，以提高应用程序的可扩展性和整体的可靠性，从而提高开发效率。

3.1.2　Scala 的特性

Scala 是一种结合了面向对象和函数式编程特性的静态类型编程语言。它拥有一系列强大的特性，具体如下。

1．面向对象

Scala 是一种纯粹的面向对象语言，其中每一个值都是对象。Scala 中对象的数据类型以及行为由类和特征来描述，Scala 中类的抽象机制的扩展通过两种途径实现，一种是子类继承，另一种是混入机制，这两种途径都能够避免多重继承的问题。

2．函数式编程

Scala 是一种函数式语言，其函数也能作为值来使用。Scala 提供了轻量级的语法用于定义匿名函数，且支持高阶函数，允许嵌套多层函数，并支持柯里化。Scala 的 case class（案例类）及内置的模式匹配相当于函数式编程语言中常用的代数类型。

3．静态类型

Scala 具备类型系统，通过编译时的类型检查保证代码的安全性和一致性。类型系统支持的特性包括但不限于泛型类、注释、类型上下限约束、复合类型、视图、多态方法等。

4．扩展性

Scala 提供了许多独特的语言机制，它能够很容易地以库的方式无缝添加新的语言结构，例如任何方法均可被用作前缀或后缀操作符，可以根据预期类型自动构造闭包。

5．并发性

Scala 使用 Actor 作为其并发模型，Actor 是类似线程的实体，通过邮箱收发消息。Actor 可以复用线程，因此可以在程序中使用数百万个 Actor，而只能创建数千个线程。

3.1.3　Scala 的优势

Scala 是一种功能强大且灵活的编程语言，它在很多方面具有优势，具体如下。

1．简洁

框架的用户是应用开发程序员，Scala 把丰富的库函数和函数式编程相结合，使很多操作的实现变得更加简洁，从很大程度上避免了代码的重复使用。

2．速度快

Scala 表达能力强，一行代码相当于多行 Java 代码；Scala 是静态类型的语言，具备所有静态类型的优势，支持类型推断和模式匹配等功能；而且与 JRuby、Groovy 语言相比，Scala 具备一定的灵活性。

3．适配开发大数据程序

Scala 适配开发大数据程序，例如开发 Spark 程序、Flink 程序。Scala 也是 Spark 的开发语言，掌握好 Scala，能够更轻松地学好 Spark。

4．兼容性

Scala 兼容 Java，可以访问庞大的 Java 类库，例如 MySQL、Redis、FreeMarker、ActiveMQ 等。

3.2　Scala 的安装

Scala 可以在 Windows、Linux、macOS 等系统上编译及运行。由于 Scala 是运行在 JVM 平台上的，所以安装 Scala 之前必须配置好 JDK 环境。本书使用的 JDK 版本是 jdk 1.8，关于 JDK 的安装和配置这里不详解。

3.2.1　Windows 下安装 Scala 编译器

访问 Scala 官网下载 Scala 编译器安装包，考虑到 Scala 的稳定性以及和 Spark 的兼容性，本书使用的版本是 2.12.11。在 2.1.2 节讲述了 Scala 的下载方式，请自行下载 Scala 的 Windows 版本的安装包。Windows 版的 Scala 安装包如图 3.1 所示。

Archive	System	Size
scala-2.12.11.tgz	Mac OS X, Unix, Cygwin	19.83M
scala-2.12.11.msi	Windows (msi installer)	124.33M
scala-2.12.11.zip	Windows	19.88M
scala-2.12.11.deb	Debian	145.11M
scala-2.12.11.rpm	RPM package	124.63M
scala-docs-2.12.11.txz	API docs	53.14M
scala-docs-2.12.11.zip	API docs	107.61M
scala-sources-2.12.11.tar.gz	Sources	

图 3.1　Windows 版的 Scala 安装包

下载成功后，解压 Scala 的安装包 scala-2.12.11.zip 到 D:\Software\DevelopSoftware 目录下，需要配置 Windows 系统的系统变量 SCALA_HOME 和环境变量 Path，如图 3.2 和图 3.3 所示。

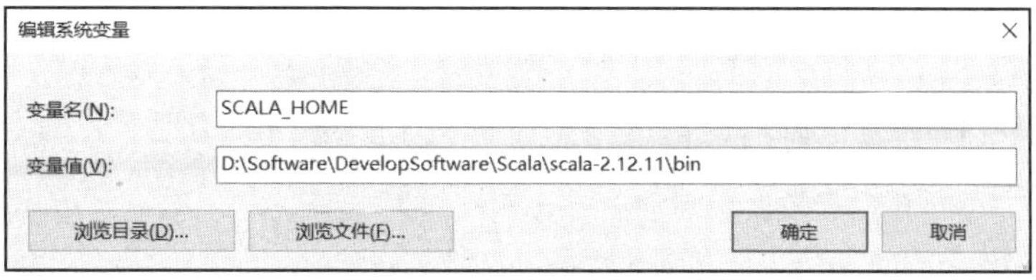

图 3.2　SCALA_HOME 配置

图 3.3　Scala 的 Path 配置

安装完成之后，可以在命令提示符窗口下验证，执行 scala -version 命令查看 Scala 版本。执行 scala 可进入 Scala Shell 交互模式，执行:q 或:quit 退出 Scala Shell 交互模式。

3.2.2　Linux 下安装 Scala 编译器

在第 2 章已经介绍过 Linux 下安装 Scala 编译器，这里检测 Scala 是否安装成功即可，具体命令如下。

```
scala -version
```
如果有版本信息输出，则表示安装成功，如图 3.4 所示。

```
[root@node1 ~]# scala -version
Scala code runner version 2.12.11 -- Copyright 2002-2020, LAMP/EPFL and Lightbend, Inc.
```

图 3.4　Linux 下安装 Scala 是否成功的验证

3.3　Scala 基础

Scala 是一种面向对象的编程语言，同时也支持函数式编程风格。它结合了两种编程范式的优点，具有表达力强、类型安全、并发性能高等特点。

3.3.1　Scala 快速入门

在 Scala 中，我们可以使用丰富的库和工具，轻松地实现函数式编程、并发编程和面向对象编程等多种编程风格。Scala 还提供了交互式解释器，使得学习 Scala 更加容易。

1. Scala Shell 交互

（1）Scala 中可直接进行算术运算。例如，将两个变量相加的运算，具体代码如下。

```
scala>1+1
res0: Int= 2
//res0 表示变量名，Int 表示类型，输出值为 2
```
（2）Scala 中可以进行两个变量的乘法运算，具体代码如下。

```
scala> res0*3
```

```
res1: Int= 6
```

（3）Scala 中可以输出文本，println 是 Scala 预定义导入的类，可以直接使用，对于非预定义的类，需要手动导入，具体代码如下。

```
scala> println("Hello world!")
Hello World!
```

2. Scala 程序

（1）编写 Scala 代码，具体代码如下。

```
vi Hello World.scala
object HelloWorld {
def main(args: Array[String]) {
println("Hello World")
}
}
```

（2）编译 Scala 代码，进入 Scala Shell 交互模式进行编译，具体代码如下。

```
scalac Hello World.scala
```

（3）运行 Scala 程序，具体代码如下。

```
scala Hello World
```

Scala 程序的运行流程类似于 Java 的，先编译再执行。在 Scala 中，不强制要求源文件和类的名称一致。

3.3.2 在 IntelliJ IDEA 中创建 Scala 项目

Scala 安装完成后，双击打开 IntelliJ IDEA（以下简称 IDEA），创建一个新的项目，如图 3.5 所示。

图 3.5 创建 Scala 项目

依次选择左侧选项卡中的 Scala→IDEA，单击 Next 按钮，如图 3.6 所示。

输入项目名称，单击 Finish 按钮即可完成创建，如图 3.7 所示。

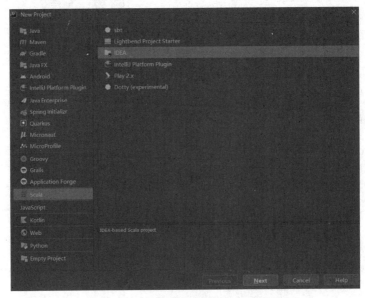

图 3.6　选择 IDEA

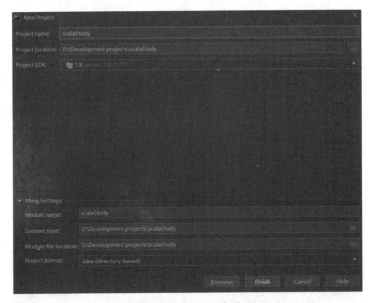

图 3.7　输入项目名称

3.4　Scala 的基本语法

　　Scala 有着自己独特的语法规范，因此要学好 Scala，首先需要学习 Scala 的基本语法，学习 Scala 基本语法需要注意以下几点。

　　（1）区分大小写，Scala 对大小写敏感，这意味着标识符 Word 和 word 在 Scala 中具有不同的含义。

　　（2）所有的类名的首字母都要大写，如果需要使用几个单词来构成一个类的名称，每个单词的首字母都要大写，例如：Class MyFirstScalaClass。

（3）所有的方法名称的首字母都要小写，如果若干单词被用于构成方法的名称，则每个单词的首字母都应大写，例如：def MyMethodName()。

（4）程序文件名称应该与对象名称完全匹配，保存文件时，应该保存它使用的对象名称，并追加.scala 作为文件扩展名。如果文件名称和对象名称不匹配，程序将无法编译，例如：HelloWorld 是对象名称，那么该文件应被保存为 HelloWorld.scala。

（5）方法 main()是每一个 Scala 程序的强制程序入口部分，Scala 程序从 main()方法开始处理。

3.4.1　声明变量

变量是内存位置的名称，用于存储数据。当创建变量时，内存中会保留一些空间，根据变量的数据类型，编译器分配内存并决定可以存储在预留内存中的内容。因此，通过为变量分配不同的数据类型，可以在这些变量中存储整数、小数或字符。

Scala 中变量的声明中的关键字有 val 和 var，使用 val 定义的变量是不可变的，相当于 Java 中用 final 定义的变量，使用 var 定义的变量是可变的，具体语法如下。

```
val 变量名 (:变量类型) = 变量值
var 变量名 (:变量类型) = 变量值
```

（1）按 Win+R 组合键打开运行对话框，如图 3.8 所示，输入 scala 并单击"确定"按钮打开 Scala 编程。

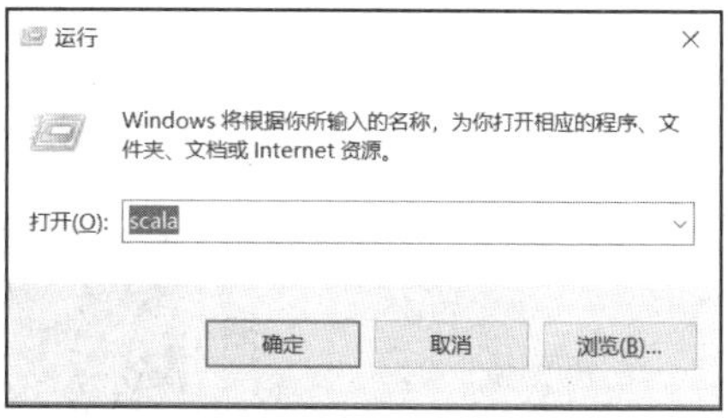

图 3.8　打开 Scala 编程

（2）根据类型推断声明变量，Scala 可自动推断类型，具体代码如下。

```
scala> val a ="aaa"
a: String = aaa
scala> val b = 10
b: Int = 10
```

（3）自定义变量的类型，具体代码如下。

```
scala> val a: String = "aaa"
a: String = aaa
```

（4）用 val 定义的变量具有不可变性，改变其值会报错，如图 3.9 所示。

（5）用 var 定义变量，变量值可以改变，如图 3.10 所示。

图 3.9　不可修改 val 定义的变量的演示

图 3.10　可修改 var 定义的变量的演示

通常情况下，在声明变量后其值不会再次改变，因此应该使用 val 关键字来定义变量。只有在变量值需要改变的情况下才使用 var 关键字，例如在变量作为计数器的情况下。

3.4.2　定义字符串

在 Scala 中使用双引号定义字符串，其格式类似于 Java 语言的，具体语法如下。

```
val/var 变量名 = "字符串值"
```

使用双引号定义字符串的操作案例如图 3.11 所示。

在 Scala 中可以使用插值表达式来定义字符串，有效避免大量字符串的拼接，具体语法如下。

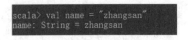

图 3.11　使用双引号定义字符串的操作案例

```
val/var 变量名 = s"${变量\表达式}字符串"
```

使用插值表达式定义字符串的操作案例如图 3.12 所示。

```
scala> val name = "张三"
name: String = 张三

scala> val age = 18
age: Int = 18

scala> val sex = "男"
sex: String = 男

scala> val result = s"姓名=${name},年龄=${age},性别=${sex}"
result: String = 姓名=张三,年龄=18,性别=男
```

图 3.12　使用插值表达式定义字符串的操作案例

如果有字数较多的文本需要保存，可以使用三引号来定义字符串，具体语法如下。

```
val/var 变量名 ="""字符串"""
```

使用三引号定义字符串的操作案例如图 3.13 所示。

```
scala> val sql ="""
     | select
     |  *
     | from students
     | where name = "zhangsan"
     | """

sql: String =

select
 *
from students
where name = "zhangsan"
```

图 3.13　使用三引号定义字符串的操作案例

在生产环境中，有时会编排非常复杂的 SQL 语句或者字符串内容以便后续引用，若将这些语句直接加载到 JVM 中会占用内存、影响性能，可以使用惰性赋值来提高效率，具体语法如下。

```
lazy val/var 变量名 = 表达式
```

使用惰性赋值的操作案例如图 3.14 所示。

```
scala> lazy val sqlS ="""
     | SELECT userid,'语文' AS course,cn_score AS score FROM tb_score1
     | UNION ALL
     | SELECT userid,'数学' AS course,math_score AS score FROM tb_score1
     | UNION ALL
     | SELECT userid,'英语' AS course,en_score AS score FROM tb_score1
     | UNION ALL
     | SELECT userid,'政治' AS course,po_score AS score FROM tb_score1
     | ORDER BY userid.
     | """

sqlS: String = <lazy>

scala> print(sqlS)

SELECT userid,'语文' AS course,cn_score AS score FROM tb_score1
UNION ALL
SELECT userid,'数学' AS course,math_score AS score FROM tb_score1
UNION ALL
SELECT userid,'英语' AS course,en_score AS score FROM tb_score1
UNION ALL
SELECT userid,'政治' AS course,po_score AS score FROM tb_score1
ORDER BY userid;
```

图 3.14　使用惰性赋值的操作案例

3.4.3　数据类型

数据类型用于描述存储在计算机存储器中的值或对象的存储方式和结构，学习任何一种编程语言都要了解其数据类型。Scala 支持的数据类型如表 3.1 所示。

表 3.1　　　　　　　　　　　　　Scala 支持的数据类型

数据类型	描述
Byte	8 位有符号补码整数，数值区间为-128～127
Short	16 位有符号补码整数，数值区间为-32768～32767
Int	32 位有符号补码整数，数值区间为-2147483648～2147483647
Long	64 位有符号补码整数，数值区间为-9223372036854775808～9223372036854775807
Float	32 位，IEEE 754 标准的单精度浮点数
Double	64 位，IEEE 754 标准的双精度浮点数
Char	16 位无符号 Unicode 字符，值的区间为 U+0000～U+FFFF
String	字符序列
Boolean	值为 true 或 false
Unit	表示无值，和其他语言中的 void 等同，用作不返回任何结果的方法的结果类型。Unit 只有一个实例值，写成()

1．数值类型

Scala 支持 7 种数值类型：Byte、Char、Short、Int、Long、Float 和 Double（无包装类型）。部分类型的具体代码如下。

```
scala> var a:Int = 10
a: Int = 10
scala> var b:Float = 10.1f
b: Float = 10.1
```

2．布尔类型

布尔类型变量有两个值：false 和 true，具体代码如下。

```
scala> var flag1:Boolean = false
flag1: Boolean = false
scala> var flag2:Boolean = true
flag2: Boolean = true
```

3．字符串类型

在 Scala 中使用双引号来定义字符串变量，具体代码如下。

```
scala> name : String ="helloworld"
name : String ="helloworld"
```

4．数据类型的判断及转换

（1）使用 asInstanceOf[Typc]方法来进行强制类型转换，具体代码如下。

```
scala> def i = 100.asInstanceOf[Double]
```

```
i: Double
scala> i
res0: Double = 100.0
```

（2）使用 isInstanceOf[Type]方法来判断类型，具体代码如下。

```
scala> val b = 10.isInstanceOf[Int]
b: Boolean = true
scala> val b = 10.isInstanceOf[Double]
b: Boolean = false
```

3.4.4 运算符

1．算术运算符

算术运算符指的就是用来进行算术运算的符号，常用的算术运算符如表 3.2 所示。

表 3.2　　　　　　　　　　　常用的算术运算符

算术运算符	描述
+	加号，可以表示正数、普通加法操作、字符串的拼接
−	减号，可以表示负数、普通减法操作
*	乘号，可以获取两个数据的乘积
/	除号，可以获取两个数据的商
%	取余，可以获取两个数据相除的余数

使用算术运算符需要注意以下几点。

（1）在 Scala 中没有++和--运算符。

（2）用+参与字符串拼接后，结果生成一个新的字符串。

（3）整数相除的结果还是整数，若要获取小数，则必须有浮点型数据参与。

2．关系运算符

关系运算符指的就是用来进行比较操作的符号，常用的关系运算符如表 3.3 所示。

表 3.3　　　　　　　　　　　常用的关系运算符

关系运算符	描述
>	判断符号前边数据是否大于后边数据
>=	判断符号前边数据是否大于或等于后边数据
<	判断符号前边数据是否小于后边数据
<=	判断符号前边数据是否小于或等于后边数据
==	判断符号两边数据是否相等
!=	判断符号两边数据是否不相等

3．逻辑运算符

逻辑运算符指的就是用来进行逻辑操作的符号，判断多个条件是否都满足，或者满足其中的一个，或者对某个判断结果进行取反操作，常用的逻辑运算符如表 3.4 所示。

表 3.4 常用的逻辑运算符

逻辑运算符	描述
&&	逻辑与，要求所有条件都满足，即结果为 true
||	逻辑或，要求只要满足任意一个条件即可
!	逻辑非，用来进行取反操作

使用逻辑运算符需要注意以下几点。

（1）逻辑表达式的最终结果一定是布尔类型的值，要么是 true，要么是 false。

（2）在 Scala 中不能对一个布尔类型的数据进行连续取反操作，例如不能执行"!!false"。

3.4.5 块表达式

Scala 中用花括号包含的一系列表达式，即块表达式。以 res 的值为块表达式的值为例，块表达式的示例如下。

```
scala> val res = {
if (x>0) 1
else if (x<0) -1
else 0
}
res: Int = 0
```

3.5 Scala 的流程控制结构

在生产环境中，程序涉及成千上万行代码，代码的顺序不同，执行结果也会受到影响，有些代码要满足特定条件才能执行，有些代码是需要重复执行的，可以用流程控制语句合理规划这些代码。流程控制语句是用来控制程序中各语句执行顺序的语句，可以把语句组合成能完成一定功能的逻辑模块。流程控制语句采用结构化程序设计中规定的 3 种基本流程结构，即顺序结构、分支结构、循环结构。

3.5.1 顺序结构

顺序结构指的是使程序按照从上到下、从左至右的顺序依次执行，中间没有任何的判断和跳转的代码结构，是 Scala 代码默认的流程控制结构，其执行流程如图 3.15 所示。

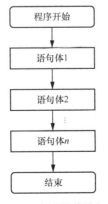

图 3.15 顺序结构的执行流程

3.5.2 分支结构

分支结构是指某些代码的执行需要依赖于特定的判断条件，如果判断条件成立，则执行代码，如果判断条件不成立，则不执行代码，其中条件表达式必须是布尔表达式或布尔变量。Scala 的 if/else 语法格式和 Java 或 C++的相同，不过在 Scala 中 if/else 表达式有值，这个值就是跟在 if/else 之后的表达式的值。

1. 单分支选择结构

单分支选择结构指的是只有一个判断条件的 if 语句，语法格式如下。

```
if(关系表达式){
//需要执行的代码
}
```

单分支选择结构的执行流程如图 3.16 所示。

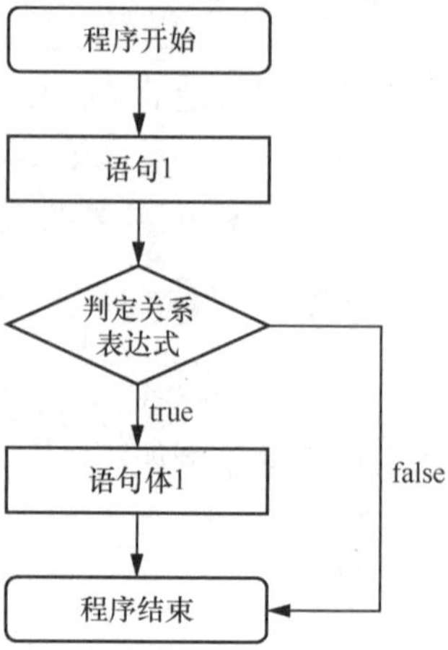

例如，定义一个变量 score 用来记录学生成绩，如果成绩大于等于 60 分，则输出"成绩合格"，具体代码如下。

```
val score = 65
if(score>=60){
println("成绩合格")
}
```

图 3.16　单分支选择结构的执行流程

2. 双分支选择结构

双分支选择结构指的是只有两个判断条件的 if 语句，语法格式如下。

```
if(关系表达式){
//若关系表达式值为 true,执行的代码
}else{
//若关系表达式值为 false,执行的代码
}
```

双分支选择结构的执行流程如图 3.17 所示。

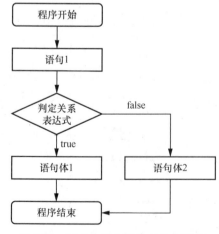

图 3.17　双分支选择结构的执行流程

例如，定义一个变量 score 用来记录学生成绩，如果成绩大于等于 60 分，则输出"成绩合格"，否则输出"成绩不合格"，具体代码如下。

```
val score = 55
if(score>=60){
println("成绩合格")
}else{
println("成绩不合格")
}
```

3. 多分支选择结构

多分支选择结构指的是有多个判断条件的 if 语句，语法格式如下。

```
if(关系表达式 1){
//代码 1
}else if(关系表达式 2){
//代码 2
}else if(关系表达式 n){
//代码 n
}else{
//所有关系表达式都不成立所执行的代码
}
```

多分支选择结构的执行流程如图 3.18 所示。

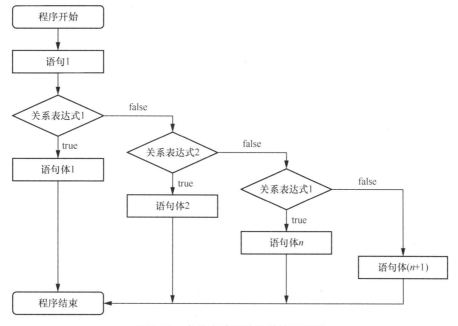

图 3.18　多分支选择结构的执行流程

使用分支结构需要注意以下几点。

- 如果缺失 else，相当于 else {}。
- 在 Scala 中，若花括号内的逻辑代码只有一行，则可以省略花括号。
- 混合类型中，返回值类型是多个分支的返回值类型的父类（超类）。

- 在 Scala 中，表达式都是有返回值的。

3.5.3 循环结构

循环结构指的是使一部分代码按照次数或者一定的条件反复执行的代码结构。在 Scala 中常用的循环结构有 for 循环、while 循环和 do while 循环。

1. for 循环

for 循环语法格式为 for(i <- 表达式/数组/集合)，具体代码如下。

```
scala> for (i <- 1 to 10) println (i)
1
2
3
4
5
6
7
8
9
10
```

上述 for 循环中，每次循环将区间中的一个值赋给 i。下面介绍几种 for 循环的使用方式。

（1）循环数组，即对数组进行遍历操作，具体代码如下。

```
scala> val arr = Array("mimi","tingting","ningning")
arr: Array[String] = Array(mimi, tingting, ningning)
scala> for (a <- 0 to arr.length-1) println(arr(a))
mimi
tingting
ningning
scala> for (a <- 0 until arr.length-1) println(arr(a))
mimi
tingting
scala> for (a <- 0 until arr.length) println(arr(a))
mimi
tingting
ningning
```

需要注意的是，to 表示包含最后一个数，until 表示不包含最后一个数。

循环数组简化写法的具体代码如下。

```
scala> for (a <-arr) println(a)
mimi
tingting
ningning
```

（2）for 循环守卫，即循环时可以增加条件来判断是否继续执行循环体，语法格式如下。

```
for(i<- 表达式/数组/集合 if  表达式){
//满足条件执行的代码
}
```

例如：使用 for 循环求 1～10 中能整除 3 的数字，具体代码如下。

```
for(i<- 1 to 10 if i%3 == 0){
    println(i)
}
```

（3）for 推导式。yield 是 Scala 中的一个关键字，它常与 for 循环一同使用。通过使用 yield 关键字，可以构建一个集合或数组。每次在 for 循环中使用 yield，这个循环都会生成一个值。这些值随后会被收集到一个新的集合或数组中。具体代码如下。

```
val result = for (i <- 1 to 10) yield i * 10
println(result)
```

返回结果如图 3.19 所示。

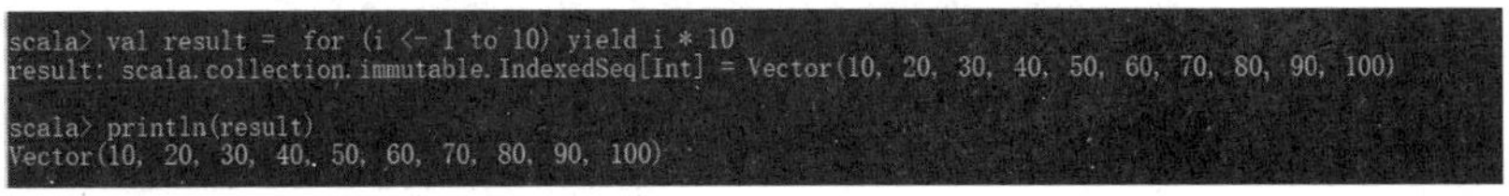

图 3.19　for 推导式

（4）使用 for 循环实现取出数组中的偶数。首先定义数组，具体代码如下。

```
scala> val arr = Array(1,2,3,4,5,6,7,8,9)
arr: Array[Int] = Array(1,2,3,4,5,6,7,8,9)
```

使用 for 循环取出偶数，具体代码如下。

```
scala> for (i <- arr) if (i %2 == 0) {println(i)}
2
4
6
8
```

除了使用 for 循环，还可以运用 Scala 自带的 filter()函数实现取出数组中的偶数，具体代码如下。

```
scala> arr.filter(_%2 == 0)
res17: Array[Int] = Array(2,4,6,8)
```

2. while 循环

Scala 的 while 循环和其他语言如 Java 中的功能一样，它含有一个判断条件和一个循环体，只要条件满足，就一直执行循环体，语法格式如下。

```
初始化条件
while(判断条件)
{
//循环体内容
//控制条件
}
```

例如：使用 While 循环输出 10 次 "HelloScala" 并在后面拼接上输出的次数，第一次输出的格式为 "HelloScala1"，以此类推，具体代码如下。

```
//初始化条件
var i = 1
//判断条件
while(i<=10){
//循环体
println("HelloScala"+i)
//控制条件
i = i+1
}
```

返回结果如图 3.20 所示。

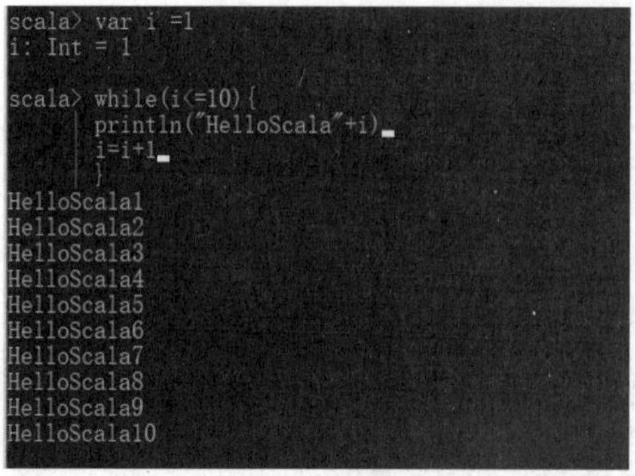

图 3.20　while 循环

3．do while 循环

Scala 也有 do while 循环，它和 while 循环类似，只是检查条件是否满足在执行循环体之后进行，语法格式如下。

```
do{
//循环体
//控制条件
}while(判断条件)
```

使用 do while 循环输出 10 次"HelloScala"并在后面拼接上输出的次数，第一次输出的格式为"HelloScala1"，以此类推，具体代码如下。

```
//初始化条件
var i = 1
do{
//循环体
println("HelloScala"+i)
//控制条件
i = i+1
}//判断条件
while(i<=10)
```

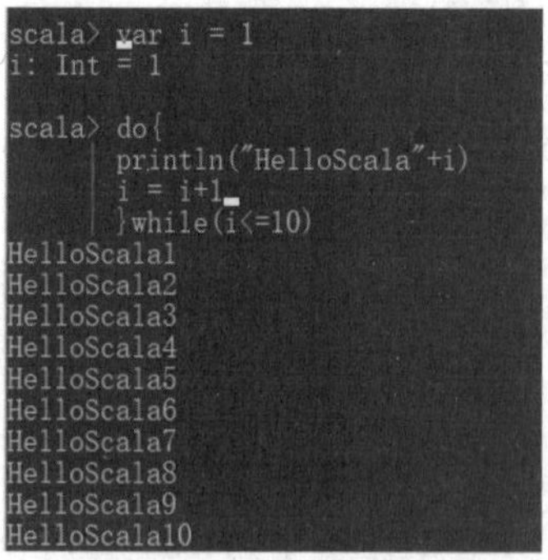

图 3.21　do while 循环

返回结果如图 3.21 所示。

3.5.4　breakable 和 break()方法

在 Scala 中没有类似于 Java 和 C++中的 break 和 continue 的关键字，可以使用 scala.util.control 包中 Breaks 类的 breakable 和 break()方法来代替 break 和 continue 两个关键字。

1．使用 breakable 和 break()方法实现 break 功能

首先需要导入 scala.util.control 包中的 Breaks，使用 breakable 把 for 表达式包裹起来，再将 break()方法添加至 for 表达式中需要退出循环体处。

例如：输出 1～10 的数字，如果遇到 3 的倍数且不等于 3 的数字则结束循环，具体代码如下。

```
import scala.util.control.Breaks._
breakable{
for(i<- 1 to 10)
    if(i%3==0 && i!=3)
        break()
    else
        println(i)
}
```

返回结果如图 3.22 所示。

```
scala> import scala.util.control.Breaks._
import scala.util.control.Breaks._

scala> breakable{
for(i<- 1 to 10)
if(i%3==0 && i!=3)
break()
else
println(i)
}
1
2
3
4
5
```

图 3.22　使用 breakable 和 break()方法实现 break 功能

2．使用 breakable 和 break()方法实现 continue 功能

首先需要导入 scala.util.control 包中的 Breaks，使用 breakable 把 for 表达式所需要循环的语句包裹起来，再将 break()方法添加至 for 表达式中需要退出循环体处。

例如：输出 1～10 的数字，如果遇到 3 的倍数则不输出，具体代码如下。

```
import scala.util.control.Breaks._
for(i<- 1 to 10){
    breakable{if(i%3==0)
        break()
    else
        println(i)
}
}
```

返回结果如图 3.23 所示。

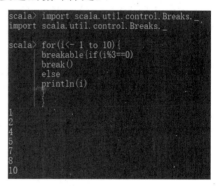

图 3.23　使用 breakable 和 break()方法实现
continue 功能

3.6　Scala 的方法与函数

Scala 和 Java 一样也拥有方法和函数。Scala 的方法是类的一部分，而函数是一个对象，可以赋值给一个变量。Scala 在类中定义的函数即方法。Scala 中可以使用 def 语句和 val 语句定义函数，而只能使用 def 语句定义方法。下面分别对 Scala 的方法和函数进行讲解。

3.6.1　Scala 中方法的定义和调用

Scala 中操作符其实是普通方法调用的另一种表现形式,使用运算符其实就是隐含地调用对应的方法。例如，a + b 和 1 to 10 是以下方法调用的简写：+(b)和 1.to(10)。a 方法 b 可以写成 a.方法(b)。定义方法的关键字是 def，语法格式如下。

```
def 方法名 (参数列表) : [return type] = {
//方法体
//返回值
}
```

由上述代码可以看出 Scala 的方法由多个部分组成，其中 def 是 Scala 的关键字，并且是固定不变的，一个方法的定义是由 def 关键字开始的。(参数列表):[return type]表示 Scala 中方法的可选参数列表，参数列表中的每个参数都有一个名字，参数名后加冒号和参数类型。[return Type]部分表示 Scala 中方法的返回值类型，可以是任意合法的 Scala 数据类型。若没有返回值，则返回值类型为 Unit。

例如：获取两个整型数字的最大值，并返回结果，具体代码如下。

```
def getMax(x:Int,y:Int):Int={
var max:Int = 0
if(x>y) max=x else max=y
return max
}
```

上例中，getMax 是方法名称，(x:Int,y:Int)是参数列表，之后的 Int 为方法的返回值类型，{var max:Int=0 if (x>y)max=x else max=y return max}是方法体。调用方法的具体代码如下。

```
val max = getMax(5,10)
println(max)
```

返回结果如图 3.24 所示。

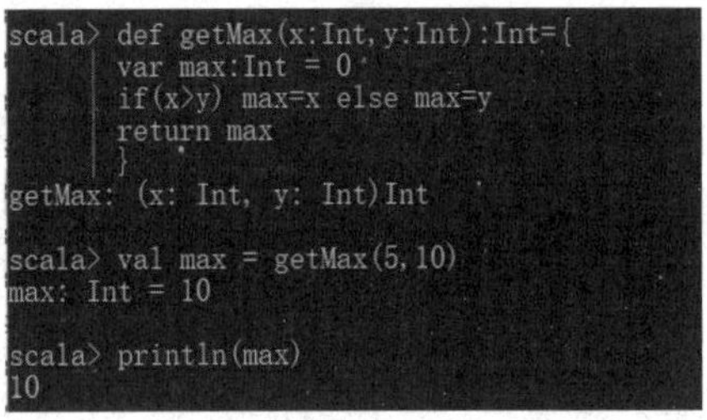
```
scala> def getMax(x:Int,y:Int):Int={
     |   var max:Int = 0
     |   if(x>y) max=x else max=y
     |   return max
     |   }
getMax: (x: Int, y: Int)Int

scala> val max = getMax(5,10)
max: Int = 10

scala> println(max)
10
```
图 3.24　定义方法的案例

需要注意的是，方法的返回值类型可以省略不写，编译器可以自动推断出返回值类型，但是对于递归调用方法，必须指定返回值类型。

例如：定义求阶乘的方法，具体代码如下。

```
//定义方法
def recursive(n:Int):Int={
if(n == 1) 1 else n*recursive(n - 1)
}
//调用方法，获取 10 的阶乘
val result = recursive(10)
println(result)
```

返回结果如图 3.25 所示。

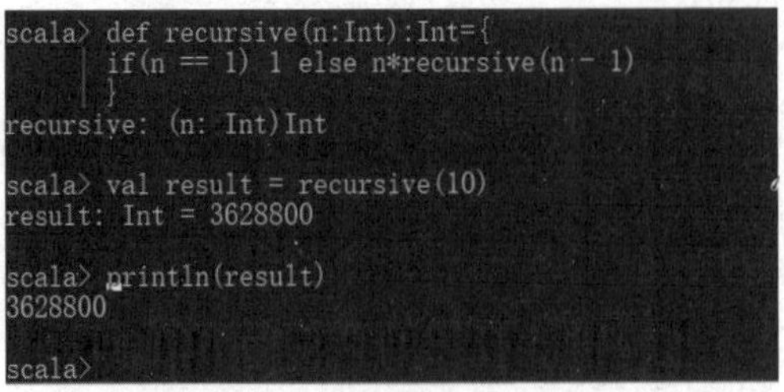
```
scala> def recursive(n:Int):Int={
     | if(n == 1) 1 else n*recursive(n - 1)
     | }
recursive: (n: Int)Int

scala> val result = recursive(10)
result: Int = 3628800

scala> println(result)
3628800

scala>
```
图 3.25　递归调用方法的案例

Scala 中调用方法时通常使用后缀调用法、中缀调用法、括号调用法、无括号调用法等。下面进行详细介绍。

（1）后缀调用法。这种方法和 Java 中的调用方法一样，语法格式和具体代码如下。

```
对象名.方法名(参数)
//示例
//Math 为对象，abs 为方法名，功能是求绝对值
Math.abs(-5)
```

后缀调用法如图 3.26 所示。

图 3.26　后缀调用法

（2）中缀调用法。其语法格式和具体代码如下。

```
对象名 方法名 参数
//示例
Math abs -5
```

中缀调用法如图 3.27 所示。

图 3.27　中缀调用法

（3）括号调用法。其语法格式和具体代码如下。

```
对象名.方法名{参数}
//示例
Math.abs{
println("这个方法可以求绝对值")
-5
}
```

括号调用法如图 3.28 所示。

图 3.28　括号调用法

（4）无括号调用法。如果方法不需要参数，可以省略方法名后边的括号，具体代码如下。

```
def callA()=println("给 A 打电话")
callA
```

无括号调用法如图 3.29 所示。

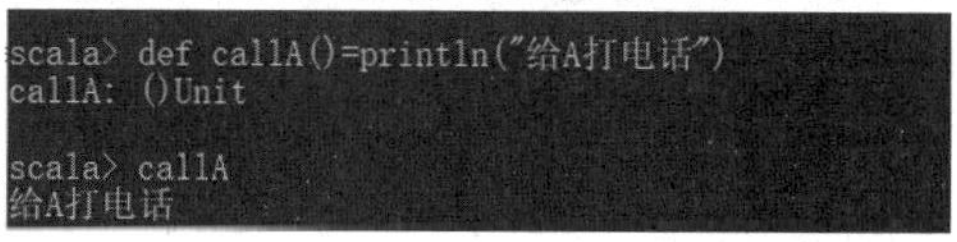

图 3.29　无括号调用法

3.6.2 Scala 中函数的定义和调用

Scala 支持函数式编程，函数是一组一起执行一个任务的语句。Scala 支持函数和方法，二者在语义上的区别很小。Scala 中方法是类的一部分，而函数是一个对象，可以赋值给一个变量。换句话说，在类中定义的函数即方法。

Scala 中函数的定义格式如下。

```
val 函数名 = (参数名 1:参数类型，参数名 2:参数类型…)=>函数体
```

（1）一般函数的定义，具体代码如下。

```
scala> val f1 = (x: Int, y: Int) => x * y
f1: (Int, Int) => Int =<function2>
scala> val f2 = (x: Int) => x
f2: Int => Int = <function1>
```

（2）函数中每个元素均不进行参数的传递、不用圆括号、不用规定其类型，且函数只被调用一次时，可以使用匿名函数，具体代码如下。

```
scala> (x: Int, y: Int) =>x +y
res29: (Int, Int) => Int =<function2>
scala> arr
res30: Array[Int] = Array(1,2,3,4,5,6,7,8,9)
```

（3）函数 map()中的参数使用匿名函数有两种方式，其中"_"在这里代表匿名函数，具体代码如下。

```
scala> arr.map(x => x* 2)
res32: Array[Int] = Array(2,4,6,8,10,12,14,16,18)
scala> arr.map(_* 2)
res32: Array[Int] = Array(2,4,6,8,10,12,14,16,18)
```

（4）Scala 中将函数传递到方法中的具体代码如下。

```
scala> val f1 = (x: Int, y: Int) => x + y
f1: (Int, Int) => Int = <function2>
scala> val f1 = (x: Int) => x*x
f1: Int => Int = <function1>
scala> arr
res34: Array[Int] = Array(1,2,3,4,5,6,7,8,9)
scala> arr.map(f1(_))
res35: Array[Int] = Array(1,4,9,16,25,36,49,64,81)
scala> arr.map(f1)
res35: Array[Int] = Array(1,4,9,16,25,36,49,64,81)
```

（5）一般函数的另一种定义方式，具体代码如下。

```
scala> val f1 Int => Int = {x => x*x}
f1: Int => Int = <function1>
```

在 Java 语言中，函数和方法没有区别。但是在 Scala 语言中，函数和方法有一定的区别，函数和变量、类、对象属于一个级别，方法归属于类或者对象，具体区别和联系如下。

- 使用 def 关键字定义方法，使用 => 定义函数。
- 方法是隶属于类或者对象的，在运行时，方法被加载到 JVM 的方法区中。
- 函数对象赋值给一个变量后，在运行时，它被加载到 JVM 的堆内存中。
- 函数是一个对象，继承于 FunctionN，方法则不是。
- 两者都可以显式地使用参数来增加参数列表。

- 函数可以作为参数被传递给方法。

例如：首先定义一个方法，再定义一个函数，然后将函数传递到方法里面。Scala Shell 交互模式下具体代码如下。

```
//定义方法
scala> def m2(f: (Int, Int) => Int) = f(2,6)
m2: (f: (Int, Int) => Int)Int
//定义函数
scala> val f2 = (x: Int, y:Int) => x-y
f2: (Int, Int) => Int = <function2>
//将函数作为参数放到方法中
scala> def m2(f: (Int, Int) => Int) = f(2,6)
res0: Int = -4
```

使用 IDE 实现，具体代码如下。

```
  object MethodAndFunctionDemo {
  //定义一个方法
  //要求方法 m1()的参数是一个函数，函数的参数必须是两个 Int 类型的参数
  //返回值类型也是 Int 类型
def m1(f: (Int, Int) => Int) : Int = {
  f(2, 6)
}
//定义一个函数 f1(),参数是两个 Int 类型的参数，返回值类型是 Int 类型
val f1 = (x: Int, y: Int) => x + y
//再定义一个函数 f2()
val f2 = (m: Int, n: Int) => m * n
def main(args: Array[String]) {
  //调用 m1()方法，并向其中传入 f1()函数
  val r1 = m1(f1)
  println(r1)
  //调用 m1()方法，并向其中传入 f2()函数
  val r2 = m1(f2)
  println(r2)
}
  }
```

3.6.3 Scala 中将方法转换成函数

Scala 中方法也可以被转换成函数，示例如下。

（1）分别定义方法和函数，具体代码如下。

```
//定义方法
scala> def m1(x: Int) = x * 10
m1: (x: Int)Int
//定义函数
scala> val f1 = (x: Int) => x*10
f1: Int => Int =<function1>
```

（2）定义一个数组，具体代码如下。

```
scala> val arr = Array(1,2,3,4,5,6)
arr: Array[Int] = Array(1,2,3,4,5,6)
```

（3）将方法转换成函数的语法格式为方法名+_，具体代码如下。

```
//将方法转换成函数
```

```
scala> val f2 = m1_
f2: Int => Int = <function1>
//将函数作为参数传递到 map()方法中
scala> arr.map(f2)
res5: Array[Int] = Array(10,20,30,40,50,60)
//将方法转换成函数并作为参数传递到 map()方法中
scala> arr.map(m1_)
res6: Array[Int] = Array(10,20,30,40,50,60)
//将方法作为参数传递到 map()方法中
scala> arr.map(m1)
res6: Array[Int] = Array(10,20,30,40,50,60)
```

3.7　Scala 面向对象的特性

3.7.1　类和对象

类是用来描述一组对象的共同特征和行为的。在 Scala 中，并不用声明类为 public，Scala 源文件中可以包含多个类，所有这些类具有公有可见性。无论是在 Scala 中还是在 Java 中，类都是对象的抽象，而对象都是类的具体实例；类不占用内存，而对象占用内存。Scala 由于面向对象的核心是对象，若要在应用程序中使用对象，就必须先创建一个类。

创建类的语法格式如下。

```
class 类名 [参数列表]
```

上述语法格式中，关键字 class 主要用于创建类。[参数列表]表示 Scala 中类的定义可以有参数，也可以无参数，若有参数则称为类参数。

当创建好类以后，如果想访问类中的方法或者字段，需要创建一个对象，创建对象的语法格式如下。

```
类对象名 = new 类名()
```

上述语法格式中，关键字 new 主要用于创建类的实例对象。

下面创建一个 Price 类，并在类中定义 shopname 字段表示商品的名称，定义一个将总价作为返回值的 getPrice()方法，参数为 num 和 price，分别表示数量和价格，使用 Price 类的实例对象来访问类中的方法和字段，具体代码如下。

```
class Price (shopname:String) {
  val name:String=shopname
  def getPrice (num:Int,price:Int) {
    var sum = 0
    sum =  num * price
    println(name+"总价为: "+sum)
  }
}
object ClassTest {
  def main(args: Array[String]) {
    val a = new Price("苹果");
    //计算本次总价
    a.getPrice(10,20)
  }
}
```

上述代码中，第 1～8 行代码表示创建了一个 Price 类，并在类中定义了 shopname 字段以及一个 getPrice()方法；第 10～13 行代码表示 main()方法，即程序的入口，在 main()方法中创建类的实例对象 a，使用该对象访问类中的 getPrice()方法和字段；第 9 行代码中的 object 这里暂不介绍，在后文中会进行介绍。

返回结果如下。

苹果总价为：200

3.7.2　private 关键字

private 是权限修饰符，只有本类和伴生对象可以访问修饰的字段。private[this]修饰的字段表示对象私有字段，只能在本类中访问；类名前加 private 关键字和包名，指的是包访问权限，只有类所在的包有访问权限；构造器前加 private 关键字是指伴生对象的访问权限，只有本类和其伴生对象才能访问。下面将演示 private 关键字的使用。

创建 PrivateDemo 类，具体代码如下。

```
    private   class PrivateDemo private (val facevalue: Int) {
    //私有字段，只有本类和伴生对象可以访问
  private val name: String = "huanhuan"
    //对象私有字段，只能在本类中访问
  private  [this] var age: Int = 20
  println(age)
}
object  PrivateDemo{
  def main(args: Array[String]): Unit = {
    val p =new PrivateDemo(120)
    //输出的是引用的地址
    println(p)
    println(p.facevalue)
  }
}
object  PrivateTest{
  def main(args: Array[String]): Unit = {
   //val p =new PrivateDemo(120)
  }
}
```

3.7.3　继承

Scala 和 Java 类似，只允许继承一个父类。不同的是 Java 中只能继承父类中非私有的属性和方法，而 Scala 中可以继承父类中的所有属性和方法。在 Scala 中子类继承父类的时候，如果子类要重写一个父类中的非抽象方法，则必须使用 override 关键字，否则会出现语法错误。如果子类要重写父类中的抽象方法，则不需要使用 override 关键字。

下面进行演示，创建一个 Person 类和一个 Student 类，并且 Student 类继承 Person 类，演示子类 Student 重写父类 Person 中的内容，具体代码如下。

```
object demo {
  class Person {
    var name = "";
    var age = 0;
```

```
    def eat()= println(s"${name}在吃饭")
  }
  class Student extends Person {
    @Override
    override def eat(): Unit = println(s"${name}吃完饭后去教室学习")
  }
  def main(args: Array[String]): Unit = {
    var student=new Student();
    student.name="李四";
    student.eat();
  }
}
```

运行结果如下。

李四吃完饭后去教室学习

3.7.4 单例对象

在 Scala 中没有静态方法或静态字段，不能直接用类名访问类中的方法和字段，但是可以使用 object 这个关键字来达到同样的目的，通过创建类的实例对象去访问类中的方法和字段。Scala 中提供了 object 这个关键字来实现单例模式，使用关键字 object 创建的对象为单例对象。单例对象一般用于存放工具方法和常量、高效共享单个不可变的实例、单例模式等场景。

创建单例对象的语法格式如下。

```
object objectName
```

使用单例对象实现单例模式，具体代码如下。

```
object demo {
  object Cat {
    val eyesnum=2;
    def run(): Unit = println("小猫跳起来了")
  }
  def main(args: Array[String]): Unit = {
    println(s"小猫有${Cat.eyesnum}只眼睛")
    Cat.run()
  }
}
```

3.7.5 伴生对象

在 Scala 中，一个源文件中有一个类和一个单例对象，若单例对象名与类名相同，则把这个单例对象称为伴生对象，这个类则被称为单例对象的伴生类，类和伴生对象之间可以相互访问私有的方法和属性。

下面演示操作类中的私有方法和字段，创建一个 CompanionObject 类，具体代码如下。

```
  /**
   * 伴生对象是单例对象，但是单例对象不一定是伴生对象
   */
  class CompanionObject {
    val id =1
private var name= "ningning"
```

```
        def printContent(): Unit ={
            println(name + CompanionObject.Constant)
    }
}
    /**
     * 伴生对象
     */
    object CompanionObject{
  private val Constant = " is a good girl"
  def main(args: Array[String]): Unit = {
    val c = new CompanionObject
    c.name = "huanhuan"
    println(c.id)
    c.printContent()
  }
}
```

3.7.6 构造器

每个类有一个主构造器，将这个构造器和类定义在一起时，类名后面的内容就是主构造器，如果主构造器的参数列表为空，那么可以省略参数列表后面的()。Scala 的类有且仅有一个主构造器，如果要提供更加丰富的构造器，就需要使用辅助构造器。辅助构造器是可选的，它们叫作 this 构造器，语法格式如下。

```
类名(变量){}
// 主构造器
class 类名(形参列表) {
    // 类体
// 辅助构造器
    def  this(形参列表) {
    }
// 辅助构造器可以有多个
    def  this(形参列表) {
    }
}
```

下面定义 StructDemo 类，演示构造器的使用，具体代码如下。

```
    /**
     * 将主构造器的参数放到类后面，和类名在一起
     * 用 val 修饰的构造参数具有不可变性，用 var 修饰的构造参数具有可变性
     * facevalue 只能被本类调用，伴生对象也无法调用
     * 在没有用 val 和 var 修饰 facevalue 的情况下，默认用 val
     */
    class StructDemo(val name:String,var age:Int,facevalue: Int = 80) {
        var gender: String = _
        def getFacevalue: Int ={
        facevalue
  }
    //辅助构造器：用 this 关键字定义辅助构造器
  def this(name: String,age: Int, facevalue:Int,gender: String){
    //第一行代码需先调用主构造器
    this(name,age,facevalue)
```

```
            this.gender = gender
        }
    }
        object  StructDemo{
          def main(args: Array[String]): Unit = {
         //val s = new StructDemo("tingting",24,90)
         //val  s =new StructDemo("tingting",24)
         //用 val 修饰的变量在赋值后无法直接取其值
         //s.name = "huanhuan"
        val s = new StructDemo("huanhuan",20,60,"female")
        s.age =25
        println(s.name)
        println(s.age)
        //无法直接取值
        //println(s.facevalue)
          println(s.getFacevalue)
        }
    }
```

在 Scala 中，辅助构造器必须调用主构造器或另一个辅助构造器。只有在主构造器中才能将数据传递到父类的构造器中。可以看出，主构造器在父类和子类之间扮演着关键的角色：它既负责完成子类的初始化，也负责与父类进行通信。

下面进行演示，创建一个 Vehicle 类，具体代码如下。

```
class Vehicle(val id: Int, val year: Int) {
    override def toString(): String = "ID: " + id + " Year: " + year
}
class Car(override val id: Int, override val year: Int, var fuelLevel: Int)
extends Vehicle(id, year) {
    override def toString(): String = super.toString() + " Fuel Level: " +
fuelLevel
}
val car = new Car(1, 2009, 100)
println(car)
```

在代码中定义了 Vehicle 和 Car 两个类。Car 继承了 Vehicle，在继承的时候，因为要向父类传递参数，所以 Car 类主构造器的一部分必须能匹配父类的构造器。因为 Car 类构造器中的 id 和 year 两个成员变量源自父类 Vehicle，所以需要使用 override 关键字修饰。此外，因为这两个类都重写了 java.lang.Object 的 toString()方法，所以重写的方法前面需要使用 override 关键字修饰。

3.7.7 特质

Scala 中类只能继承一个超类，可以扩展任意数量的特质，与 Java 接口相比，Scala 的特质中可以有具体方法和抽象方法。Java 的抽象基类中也有具体方法和抽象方法，不过如果子类需要多个抽象基类的方法，因 Java 只能单继承故无法实现，而 Scala 中类可以扩展任意数量的特质。特质的特点如下。

- Scala 中类只能继承一个超类，可以扩展任意数量的特质。
- 特质可以要求实现它们的类具备特定的字段、方法和超类。
- 与 Java 接口不同，Scala 的特质可以提供方法和字段的实现。
- 当将多个特质叠加使用的时候，顺序很重要。

创建特质的语法格式如下。

```
trait 特质名{}
```

示例的具体代码如下。

```
object ClassDemo {
def main(args: Array[String]): Unit = {
val h = new Human
println(h.name)
println(h.hight)
println(h.run)
}
}
  /**
   * 特质
   */
  trait  Flyable{
  //可以声明一个有值的字段
  val distance: Int = 1000
  //可以声明一个没有值的字段
   val hight: Int
  //声明一个有方法体的具体方法
   def fly = println("I can fly")
  //声明一个没有方法体的抽象方法
def fight: String
}
  /**
   * 抽象类
   */
  abstract  class Animal{
    //声明一个有值的字段
val name: String = "huanhuan"
    //声明一个没有值的字段
val age: Int
    //声明一个方法
def climb: String = {
  "I can climb"
}
    //声明一个抽象方法
def run: String
}
  class  Human extends Animal with  Flyable{
    override val name:String = "ningning"
    override val age: Int = 20
    override def climb: String = {
      "I can climb with Human"
  }
    //重写抽象类里没有实现的方法
    override def run: String = "I can run"
    override val hight: Int = 2
    //重写特质里没有实现的方法,可以不用 overridc
    override def fight: String = "I can fly"
```

```
}
    //在没有继承父类的时候，实现特质时用 extends 关键字
    class  Human2 extends Flyable{
      override val hight = 3
      override def fight = ""
}
```

需要注意的是，在继承了父类又要实现特质时用 with 关键字，在没有继承父类且要实现特质时用 extends 关键字。

3.7.8　抽象类

Scala 中抽象类不能被实例化，包含若干定义不完全的方法，具体的实现由子类完成。定义抽象类的语法格式为 Abstract class 类名{}，示例的具体代码如下。

```
//定义抽象类
Abstract class Animal1{
//定义抽象字段
var name:String
var size:Int
//定义抽象方法
def walk
}
//定义抽象类的实现类
class Cat(var length:Int)extends Animal1{
override var name = "cat"
    override var size = 100
    override defwalk{
println(this.name + ":" + this.size + ":" + this.length)
}
}
object AbstractClassTest {
  def main(args: Array[String]):Unit = {
val cat = new Cat(200)
      cat.walk
      println("name:" + cat.name)
      println("size:" + cat.size)
     println("length:" + cat.length)
   }
}
```

3.8　Scala 的数据结构

在编写程序代码时，经常用到各种数据结构，选择合适的数据结构可以带来更高的运行或存储效率。Scala 提供了许多数据结构，如常见的数组、元组、集合等。

3.8.1　数组

1．定长数组

定长数组是在声明的时候已经指定数组长度的数组，使用 Array 定义，具体代码如下。

```
scala> val arr1 = new Array[Int](8)
arr1: Array[Int] = Array(0,0,0,0,0,0,0,0)
scala> println(arr1)
//直接输出数组默认的输出地址
[I@468173fa
```

以上语法中 arr1 为数组名，数组长度为 8。

2. 变长数组

变长数组是在声明的时候没有指定数组长度的数组，使用 ArrayBuffer 定义，可以改变长度。在定义变长数组之前，需要导入包，否则会报错，具体代码如下。

```
scala> import scala.collection.mutable.ArrayBuffer
   import scala.collection.mutable.ArrayBuffer
```

（1）定义变长数组，具体代码如下。

```
scala> val ab = ArrayBuffer[Int]()
ab: scala.collection.mutable.ArrayBuffer[Int] = ArrayBuffer()
```

（2）使用+=追加元素到变长数组中，具体代码如下。

```
scala> ab+=1
res17: ab.type = ArrayBuffer(1)
scala> ab.+=(2)
res17: ab.type = ArrayBuffer(1,2)
```

3. 数组的常用方法

（1）遍历数组。这相当于增强 for 循环，使用 until 会生成脚标，0 until 10 指的是包含 0 不包含 10，具体代码如下。

```
scala> 0 until 10
res0: scala.collection.immutable.Range = Range(0,1,2,3,4,5,6,7,8,9)
```

遍历数组的具体代码如下。

```
    object forArrayDemo {
  def main(args: Array[String]) {
    //初始化一个数组
    val arr = Array(1,2,3,4,5,6,7,8)
    //增强 for 循环
    for(i <- arr)
      println(i)
    //使用 until 会生成一个 Range 集合
    //reverse 表示将前面生成的 Range 集合反转
    for(i <- (0 until arr.length).reverse)
      println(arr(i))
}
    }
```

（2）数组转换。使用 yield 关键字对原始的数组进行转换会产生一个新的数组，原始的数组不变，具体代码如下。

```
      object ArrayYieldDemo {
  def main(args: Array[String]) {
    //定义一个数组
    val arr = Array(1, 2, 3, 4, 5, 6, 7, 8, 9)
    //将偶数取出并乘以 10 后生成一个新的数组
```

```
        val res = for (e <- arr if e % 2 == 0) yield e * 10
        println(res.toBuffer)
        //filter()是一种过滤方法，接收一个返回值类型为布尔型的函数
        val r = arr.filter(_ % 2 == 0).map(_ * 10)
        println(r.toBuffer)
    }
        }
```

3.8.2 元组

Scala 中元组（Tuple）将固定数量的项目组合在一起，以便它们可以作为一个整体传递。与数组或列表不同，元组可以容纳不同类型的对象，但它们也是不可变的。映射是键值对偶的集合，对偶是元组的最简单形式。

（1）创建元组，具体代码如下。

```
scala> val tuple = ("spark",1.2,10,true)
tuple: (String, Double, Int, Boolean) =(spark,1.2,10,true)
```

定义元组时用圆括号将多个元素"包起来"，元素之间用逗号分隔，元素的类型可以不一样，元素的个数可以是任意多个，元组的实际类型取决于它包含的元素和元素数量以及这些元素的类型。

（2）获取元组中的值，具体代码如下。

```
//获取元组中第一个值
scala> tuple._1
res0: String = spark
//获取元组中第二个值
scala> tuple._2
res1: Double = 1.2
```

需要注意的是，元组中的元素可以使用下画线加索引的形式获取，但要注意元组中元素的索引是从 1 开始的，这也是元组不同于数组和列表的特点。

（3）声明元组。声明元组时索引与元素一一对应，可直接通过索引获取元组中对应的元素，具体代码如下。

```
scala> val tuple.(a,b,c,d) = ("spark",1.2,10,true)
tuple: (String, Double, Int, Boolean) = ("spark",1.2,10,true)
a: String = spark
b: Double = 1.2
c: Int = 10
d: Boolean = true
scala>  a
res2: String = spark
scala> b
res2: Double = 1.2
```

需要注意的是，元组中如果索引与元素不是一一对应的则会报错。

将对偶集合转换成映射，调用 toMap()方法，具体代码如下。

```
scala> val arr = Array((a,1),(b,2))
arr: Array[(String, Int)] = Array((a,1),(b,2))
scala> arr.toMap
res4: scala.collection.immutable.Map[String, Int] = Map ( a -> 1, b -> 2)
scala> res4
res5: scala.collection.immutable.Map[String, Int] = Map ( a -> 1, b -> 2)
```

下面演示拉链操作，这个方法之所以叫作"拉链"，是因为它就像拉链的齿状结构一样将

两个集合结合在一起。使用 zip 将对应的值绑定到一起，具体代码如下。

```
scala> val arr = Array("tom","jerry","kitty")
arr1: Array[String] = Array(tom, jerry, kitty)
scala> val arr2 = Array(6,4,5)
arr2: Array[Int] = Array(6,4,5)
//拉链操作
scala> arr1 zip arr2
res6: Array[(String, Int)] = Array((tom,6),(jerry,4),(kitty,5))
```

3.8.3　集合

Scala 的集合有三大类，即序列（Seq）、集合（Set）、映射（Map），所有的集合扩展自 Iterable 特质。在 Scala 中集合有可变（Mutable）和不可变（Immutable）两种类型，不可变类型的集合初始化后不能改变。

1．序列

在 Scala 中序列要么为空，用 Nil 表示空序列；要么是一个 Head 元素加上一个 Tail 序列。

（1）不可变序列的使用。首先需要导入 scala.collection.immutable._ 包，不可变的序列具体代码如下。

```
scala> 9 :: List(5,2)
res12: List[Int] = List(9,5,2)
```

需要注意的是，:: 操作符用于使用指定的头和尾创建一个新的序列。:: 操作符是右结合的，如 9 :: 5 :: 2 :: Nil 相当于 9 :: (5 :: (2 :: Nil))。

使用::、.::、+:、++:将一个元素添加到一个序列的前面生成一个新的集合，具体代码如下。

```
scala> val list1= List(1,2,3)
list1: List[Int] = List(1,2,3)
scala> val list2= 0 :: list1
List2: List[Int] = List(0,1,2,3)
scala> val list3= list1.::(0)
list3: List[Int] = List(0,1,2,3)
scala> val list4= 0 +: list1
list4: List[Int] = List(0,1,2,3)
scala> val list5= list1. +: (0)
List5: List[Int] = List(0,1,2,3)
scala> val list6= list1 ++: list2
list6: List[Int] = List(1,2,3,0,1,2,3)
```

使用:+将一个元素添加到一个序列的后面生成一个新的集合，具体代码如下。

```
scala> val list7= list1 :+ 4
list7: List[Int] = List(1,2,3,4)
scala> list7
res13: List[Int] = List(1,2,3,4)
scala> list1
res14: List[Int] = List(1,2,3)
```

使用++、++:、.:::将一个序列添加到另一个序列的后面，具体代码如下。

```
scala> list1
res14: List[Int] = List(1,2,3)
scala> val list6= list1 ++ list2
```

```
list7: List[Int] = List(1,2,3,0,1,2,3)
scala> val list6= list2 ++: list1
list6: List[Int] = List(0,1,2,3,1,2,3)
scala> val list6= list1 ++: list2
list6: List[Int] = List(1,2,3,0,1,2,3)
scala> val list6= list1.:::(list2)
list6: List[Int] = List(0,1,2,3,1,2,3)
```

（2）可变序列的使用。首先导入 scala.collection.mutable 下的 ListBuffer 包，再声明和修改序列，具体代码如下。

```
scala> import scala.collection.mutable.ListBuffer
import scala.collection.mutable.ListBuffer
scala> val list1 = ListBuffer(1,2,3)
list1: scala.collection.mutable.ListBuffer[Int] = ListBuffer(1,2,3)
```

使用+=、append 在序列末尾添加元素形成一个新的序列，具体代码如下。

```
scala> list1 +=4
res15: list1.type = ListBuffer(1,2,3,4)
scala> list1.append(5,6)
scala> list1
res17: scala.collection.mutable.ListBuffer[Int] = ListBuffer(1,2,3,4,5,6)
```

使用++=将一个序列添加到另一个序列中形成一个新的序列，具体代码如下。

```
scala> list1 ++=ListBuffer(7,8,9)
res18: list1.type = ListBuffer(1,2,3,4,5,6,7,8,9)
```

使用++将两个可变序列合并，具体代码如下。

```
scala> list1
res19: scala.collection.mutable.ListBuffer[Int] = ListBuffer(1,2,3,4,5,6,7,
8,9)
scala> val list2 = ListBuffer(10,11,12)
list1: scala.collection.mutable.ListBuffer[Int] = ListBuffer(10,11,12)
scala> list1 ++ list2
res20: scala.collection.mutable.ListBuffer[Int] = ListBuffer(1,2,3,4,5,6,7,
8,9,10,11,12)
```

2. 集合

Scala 集合是没有重复对象的集合，所有的元素都是唯一的。Scala 集合分为可变集合和不可变集合。默认情况下，Scala 使用的是不可变集合，如果使用可变集合，需要引用 scala.collection. mutable.Set 包。Scala 默认引用 scala.collection.immutable.Set 包。

（1）不可变集合的使用，具体代码如下。

```
scala> val set1 = Set(1,2,3)
set1: scala.collection.immutable.Set[Int] = Set(1,2,3)
scala> val set2 = set1 + 4
set2: scala.collection.immutable.Set[Int] = Set(1,2,3,4)
scala> val set3 = set1 ++ Set(4,5,6)
set3: scala.collection.immutable.Set[Int] = Set(5,1,6,2,3,4)
```

需要注意的是，集合中的元素不可重复，集合有去重的功能，且是无序的。使用+追加元素到集合中形成新集合，使用++追加集合到另一个集合中形成新集合。

（2）可变集合的使用，需要导入包并声明，具体代码如下。

```
scala> import scala.collection.mutable.HashSet
```

```
import scala.collection.mutable.HashSet
scala> val set1 = new HashSet[Int]()
set1: scala.collection.immutable.HashSet[Int] = Set()
```

使用+=或者 add()方法向集合中添加一个元素，具体代码如下。

```
scala> set1 += 1
res25: set1.type = Set(1)
scala> set1
res26: scala.collection.mutable.HashSet[Int] = Set(1)
scala> set1.add(2)
res27: Boolean = true
scala> set1
res28: scala.collection.mutable.HashSet[Int] = Set(1,2)
```

需要注意的是，集合中使用+表示形成了一个新的集合而不是追加元素，具体代码如下。

```
scala> set1 + 2
res22: scala.collection.mutable.HashSet[Int] = Set(2)
scala> set1
res23: scala.collection.mutable.HashSet[Int] = Set()
scala> res22
res24: scala.collection.mutable.HashSet[Int] = Set(2)
```

使用++=添加多个元素或一个集合，具体代码如下。

```
scala> set1 ++= Set(1,2,3,4)
res30: set1.type = Set(1,2,3,4)
scala> set1
res31: scala.collection.mutable.HashSet[Int] = Set(1,2,3,4)
```

使用 remove()方法删除集合中的元素，具体代码如下。

```
scala> set1
res31: scala.collection.mutable.HashSet[Int] = Set(1,2,3,4)
scala> set1.remove(3)
res32: Boolean = true
scala> set1
res33: scala.collection.mutable.HashSet[Int] = Set(1,2,4)
```

3. 映射

Scala 中映射是一组键值对的对象。任何值都可以根据键来进行检索。键在映射中是唯一的，但值不一定是唯一的。映射有两种，即不可变的和可变的，当对象不可变时，对象本身无法更改。

（1）构建映射，具体代码如下。

```
//第一种方式: 用箭头创建映射
scala> val scores = Map("tom" -> 85, "jerry" -> 99, "kitty" -> 90)
scares: scala.collection.immutable.Map[String,Int] = Map(tom -> 85, jerry ->
99, kitty -> 90)
//第二种方式: 用元组创建映射
scala> val scores = Map((tom,85),(jerry,99),(kitty,90))
scares: scala.collection.immutable.Map[String,Int] = Map(tom -> 85, jerry ->
99, kitty -> 90)
```

（2）获取映射中的值，具体代码如下。

```
//获取映射中的值
scala> scores("jerry")
res0: Int = 99
```

（3）调用 getOrElse()方法获取值，具体代码如下。

```
scala> scores.getOrElse("suke", 0)
Res2: Int = 0
```

从上述代码中可看出，如果映射中有值则返回映射中的值，没有就返回默认值。默认情况下，Scala 使用不可变映射。如果要使用可变集合，那么需要导入 scala.collection.mutable.Map 类。如果想同时使用可变和不可变映射，那么可以继续引用不可变映射，具体代码如下。

```
//导入 scala.collection.mutable.Map 包
scala> import scala.collection.mutable.Map
import scala.collection.mutable.Map
//用 val 定义的 scores 变量意味着变量的引用不变，但是 Map 中的内容可变
scala>val scores = Map("tom" -> 85, "jerry" -> 99)
scores: scala.collection.mutable.Map[String, Int] = Map (tom -> 80, jerry -> 99)
//修改 Map 中的内容
scala> scores("tom") = 88
//用+=向原来的 Map 中追加元素
scala> scores +=("kitty" -> 99, "suke" -> 60)
res9: scores.type = Map(tom -> 88, kitty -> 99, jerry -> 99, suke -> 60)
```

需要注意的是，通常在创建一个集合时会用 val 这个关键字修饰一个变量，那么意味着该变量的引用不可变，该引用中的内容是不是可变的，取决于这个引用指向的集合的类型，具体代码如下。

```
   import scala.collection.mutable
object MutMapDemo extends App{
val map1 = new mutable.HashMap[String, Int]()
//向 map1 中添加数据
map1("spark") = 1
map1 += (("hadoop", 2))
map1.put("storm", 3)
println(map1)
//从 map1 中移除元素
map1 -= "spark"
map1.remove("hadoop")
println(map1)
}
```

3.9　lazy 关键字

Scala 中使用关键字 lazy 来定义惰性变量，实现延迟加载（也称为懒加载）。惰性变量只能是不可变变量，并且只有在调用惰性变量时才会实例化该变量。接下来用 Scala 实现没有使用 lazy 的场景，在定义 property=initProperty()时并不会调用 initProperty()方法，只有在后面的代码中使用变量 property 时才会调用 initProperty()方法。如果不使用 lazy 关键字对变量进行修饰，那么变量 property 将会被立即实例化。与 Java 不同的是，Scala 实现了惰性变量的语法级别支持，因此不需要像 Java 一样手动实现，具体代码如下。

```
class ScalaLazyDemo {
}
object LazyDemo1{
  def init():Unit = {
```

```
      println("call init()")
    }
  def main(args: Array[String]): Unit = {
    val property =init()
//没有用 Lazy 去修饰
    println("after init()")
    println(property)
  }
}
```

输出结果如下。

```
call init()
after init()
()
```

观察上述输出结果可以发现，声明 property 时，立即调用 init()实例化方法进行实例化。用 Scala 实现使用 lazy 的场景，具体代码如下。

```
class ScalaLazyDemo {
}
    object LazyDemo2 {
  def init(): Unit = {
    println("call init()")
  }
  def main(args: Array[String]): Unit = {
    lazy val property = init()
    //用 lazy 去修饰
    println("after init()"
    println(property)
  }
}
```

输出结果如下。

```
after init()
call init()
()
```

观察上述输出结果可以发现，声明 property 时并没有立即调用实例化方法 init()，而是在使用 property 时才会调用实例化方法，并且无论调用多少次，实例化方法只会执行一次。适用场景：实现某些需求时，不需要在编译时执行，只需要在调用时执行，可以使用 lazy 进行修饰。

实战训练：数组合并去重

【需求描述】

数据是指能够输入计算机中的信息的总和，结构是指数据之间的关系。数据结构是指数据之间存在一种或多种特定关系的数据元素的集合。算法是对特定问题求解步骤的一种描述，通俗来说就是解决问题的方法和策略。在本次训练中，要求将两个文件中的文本内容合并、去重后进行输出，可根据本章所学知识进行操作。首先在 D:\Development projects\下创建两个文件，将其分别命名为 test1.txt 和 test2.txt。

【模拟数据】

test1.txt 中的模拟数据如下。

```
20220601 a
20220602 b
20220603 a
20220604 b
20220605 c
20220606 c
```

test2.txt 中的模拟数据如下。

```
20220601 b
20220602 b
20220603 a
20220604 c
20220605 b
```

【代码实现】

打开 IDEA 创建 Demo 类，具体代码如下。

```scala
package cn.qianfeng.qfedu.test
import scala.collection.mutable.ArrayBuffer
import scala.io.Source
object Demo {
  def main(args: Array[String]): Unit = {
    val path1 = "D:\\Development projects\\test1.txt"
    val path2 = "D:\\Development projects\\test2.txt"
    val test1 = readFromTxtByLine(path1)
    val test2 = readFromTxtByLine(path2)
    println("test1.txt test2.txt 合并后信息输出如下: ")
    unionAndPrint(test1,test2)
  }
  //定义 readFromTxtByLine()方法读取文档数据
  def readFromTxtByLine(filePath: String): Array[String] = {
    //指定编码格式
    val source = Source.fromFile(filePath, "UTF-8")
    //将所有行存放到数组中
    val lines = source.getLines().toArray
    source.close()
    lines
  }
  //取两数组的并集进行输出
  def unionAndPrint(info1: Array[String],info2: Array[String]): Unit ={
    //定义可变数组
    var info = ArrayBuffer[String]()
    //先存放数组 1 的信息
    for (i <- info1) {
      info += i
    }
    //再存放与数组 1 信息不相同的数组 2 信息
    for (i <- info2){
      //若这条信息第一次出现，则将其存放入 info 数组中
      if (! info.contains(i)) {
        info += i
      }
```

```
    }
    for(i <- info){
      println(i)
    }
  }
}
```

【结果校验】

运行后输出结果如下。

```
test1.txt test2.txt 合并后信息输出如下：
20220601 a
20220602 b
20220603 a
20220604 b
20220605 c
20220606 c
20220601 b
20220604 c
20220605 b
```

3.10　本章小结

本章主要介绍了 Scala 的安装和编写方法，旨在帮助读者更好地了解和使用 Scala，并能够通过 Scala 实现简单的功能。本章的重点是 Scala 中的函数式编程思想和流程控制语法，以及数据结构、类等。从第 4 章开始，本书将大量使用 Scala 语法来介绍 Spark RDD，请读者加强练习，以便熟练掌握 Scala 的使用。

3.11　习题

1．填空题

（1）Scala 中变量的声明中关键字有_____和_____，_____用于声明可变变量，_____用于声明不可变变量。

（2）定义方法的关键字是_____。

（3）Scala 中调用方法时通常使用_____法、_____法、_____法、_____法。

（4）Scala 中方法在运行时被加载到 JVM 中的_____，函数在运行时被加载到 JVM 中的_____。

2．选择题

（1）下列哪个不是 Scala 的特点？（　　　）。

A．简洁　　　　　　　　　　　　　　　B．速度快

C．动态编译　　　　　　　　　　　　　D．可以融入 Hadoop 生态系统

（2）在声明定长数组的时候已经指定数组长度，使用（　　　）定义。

A．ArrayBuffer　　　　B．Int　　　　　C．String　　　　　　D．Array

（3）在声明变长数组的时候没有指定数组长度，使用（　　）定义，可以改变长度。

A．ArrayBuffer　　　　B．Int　　　　C．String　　　　　　D．Array

（4）将主构造器的参数放到类的后面，和类名在一起，辅助构造器用关键字（　　）定义。

A．val　　　　　　　　B．that　　　　C．this　　　　　　　D．public

（5）Scala 中，下面哪个类的定义是不正确的？（　　）

A．class Counter{def counter = "counter"}

B．class Counter{var counter:String}

C．class Counter{def counter () {}}

D．class Counter{val counter = "counter"}

（6）定长数组可以使用下列哪个选项来声明（　　）。

A．List　　　　　　　　B．Array　　　　C．Arr　　　　　　　D．val

（7）Scala 语言中，关于序列的定义，不正确的是（　　）。

A．val list = List(1,2,3)　　　　　　　B．val list = List [String]('A','B','C')

C．val list = List [Int](1,2,3)　　　　 D．val list = List [String]()

（8）表达式 for(i <- 1 to 3; j <- 1 to 3; if i != j) {print((10 * i + j));print(" ")}的输出结果是（　　）。

A．11 12 13 22 31 32　　　　　　　　B．11 13 21 23 31 33

C．11 12 13 21 22 23 31 32 33　　　　D．12 13 21 23 31 32

（9）（多选）以下哪些选项属于 Scala 的基本特性？（　　）

A．是一门类 Java 的多范式语言

B．是一门函数式语言，支持高阶函数，允许嵌套多层函数，并支持柯里化（Currying）

C．运行于 Java 虚拟机（JVM）之上，并且兼容现有的 Java 程序

D．是一门纯粹的面向对象的语言

3．思考题

（1）简述特质的特点。

（2）简述 Scala 中类、方法、函数的联系和区别。

4．编程题

（1）针对下列 Java 循环编写一个 Scala 循环。

```
for(int i = 10; i >= 0 ; i-- ) {
System.out.println(i);
}
```

（2）编写 Scala 代码，实现输出 10～30 的数字，如果遇到 3 的倍数则不输出。

第 4 章 Spark 弹性分布式数据集

本章学习目标

- 掌握 Spark RDD 的概念。
- 掌握 Spark RDD 的创建方式。
- 掌握转换与动作算子的操作。
- 掌握 Spark RDD 的处理过程。
- 熟悉 Spark RDD 的机制。
- 掌握 Spark RDD 的依赖关系。
- 熟悉 Spark 的任务调度机制。

Spark 弹性分布式数据集

RDD 是 Spark 中最基本的数据抽象，实现了以操作本地集合的方式来操作分布式数据集。RDD 具有数据流模型自动容错、位置感知性调度和可伸缩性的特点，允许用户在执行多个查询时显式地将数据集缓存在内存中，下一个操作可以直接从内存中读取数据集，省去了 MapReduce 的大量磁盘 I/O 操作。这对常常进行迭代运算的机器学习算法、交互式数据挖掘来说，效率提升比较大。

可以将 RDD 简单地理解为一个大集合，为了方便进行多次重用，它将所有的数据缓存在内存中。第一，它是分布式的，可以将其分布到多台机器上进行计算；第二，它是弹性的，它的弹性体现在每个 RDD 都可以被保存到内存中，如果某个阶段的 RDD 丢失，不必从头开始计算，只需提取上一个 RDD，再进行相应的计算就可以了。

4.1 RDD 简介

RDD 是 Spark 最核心的组件之一，它代表一个数据不可变的、可分区的、里面的元素可并行计算的集合。

4.1.1 RDD 的产生背景

迭代式算法和交互式数据挖掘工具的共同之处是在不同的计算阶段会对中间结果进行重复使用。目前的 MapReduce 框架把中间结果存储在 HDFS 中，产生了大量的数据复制、磁盘 I/O 和序列化开销，导致处理性能十分低。为了解决这个问题提出了 RDD，它提供了一个抽象的数据架构，不必担心底层数据的分布式特征，只需将具体的应用逻辑表达为一系列转换操作。不同 RDD 之间的转换操作形成依赖关系，并且可以实现管道化，避免存储和传输中间结果。RDD 可以被看作 Spark 的一种对象，它本身运行于内存中，如读文件是一个 RDD，对文件进行计算是一个 RDD，结果数据集也是一个 RDD，不同的分片、数据之间的依赖、键值类型的映射数据都可以被看作 RDD。RDD 将 Spark 底层的细节（自动容错、位置感知、任务调度执行、失败重试等）都隐藏起来，让开发者可以像操作本地集合一样以函数式编程的方式操作 RDD，进行各种并行计算，RDD 中很多处理数据函数与列表中的类似或相同。

4.1.2 RDD 的特性

Spark RDD 具有对数据进行分区、自定义分区计算函数、使 RDD 之间相互依赖、控制分片数量、使用列表方式进行块存储等特点。RDD 源码对 RDD 的特性有相关描述，如图 4.1 所示。

A Resilient Distributed Dataset (RDD), the basic abstraction in Spark. Represents an immutable, partitioned collection of elements that can be operated on in parallel. This class contains the basic operations available on all RDDs, such as map, filter, and persist. In addition, PairRDDFunctions contains operations available only on RDDs of key-value pairs, such as groupByKey and join; DoubleRDDFunctions contains operations available only on RDDs of Doubles; and SequenceFileRDDFunctions contains operations available on RDDs that can be saved as SequenceFiles. All operations are automatically available on any RDD of the right type (e.g. RDD[(Int, Int)]) through implicit.

Internally, each RDD is characterized by five main properties:

- A list of partitions
- A function for computing each split
- A list of dependencies on other RDDs
- Optionally, a Partitioner for key-value RDDs (e.g. to say that the RDD is hash-partitioned)
- Optionally, a list of preferred locations to compute each split on (e.g. block locations for an HDFS file)

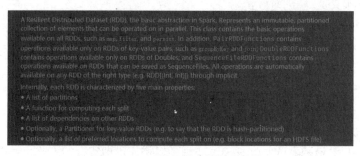

图 4.1　RDD 源码描述的五大特性

RDD 源码描述的五大特性如下。

（1）一组分片或区列表。Spark 集群读取一个文件时会根据具体的配置将文件加载到不同的节点内存中，每个节点的数据对应一个分片。对 RDD 来说，每个分片会被一个计算任务处理，并决定了并行计算的粒度。用户可以在创建 RDD 时指定 RDD 的分片数，默认分片数等于 CPU 核心数。分片或区列表的特性源码描述如图 4.2 所示。

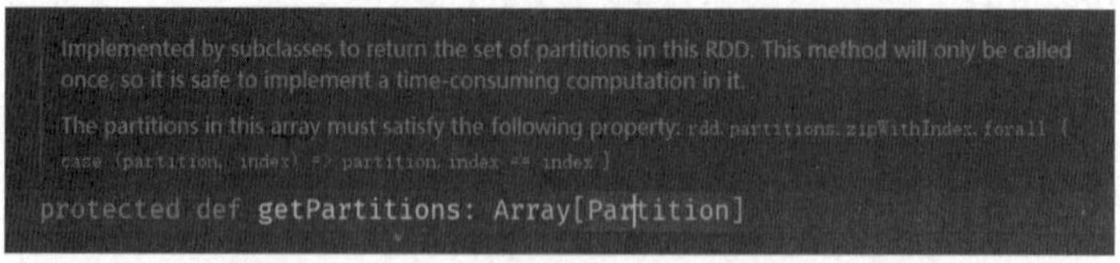

Implemented by subclasses to return the set of partitions in this RDD. This method will only be called once, so it is safe to implement a time-consuming computation in it.

The partitions in this array must satisfy the following property: rdd.partitions.zipWithIndex.forall { case (partition, index) => partition.index == index }

```
protected def getPartitions: Array[Partition]
```

图 4.2　分片或区列表的特性源码描述

（2）一个计算每个分区的函数。Spark 中 RDD 的计算是以分片为单位进行的，每个 RDD 会实现 compute()函数以达到这个目的。compute()函数会对迭代器进行操作，不需要保存每次计算的结果。对一个分片进行计算，得出一个可遍历的结果。例如，HadoopRDD→MapPartitionsRDD，属于数据以及逻辑上的转换。compute()函数负责的是父 RDD 分区数据到子 RDD 分区数据的逻辑转换。计算每个分区的函数的特性源码描述如图 4.3 所示。

```
/**
 * :: DeveloperApi ::
 * Implemented by subclasses to compute a given partition.
 */
@DeveloperApi
def compute(split: Partition, context: TaskContext): Iterator[T]
```

图 4.3　计算每个分区的函数的特性源码描述

（3）RDD 之间的依赖关系列表。RDD 的每次转换会生成一个新的 RDD，所以 RDD 之间会形成类似于流水线的前后依赖关系。在某些分区数据丢失时，Spark 可以通过这种依赖关系重新计算丢失的分区数据，而不是对 RDD 的所有分区数据进行重新计算。依赖分为宽依赖（Wide Dependency）和窄依赖（Narrow Dependency）。RDD 之间的依赖关系列表的特性源码描述如图 4.4 所示。

```
/**
 * Implemented by subclasses to return how this RDD depends on parent RDDs. This method will only
 * be called once, so it is safe to implement a time-consuming computation in it.
 */
protected def getDependencies: Seq[Dependency[_]] = deps
```

图 4.4　RDD 之间的依赖关系列表的特性源码描述

（4）一个 Partitioner。当前 Spark 中实现了两种类型的分区函数，一个是基于哈希的 HashPartitioner，另外一个是基于范围的 RangePartitioner。只有针对键值的 RDD 才会有 Partitioner，非键值的 RDD 的 Paritiioner 的值是 None。Partitioner()函数不仅决定了 RDD 本身的分区数量，也决定父级 RDD 在 Shuffle 过程中输出的数据分区数量。还可以自定义分区器，如 groupByKey、reduceByKey、hashPartititoner、sortByKey、rangePartitioner、RDD[Int]、None。Partitioner 的特性源码描述如图 4.5 所示。

```
/** Optionally overridden by subclasses to specify how they are partitioned. */
@transient val partitioner: Option[Partitioner] = None
```

图 4.5　Partitioner 的特性源码描述

（5）一个数据存储列表。存储每个分区的优先位置（Preferred Location）。对一个 HDFS 文件来说，这个列表保存的就是每个分区所在的块的位置。将数据移动到计算任务的节点需要大量的网络开销，导致流量激增，处理效率低，而把计算任务下发到数据所在的节点进行处理会大大提升处理效率。按照移动数据不如移动计算的理念，Spark 在进行任务调度的时候，会尽可能地将计算任务分配到其所要处理的数据块的存储位置。计算数据的优先位置、RDD 的依赖关系都不需要手动控制。分区和分区函数可以被主动修改。数据存储位置的列表可以使用调度器和任务执行引擎（Task Scheduler）进行管理。数据存储列表的特性源码描述如图 4.6 所示。

```
/** Optionally overridden by subclasses to specify placement preferences. */
protected def getPreferredLocations(split: Partition): Seq[String] = Nil
```

图 4.6　数据存储列表的特性源码描述

4.2 RDD 的创建操作

目前有两种类型的基础 RDD。一种是从外部存储系统创建的 RDD，外部存储系统可以是文件或 HDFS，还可以通过 Hadoop 接口创建；另一种是并行集合（Parallelized Collections），它接收一个已经存在的 Scala 集合，然后进行各种并行计算。用户可以在文件的每条记录上运行函数，只要文件系统是 HDFS 或 Hadoop 支持的存储系统即可。对这两种类型的 RDD 都可以通过相同的方式进行操作，从而获得子 RDD 等一系列扩展，并形成血缘关系图。

4.2.1 从文件系统中加载数据创建 RDD

由外部存储系统的数据集创建 RDD，外部存储系统包括本地的文件系统，还有所有 Hadoop 支持的存储系统，比如 SequenceFiles、Cassandra、HBase 等，通过 SparkContext 的 textFile()方法将数据源文件转换为 RDD。使用 textFile()此方法需要传递文件的地址，例如 file:///、hdfs://等格式的地址。转换后的数据将会以行集合的方式进行存储，具体代码如下。

```
val file1 = sc.textFile("hdfs://node1:9000/words.txt")
```

除了使用外部存储系统的数据集创建 RDD，还可以通过添加控制该文件的分区数量的可选参数来创建 RDD，具体代码如下。

```
val file2 = sc.textFile("hdfs://node1:9000/words.txt",4)
```

在默认情况下，Spark 为文件的每一个块创建一个分区，HDFS 中块大小的默认值是 128MB。

4.2.2 通过并行集合创建 RDD

使用集合并行化创建 Scala 中的 RDD，如图 4.7 所示。

```
val arr: Array[Int] = Array(1, 2, 3, 4, 5)
//parallelize()方法
val rdd: RDD[Int] = sc.parallelize(arr)
//makeRDD()方法
val value: RDD[Int] = sc.makeRDD(arr)
```

图 4.7 Scala 集合创建 RDD

4.2.3 从父 RDD 转换成新的子 RDD

进行读取数据库等其他的操作也可以生成 RDD，RDD 可以通过其他的 RDD 转换而来。调用 Transformation 类的方法生成新 RDD，如图 4.8 所示。

```
val rdd1: RDD[Int] = sc.parallelize(arr)
val rdd2: RDD[Int] = rdd1.map(_ * 100)
```

图 4.8 调用 Transformation 类的方法生成新 RDD

4.3 RDD 算子

Spark 处理大量数据时，会将数据切分后放入 RDD 作为 Spark 的基本数据结构，开发者在 RDD 上进行丰富的操作之后，Spark 会根据操作调度集群资源进行计算。算子是 RDD 中定义的方法，主要分为转换（Transformation）算子和动作（Action）算子两种。转换算子并不会触发 Spark 提交任务，直至遇到动作算子才提交任务。转换算子都采用惰性求值/延迟执行，也就是说并不会直接计算，只有当发生一个要求返回结果给驱动程序（Driver）的动作时，转换算子才会真正执行。之所以采用惰性求值/延迟执行，是因为这样可以在动作时对 RDD 操作形成 DAG 以进行 Stage 的划分和并行优化，这是一种延迟计算的设计技巧，可以避免内存过快被中间结果占满，从而提高内存的利用率。

RDD 拥有的操作比 MapReduce 的丰富得多，不仅包括 Map、Reduce 操作，还包括 filter、sort、join、save、count 等操作，并且不需要保存中间结果，所以使用 Spark 比使用 MapReduce 更容易完成更复杂的任务。RDD 支持两种类型的操作。

（1）转换操作：现有的 RDD 通过转换生成一个新的 RDD，采用 Lazy 模式，延迟执行。转换函数包括 map()、filter()、flatMap()、groupByKey()、reduceByKey()、aggregateByKey()、union()、join()、coalesce()等。

（2）动作操作：在 RDD 上运行计算，并将结果返回给 Driver 或写入文件系统。动作操作包括 Reduce、collect、count、first、take、countByKey 以及 foreach 等。数据通过 collect()方法被收集到 Driver 端，以 Array 数组类型进行存储（所有的转换只有遇到动作才能被执行），当触发执行动作之后，数据类型不再是 RDD，数据会被存储到指定文件系统中，或者直接输出结果并将结果收集起来。RDD 操作流程如图 4.9 所示。

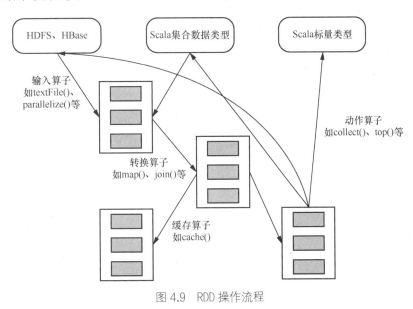

图 4.9　RDD 操作流程

4.3.1　转换算子

RDD 中的转换算子并不会直接计算结果，而只是记住被应用到基础数据集（例如一个文件）上的转换操作，只有当发生一个要求返回结果给 Driver 的动作时，这些转换算子才会真正执行。这种设计让 Spark 运行更加高效。对 RDD 中的元素执行的操作，实际上就是对其中每个分区的数据进行的操作，不需要关注数据在哪个分区中。常用的转换算子如表 4.1 所示。

表 4.1　　　　　　　　　　　　　常用的转换算子

转换算子	含义
map(func)	返回一个新的 RDD，该 RDD 由每一个输入元素经过 func()函数转换后组成
filter(func)	返回一个新的 RDD，该 RDD 由经过 func()函数计算后返回值为 true 的输入元素组成
flatMap(func)	先映射，再压平
union(otherDataset)	对源 RDD 和参数 RDD 求并集后返回一个新 RDD
intersection(otherDataset)	对源 RDD 和参数 RDD 求交集后返回一个新 RDD
subtract(otherDataset)	求差集后返回新 RDD，出现在源 RDD 中，而不在 Otherrdd 中
distinct([numTasks]))	对源 RDD 进行去重后返回一个新 RDD
mapPartitions(func)	类似于 map()，但独立地在 RDD 的每一个分片上运行，因此在类型为 T 的 RDD 上运行时，func()函数的类型必须是 Iterator[T] => Iterator[U]
mapPartitionsWithIndex(func)	类似于 mapPartitions()，但 func()带有一个整数参数表示分片的索引值，因此在类型为 T 的 RDD 上运行时，func()函数的类型必须是(Int, Iterator[T]) => Iterator[U]
sortBy(func,[ascending], [numTasks])	与 sortByKey()类似，但是更灵活
sortByKey([ascending], [numTasks])	在一个类型为(K,V)的 RDD 上调用，K 必须实现 Ordered 接口，返回一个按照键进行排序的类型为(K,V)的 RDD
join(otherDataset, [numTasks])	在类型为(K,V)和(K,W)的 RDD 上调用，返回一个相同键对应的所有元素对在一起的类型为(K,(V,W))的 RDD
cogroup(otherDataset, [numTasks])	在类型为(K,V)和(K,W)的 RDD 上调用，返回一个类型为(K, (Iterable, Iterable))的 RDD
cartesian(otherDataset)	笛卡儿积
mapvalues(func)	在一个类型为(K,V)的 RDD 上调用
groupBy (func,[numTasks])	根据自定义条件进行分组
groupByKey([numTasks])	在一个类型为(K,V)的 RDD 上调用，返回一个类型为(K, Iterator[V])的 RDD
reduceByKey(func,[numTasks])	在一个类型为(K,V)的 RDD 上调用，返回一个类型为(K,V)的 RDD，使用指定的 reduce()函数，将相同键的值聚合到一起，与 groupByKey()类似，reduce()任务的个数可以通过第二个可选的参数来设置
aggregateByKey(zerovalue)(seqOp, combOp,[numTasks])	针对分区内部使用 SeqOp()方法，针对最后的结果使用 CombOp()方法
coalesce(numPartitions,[flag])	用于对 RDD 进行重新分区，第一个参数的数据类型为整型，表示分区的数量；第二个参数的数据类型为布尔型，表示是否进行 Shuffle，默认值为 false
repartition(numPartitions)	用于对 RDD 进行重新分区，相当于 Shuffle 的 coalesce()

（1）map()算子。将原来 RDD 的每个数据项通过 map()中的用户自定义函数 f()映射转变成一个新的元素。源码中 map()算子相当于初始化一个 RDD，新的 RDD 为 MappedRDD(this, sc.clean(f))。如图 4.10 所示，每个方框表示一个 RDD 分区，左侧的分区经过用户自定义函数

f:T->U 映射为右侧的新 RDD 分区。但是实际只有等到动作算子被触发时，这个 f()函数才会和其他函数在一个 Stage 中对数据进行运算。

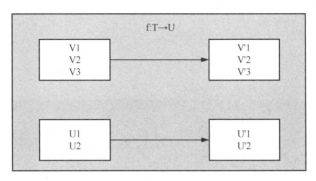

图 4.10　map()算子对 RDD 的转换

使用 map()算子的具体代码如下。

```
val arr: Array[Int] = Array(1,2,3,4,5)
val rdd: RDD[Int] = sc.parallelize(arr).map(_+10)
rdd.foreach(println)
```

返回结果如图 4.11 所示。

（2）flatMap()算子。将原来 RDD 中的每个元素通过用户自定义函数 f()转换为新的元素，并将生成的 RDD 的每个集合中的元素合并为一个集合，内部创建 FlatMappedRDD(this, sc.clean(f))。flatMap()函数对 RDD 的一个分区进行操作，flatMap()中传入的函数为 f:T->U，T 和 U 可以是任意类型的数据。将分区中的数据通过用户自定义函数 f()转换为新的

图 4.11　map()算子案例

数据。如图 4.12 所示，可以认为外部大方框是一个 RDD 分区，小方框代表一个集合。V1、V2、V3 在一个集合中作为 RDD 的一个数据项，可能被存储为数组或其他容器，转换为 V'1、V'2、V'3 后，将原来的数组或容器解构，解构出来的数据成为 RDD 中的数据项。

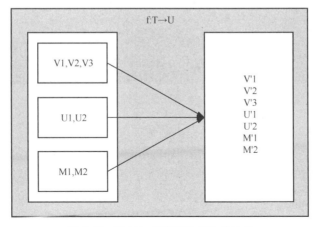

图 4.12　flatMap()算子对 RDD 的转换

使用 flatMap()算子的具体代码如下。

```
val lines: Array[String] = Array("Hello Scala Spark", "Hadoop Hive Linux",
"Java ZooKeeper World")
val rdd1: RDD[String] = sc.parallelize(lines)
val rdd2: RDD[String] = rdd1.flatMap(_.split(" "))
rdd2.foreach(println)
```

返回结果如图 4.13 所示。

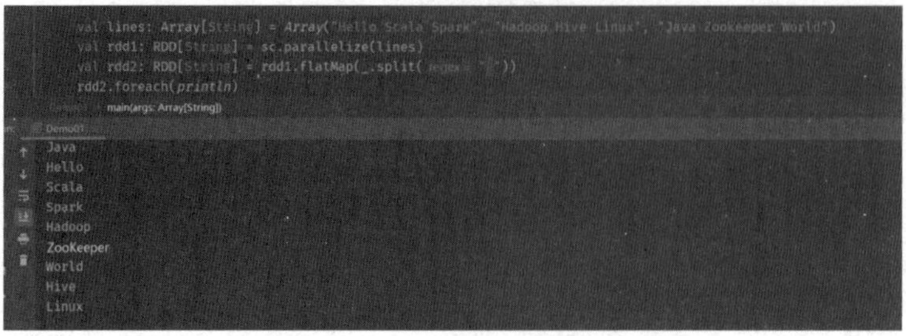

图 4.13　flatMap()算子案例

（3）filter()算子。filter()函数返回包含指定过滤条件的元素。RDD 是一个分布式的数据集，filter()转换操作针对 RDD 所有分区中的每一个元素进行过滤，filter()方法将满足条件的元素返回，不满足条件的元素将被忽略。

使用 filter()算子的具体代码如下。

```
val arr: Array[Int] = Array(1, 2, 3, 4, 5, 6, 7, 8, 9, 10)
val res: RDD[Int] = sc.parallelize(arr).filter(_ % 2 == 0)
res.foreach(println)
```

返回结果如图 4.14 所示。

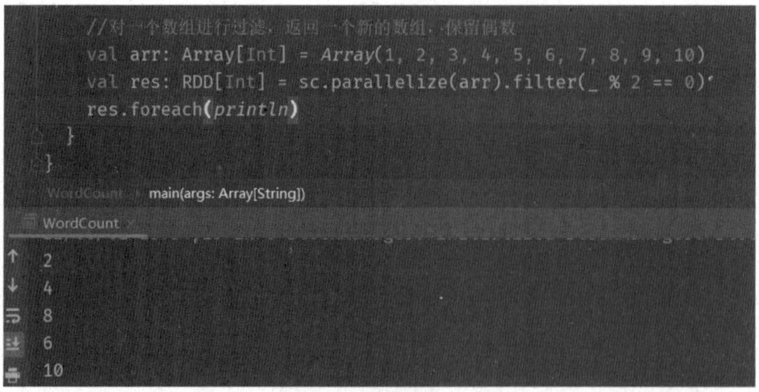

图 4.14　filter()算子案例

（4）mapPartitions()算子。mapPartitions()函数获取每个分区的迭代器，通过迭代器对整个分区的元素进行操作。其内部实现是生成 MapPartitionsRDD。图 4.15 中的方框代表一个 RDD 分区，用户通过函数 f(iter) => iter.filter(_ >= 3)对分区中所有数据进行过滤，只保留大于或等于 3 的数据；只有包含 1、2、3 的分区被过滤，最终只剩下元素 3。map()应用于 RDD 中的所有元素，而 mapPartitions()应用于所有分区，区别在于调用粒度不同。

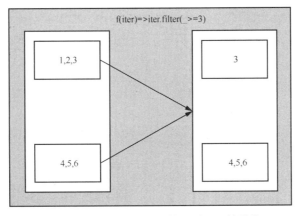

图 4.15　mapPartitions()算子对 RDD 的转换

使用 mapPartitions()算子的具体代码如下。

```
val arr: Array[Int] = Array(1, 2, 3, 4, 5, 6, 10)
val res: RDD[Int] = sc.parallelize(arr).mapPartitions(iter=>iter.filter(_>3))
res.foreach(println)
```

返回结果如图 4.16 所示。

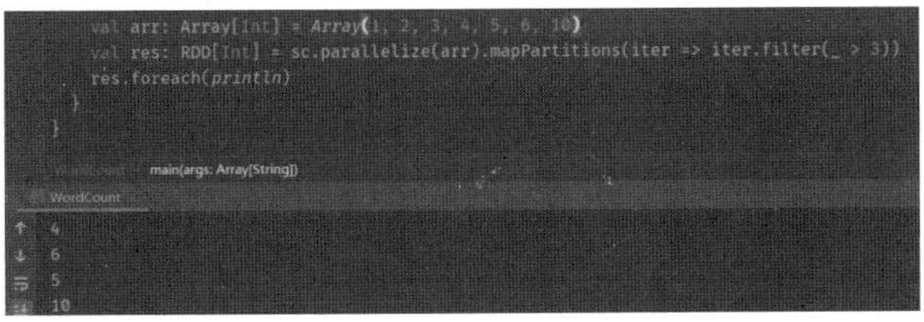

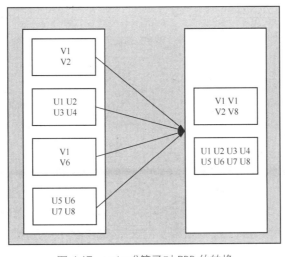

图 4.16　mapPartitions()算子案例

（5）union()算子。使用 union()函数时需要保证两个 RDD 元素的数据类型相同，返回的
RDD 元素的数据类型和被合并的 RDD 元素的数据类型相同；不进行去重操作，保存所有元素，
如果想去重可以使用 distinct()。同时 Spark 还提供更为简洁的方式使用 union()的 API，使用++
可以实现 union()函数的操作。如图 4.17 所示，左侧大方框代表两个 RDD，大方框内的小方框

图 4.17　union()算子对 RDD 的转换

代表 RDD 的分区。右侧大方框代表合并后的 RDD，大方框内的小方框代表分区。合并后，V1、V2、V3……V8 形成一个分区，对其他元素进行类似的合并操作。

使用 union()算子的具体代码如下。

```
val arr1: Array[Int] = Array(1, 2, 3, 4, 12)
val arr2: Array[Int] = Array(11, 22, 33, 44)
val rdd1: RDD[Int] = sc.makeRDD(arr1)
val rdd2: RDD[Int] = sc.parallelize(arr2)
val res: RDD[Int] = rdd1.union(rdd2)
res.foreach(println)
```

返回结果如图 4.18 所示。

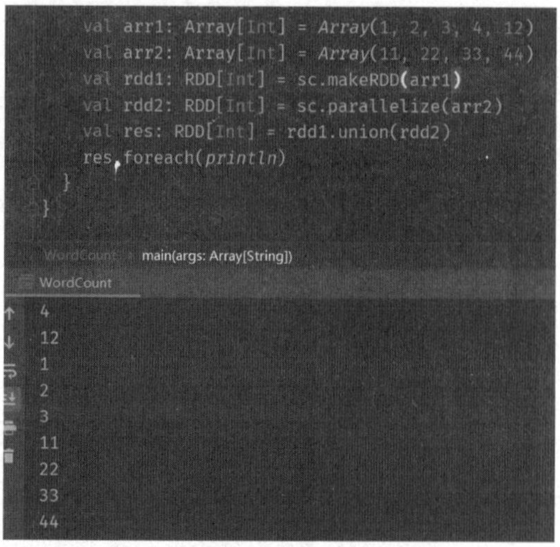

（6）distinct()算子。distinct()算子用于去除 RDD 中的重复元素，并返回一个包含唯一元素的新 RDD。distinct()算子会对整个 RDD 进行去重，因此需要注意它可能会造成数据倾斜问题，导致某些分区的数据量过大，影响性能。distinct()算子可以使用默认的哈希分区器进行分区，也可以使用自定义的分区器进行分区。默认情况下，distinct()算子会产生一个新的 ShuffledRDD，并在其中使用 HashShuffleWriter 对所有分区的数据进行聚合和去重。聚合和去重过程中需要进行网络传输，因此在性能上可能会存在一定的瓶颈。如果已知数据量较小，可以使用 distinct()

图 4.18　union()算子案例

算子对 RDD 进行去重操作，此时数据会在单个节点上被处理。这种情况下，可以将 RDD 转换为 Scala 集合进行去重，然后将结果转换回 RDD。使用 distinct()算子的具体代码如下。

```
val arr: Array[Int] = Array(1, 2, 3, 4, 12, 2, 3, 4)
val rdd1: RDD[Int] = sc.parallelize(arr)
val rdd2: RDD[Int] = rdd1.distinct()
rdd2.foreach(println)
```

返回结果如图 4.19 所示。

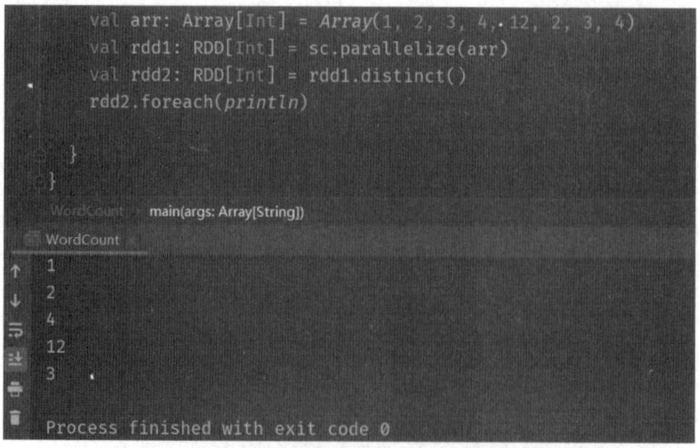

图 4.19　distinct()算子案例

4.3.2　动作算子

动作算子是 Spark 中的一类操作，它们触发计算并返回结果，将 RDD 中的数据收集到 Driver 中进行处理或输出。常用动作算子如表 4.2 所示。

表 4.2　　　　　　　　　　　　　　　　　常用动作算子

动作算子	含义
reduce(func)	通过 func()函数聚合 RDD 中的所有元素
collect()	在 Driver 中，以数组的形式返回数据集的所有元素
collectAsMap()	类似于 collect()，该函数用于 PairRDD，最终返回 Map 类型的结果
count()	返回 RDD 的元素个数
first()	返回 RDD 的第一个元素（类似于 take(1)）
take(n)	返回一个由数据集的前 *n* 个元素组成的数组
saveAsTextFile(path)	将数据集的元素以 textFile 的形式保存到 HDFS 或者其他支持的文件系统
top(n)	获取 RDD 数据集中的前 *n* 个最大元素
countByKey()	针对(K,V)类型的 RDD，返回一个(K,Int)的 map，表示每一个键对应的元素个数
foreach(func)	遍历 RDD 中的每个元素，并对每个元素执行指定操作
foreachPartition()	对分区进行操作

（1）count()算子。count()是 Spark 中最基本的动作算子之一，用于返回 RDD 中元素的个数。使用方法非常简单，只需要在 RDD 后面调用 count()函数即可。使用 count()算子的具体代码如下。

```
val rdd = sc.parallelize(List("hello","world!","hi","beijing"))
println(rdd.count())
```

返回结果如图 4.20 所示。

图 4.20　count()算子案例

（2）collect()算子。collect()算子返回一个包含 RDD 所有元素的列表，在测试代码时经常使用该操作查看 RDD 内的元素。但需要注意的是，在使用这个算子时需要保证返回的数据量比较小，因为这个算子相当于将 RDD 的所有元素收集到 Driver 端的内存中。对于 collect()返回的数据量超出内存大小的情况，Spark 提供了一套完整的机制将返回的结果存储在磁盘中。关于该机制的内容读者可自行阅读实现 collect()的源码部分。使用 collect()算子的具体代码如下。

```
val rdd = sc.parallelize(List("hello","world!","hi","beijing"),2)
val arr: Array[String] = rdd.collect()
println(arr)
arr.foreach(println)
```

返回结果如图 4.21 所示。

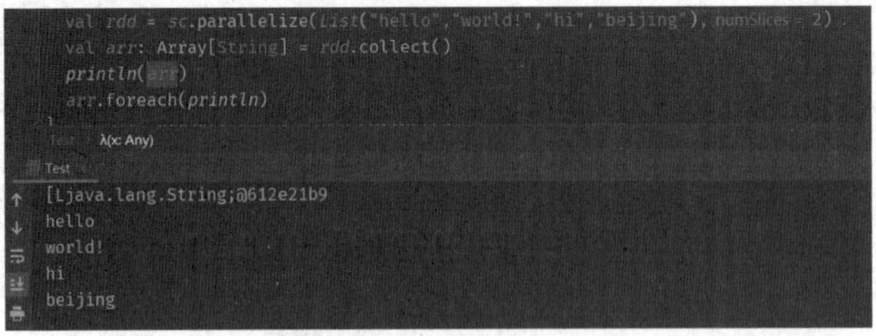

图 4.21　collect()算子案例

（3）saveAsTextFile()算子。saveAsTextFile()是一个动作算子，用于将 RDD 中的元素以文本文件的形式保存到文件系统中。使用 saveAsTextFile()算子的具体代码如下。

```
val rdd = sc.parallelize(List(5,4,7,1,9),3)
rdd.saveAsTextFile("/home/myname/test")
```

返回结果如图 4.22 所示。

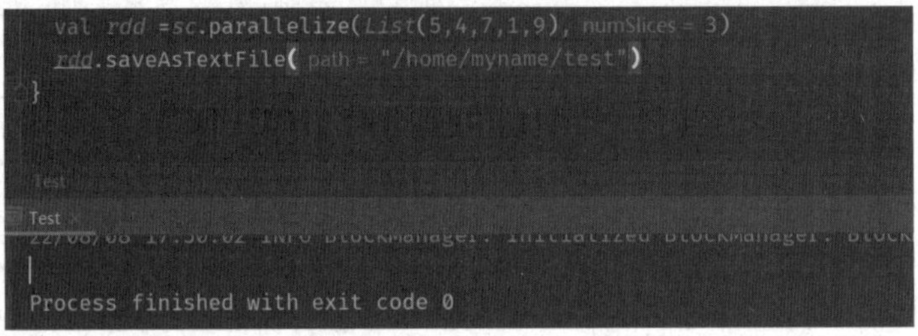

图 4.22　saveAsTextFile()算子案例

（4）top()算子。top(n)动作返回 RDD 内部元素的前 n 个最大值。使用 top()算子的具体代码如下。

```
val rdd = sc.parallelize(Array(1,2,3,4,5))
val rdd2: Array[Int] = rdd.top(2)
rdd2.foreach(println)
```

返回结果如图 4.23 所示。

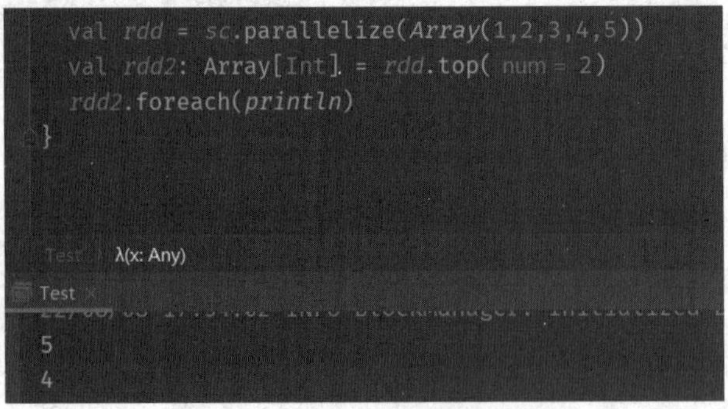

图 4.23　top()算子案例

4.3.3　RDD 常用算子练习

上面讲解了转换算子和动作算子，接下来进行练习。首先启动 Spark Shell，具体命令如下。

```
/export/servers/spark/bin/spark-shell --master spark://node1:7077 -
executor-memory 512m --total-executor-cores 2
```

练习 1：将集合 List(5,6,4,7,3,8,2,9,1,10)中每个元素乘以 2 并排序，最后筛选出大于等于
10 的元素，具体代码如下。

```
//通过并行化生成 RDD
val rdd1 = sc.parallelize(List(5,6,4,7,3,8,2,9,1,10))
//将 rdd1 里的每一个元素乘以 2 然后排序
val rdd2 = rdd1.map(_*2).sortBy(x => x,true)
//过滤出大于等于 10 的元素
val rdd3 = rdd2.filter(_>= 10)
//将元素以数组的方式在客户端显示
rdd3.collect
```

练习 2：将数据"a b c""d e f""h i j"中的每个字母逐个输出，具体代码如下。

```
val rdd1 = sc.parallelize(Array("a b c","d e f","h i j"))
//将 rdd1 里面的每一个元素先切分再压平
val rdd2 = rdd1.flatMap(_.split(""))
rdd2.collect
//传入复杂列表作为参数
val rdd1 = sc.parallelize(List(List("a b c","a b b"), List("e f g","a f g"),
List("h i j", "a a b")))
//将 rdd1 里面的每一个元素先切分再压平
val rdd2 = rdd1.flatMap(_.flatMap(_.split(" ")))
rdd2.collect
```

练习 3：对集合(5,6,4,3)、集合(1,2,3,4)分别进行计算并集、计算交集、去重操作，具体
代码如下。

```
val rdd1 = sc.parallelize(List(5,6,4,3))
val rdd2 = sc.parallelize(List(1,2,3,4))
//求并集
val rdd3 = rdd1.union(rdd2)
//求交集
val rdd4 = rdd1.intersection(rdd2)
//去重
rdd3.distinct.collect
rdd4.collect
```

练习 4：对集合 List(("tom",1),("jerry",3),("kitty",2))和集合 List(("jerry",2), ("tom",1), ("shuke",2))
分别进行求笛卡儿积、分组和单词计数操作，具体代码如下。

```
val rdd1 = sc.parallelize(List(("tom",1), ("jerry",3), ("kitty",2)))
val rdd2 = sc.parallelize(List(("jerry",2), ("tom",1), ("shuke",2)))
//求 join
val rdd3 = rdd1.join(rdd2)
rdd3.collect
//求左连接和右连接
val rdd3 = rdd1.leftOuterJoin(rdd2)
rdd3.collect
val rdd3 = rdd1.rightOuterJoin(rdd2)
rdd3.collect
//求并集
val rdd4 = rdd1 union rdd2
//按键进行分组
```

```
rdd4.groupByKey
rdd4.collect
//分别用 groupByKey()和 reduceByKey()实现单词计数
val rdd3 = rdd1 union rdd2
rdd3.groupByKey().mapvalues(_.sum).collect
rdd3.reduceByKey(_+_).collect
```

练习 5：使用 reduce()对集合 List(1,2,3,4,5)进行聚合操作，具体代码如下。

```
val rdd1 = sc.parallelize(List(1,2,3,4,5))
//reduce 聚合
val rdd2 = rdd1.reduce(_ + _)
```

练习 6：对集合 List(("tom",1),("jerry",3),("kitty",2),("shuke",1))和集合 List(("jerry",2),("tom",3),("shuke",2),("kitty",5))按键进行聚合，并按值进行降序排序，最后求笛卡儿积，具体代码如下。

```
val rdd1 = sc.parallelize(List(("tom",1), ("jerry",3), ("kitty",2),
("shuke", 1)))
val rdd2 = sc.parallelize(List(("jerry",2), ("tom",3), ("shuke",2), ("kitty", 5)))
val rdd3 = rdd1.union(rdd2)
//按键进行聚合
val rdd4 = rdd3.reduceByKey(_ + _)
rdd4.collect
//按值的降序排序
val rdd5 = rdd4.map(t => (t._2, t._1)).sortByKey(false).map(t => (t._2, t._1))
rdd5.collect
//求笛卡儿积
val rdd3 = rdd1.cartesian(rdd2)
```

groupByKey()针对每个键进行操作，但只生成一个序列。如果需要对序列进行聚合操作（注意，groupByKey()本身不能自定义聚合函数），那么选择 reduceByKey()更好。这是因为 groupByKey()不能自定义函数，需要先用 groupByKey()生成 RDD，然后才能对该 RDD 通过 Map 进行自定义函数操作。为了更好地理解上面这段话，下面使用两种不同的方式去计算单词的个数。

```
val words = Array("one", "two", "two", "three", "three", "three")
val wordPairsRDD = sc.parallelize(words).map(word => (word,1))
val wordCountsWithReduce = wordPairsRDD.reduceByKey(_+_)
val wordCountsWithGroup = wordPairsRDD.groupByKey().map(t => (t._1, t._2.sum))
```

上面得到的 wordCountsWithReduce 和 wordCountsWithGroup 是完全一样的，但是它们的内部运算过程是不同的。采用 reduceByKey()时，Spark 可以在每个分区移动数据之前将待输出数据与一个共用的键结合。注意，同一机器上同样的键在数据被移动前是怎样被组合的（reduceByKey()中的 Lambda()函数）。然后 Lambda()函数在每个区上被再次调用来将所有值 Reduce 成一个最终结果。采用 groupByKey()时，由于它不接收函数，Spark 只能先将所有的键值对都移动，这样的后果是集群节点之间的开销很大，导致传输延时。

4.3.4 算子进阶

（1）mapPartitions()算子。mapPartitions()算子与 map()算子类似，不同之处在于 map()算子的参数由 RDD 中的每个元素变成了 RDD 中每个分区的迭代器。如果在映射过程中需要频繁创建额外的对象，使用 mapPartitions()比 map()高效。使用 mapPartitions()算子的具体代码如下。

```
scala> val rdd1 = sc.parallelize(List(1,2,3,4,5,6,7,8,9),2)
```

```
    rdd1: org.apache.spark.rdd.RDD[Int] = ParallelCollectionRDD[0] at parallelize
at <console>:27
    scala> rdd1.partitions.length
    res0: Int = 2
    scala> val rdd2 = rdd1.mapPartitions(_.map(_ * 2))
    rdd2: org.apache.spark.rdd.RDD[Int] = MapPartitionsRDD[1] at mapPartitions at
<console>:29
    scala> rdd2.collect
    res1: Array[Int] = Array(2,4,6,8,10,12,14,16,18)
    scala> val rdd2 = rdd1.map(_ * 2).collect
    res2: Array[Int] = Array(2,4,6,8,10,12,14,16,18)
    scala> val func = (index: Int, iter: Iterator[(Int)]) =>{
    Iter.toList.map(x =>"[partID:" + index + ", val: " +x + "]").iterator}
    scala>rdd1.mapPartitionsWithIndex(func)
    rdd3: org.apache.spark.rdd.RDD[Int] = MapPartitionsRDD[3] at mapPartitionsWithIndex
at <console>:32
    scala> res3.collect
    res4: Array[String] = Array([partID:0, val:1],[partID:0,val:2],[partID:0,
val:3],[partID:0, val:4],[partID:0, val:5],[partID:0, val:6],[partID:0, val:7],
[partID:0, val:8],[partID:0, val:9])
```

（2）aggregate()算子。aggregate()算子将每个分区里面的元素聚合，然后用聚合函数对每个分区的结果和初始值（zerovalue）进行聚合操作。这个函数最终返回值的类型和 RDD 中元素的类型可以不一致。使用 aggregate()算子的具体代码如下。

```
    scala> def func(index: Int, ite: Iterator[(Int)]) : Iterator[String] = {
    iter.toList.map(x = > "[partID:" + index + ", val: "+ x + "]").iterator}
    func1: (index: Int, iter: Iterator[Int])Iterator[String]
    scala> val rdd1 = sc.parallelize(List(1,2,3,4,5,6,7,8,9),2)
    rdd1: org.apache.spark.rdd.RDD[Int] = ParallelCollectionRDD[4] at parallelize
at <console>:27
    scala> rdd1.mapPartitionsWithIndex(func1).collect
    res5: Array[String] = Array([partID:0, val:1],[partID:0, val:2],[partID:0,
val:3],[partID:0, val:4],[partID:0, val:5],[partID:0, val:6],[partID:0, val:7],
[partID:0, val:8],[partID:0, val:9])
    scala> rdd1.aggregate(0)(math.max(_,_),_+_)
    res6: Int = 13
    scala> rdd1.aggregate(10)(math.max(_,_),_+_)
    res7: Int = 30
    scala> rdd1.aggregate(5)(math.max(_,_),_+_)
    res8: Int = 19
    scala> val rdd2 = sc.parallelize(List("a","b","c","d","e","f"),2)
    rdd2: org.apache.spark.rdd.RDD[String] = ParallelCollectionRDD[6] at parallelize
at <console>:27
    scala> def func2(index: Int, ite: Iterator[(String)]) : Iterator[String] = {
    iter.toList.map(x = > "[partID:" + index + ", val: "+ x + "]").iterator}
    func2: (index: Int, iter: Iterator[String])Iterator[String]
    scala> rdd2.mapPartitionsWith
    scala> rdd2.mapPartitionsWithIndex(func2).collect
    res9: Array[String] = Array([partID:0, val:a],[partID:0, val:b],[partID:0,
val:c],[partID:0, val:d],[partID:0, val:e],[partID:0, val:f])
    scala> rdd2.aggregate("")(_+_,_+_)
```

```
res10: String = abcdef
scala> rdd2.aggregate("")(_+_,_+_)
res11: String = ==def=abc
```

（3）aggregateByKey()算子。aggregateByKey()算子对 PairRDD 中相同键的值进行聚合操作，同样使用一个中立的初始值。和 aggregate()算子类似，aggregateByKey()返回值的类型不需要和 RDD 中值的类型一致。由于 aggregateByKey()对相同键中的值进行聚合操作，所以最终返回值的类型仍然是 PairRDD，对应的结果是键和聚合好的值。而 aggregate()算子直接返回非 RDD 的结果，这一点需要注意。在实现过程中，虽然定义了 3 个 aggregateByKey()算子的原型，但最终调用的 aggregateByKey()算子是一致的。使用 aggregateByKey()算子的具体代码如下。

```
scala> val pariRDD = sc.parallelize(List(("cat",2),("cat",5),("cat",2),
("mouse",4),("cat",12),("dog",12),("mouse",2)), 2)
scala> def func2(index: Int, ite: Iterator[(String,Int)]) : Iterator[String] = {
iter.toList.map(x = > "[partID:" + index + ", val: "+ x + "]").iterator}
func2: (index: Int, iter: Iterator[String,Int])Iterator[String]
scala> rdd2.mapPartitionsWith
```

（4）repartition()算子。repartition()只是 coalesce 接口中 Shuffle 的值为 true 的简易实现。假设 RDD 有 N 个分区，需要重新划分成 M 个分区。

① N 大于 M。一般情况下 N 个分区中有数据分布不均匀的状况，利用 hashPartitioner()函数将数据重新分区为 M 个，这时需要将 Shuffle 的值设置为 true。

② N 小于 M 且和 M 相差不大。假如 N 是 100，M 是 1000，那么就可以将 N 个分区中的若干个分区合并成一个新的分区，最终合并为 M 个分区，这时可以将 Shuffle 的值设置为 false。在 Shuffle 的值为 false 的情况下，如果 $M>N$，coalesce()为无效的，不进行 Shuffle 过程，父 RDD 和子 RDD 之间存在窄依赖关系。

③ N 大于 M 且和 M 相差悬殊。这时如果将 Shuffle 的值设置为 false，父 RDD、子 RDD 之间存在窄依赖关系，它们同处于一个 Stage 中，就可能造成 Spark 程序的并行度不够，从而影响性能。在 M 为 1 的时候，为了使 coalesce()之前的操作有更好的并行度，可以将 Shuffle 的值设置为 true。

总之，如果 Shuffle 的值为 false，传入的参数大于现有的分区数，RDD 的分区数不变，也就是说无法将 RDD 的分区数变多，必须将 Shuffle 的值设置为 true 才能重新划分出更多的分区。使用 repartition()算子的具体代码如下。

```
scala> val rdd1 = sc.parallelize(1 to 10, 10)
rdd1: org.apache.spark.rdd.RDD[Int] = ParallelCollectionRDD[28] at parallelize
at <console>:27
scala> rdd1.repartition(5)
res45: org.apache.spark.rdd.RDD[Int] = MapPartitionsRDD[32] at repartition at
<console>:30
scala> rdd1.partitions.length
res46: Int = 10
scala> val rdd2 = rdd1.repartition(5)
rdd2:org.apache.spark.rdd.RDD[Int] = MapPartitionsRDD[32] at repartition at
<console>:29
scala> rdd2.partitions.length
res47: Int =5
```

（5）coalesce()算子。coalesce()是 Spark 中用于减少 RDD 分区数的方法，与其类似的还有 repartition()。不同之处在于 coalesce()不会进行 Shuffle 操作，而 repartition()会。coalesce()

算子可以通过指定重组后的分区数，将原来的 RDD 的分区数减少为一个较小的数，从而减少存储和计算的开销。coalesce()不会进行 Shuffle 操作，因此只有在新分区数小于原分区数时才有效。使用 coalesce()算子的具体代码如下。

```
scala> val rdd1 = sc.parallelize(1 to 10, 2)
rdd1: org.apache.spark.rdd.RDD[Int] = ParallelCollectionRDD[37] at
parallelize at <console>:27
scala> val rdd2 = rdd1.repartition(5)
rdd2: org.apache.spark.rdd.RDD[Int] = MapPartitionsRDD[32] at repartition at
<console>:29
scala> rdd1.partitions.length
res46: Int = 10
scala> val rdd2 = rdd1.repartition(5)
rdd2:org.apache.spark.rdd.RDD[Int] = MapPartitionsRDD[32] at repartition at
<console>:29
scala> rdd2.partitions.length
res47: Int =5
scala> val rdd2 = rdd1.coalesce(5)
rdd2:org.apache.spark.rdd.RDD[Int] = CoalescedRDD[42] at coalesce at <console>:29
scala> rdd2.partitions.length
res47: Int = 2
```

（6）combineByKey()算子。combineByKey()是一种用于对 PairRDD 进行聚合的高级转换操作。它将相同键的值聚合成一个自定义类型的值，以此减少数据的传输量。使用 combineByKey()算子的具体代码如下。

```
scala> val rdd1 = sc.textFile("hdfs://node01:9000/wc").
flatMap(_.split("")).map((_,1))
scala> rdd1.aggregateByKey(0)(_+_,_+_).collect
res54:Array[(String,Int)] = Array((tom,9),(jerry,6),(kitty,3))
scala> val rdd2 = rdd1.combineByKey(x => x * 2, (a:Int, b:Int) => a+b, (m:Int,
n:Int) => m + n)
scala> rdd2.collect
res58: Array[(String, Int)] = Array((tom,12),(hello,21),(jerry,9),(kitty,6))
```

实战训练 4-1：WordCount 词频统计案例

【需求描述】

在 Linux 上开启 Hadoop 服务后，在/export/data 目录下创建 word.txt 文本文件，将 word.txt 文本文件上传到 HDFS 的/data 路径下，具体命令如下。

```
hdfs dfs -put /export/data/word.txt /data
```

在 word.txt 这个文件中，每行文本由 3 个单词构成，单词之间用空格分隔。请统计每个单词出现的次数。

【模拟数据】

word.txt 中的模拟数据如下。

```
hello scala java
python hello scala
hello scala hadoop
hadoop java hello
```

```
hbase hello hello
```

【代码实现】

打开 IDEA 创建 ScalaWC 类，具体代码如下。

```
object ScalaWC {
  def main(args: Array[String]): Unit = {
    //配置信息类
    //应用程序名称, setAppName("ScalaWC")
    //指定本地运行该程序, 如果是集群则不需要 setMaster("local")部分
    //local 表示启用一个线程来运行
    //local[2]表示启用两个线程来运行
    //local[*]表示有多少空闲线程就启用多少来运行该程序
    val conf: SparkConf = new SparkConf()
      .setAppName("ScalaWC")
    //.setMaster("local[*]")
    //创建 Spark 集群入口类（上下文对象）
    val sc: SparkContext = new SparkContext(conf)
    //读取数据
    val lines = spark.read.textFile( "hdfs://192.168.88.161:9000/data")
    // 查看调用的 RDD 算子的类型个数
    // 计算数据
    // 按空格切分每一行为单词
    val wordCounts = lines.flatMap(line => line.split(" "))
    // 将每个单词映射为(key, value)对, 初始值为 1
    .map(word => (word, 1))
    // 按单词进行聚合, 计算词频
    .reduceByKey(_ + _)
    // 输出词频统计结果
    wordCounts.collect().foreach(println)
    sc.stop()
  }
}
```

【结果校验】

运行后输出结果如下。

```
hello 6
scala 3
java 2
python 1
hadoop 2
hbase 1
```

4.4 RDD 的分区

在分布式程序开发中，网络通信的开销是很大的，因此控制数据分布以获得最小的网络通信开销可以极大地提升整体程序的性能。Spark 程序可以通过控制 RDD 分区的方式来减少通信开销。Spark 中的 RDD 都可以进行分区，系统会根据一个针对键的函数对元素进行分区。Spark 不能控制每个键具体被划分到哪个节点上，但是可以将相同的键划分在同一个分区上。

RDD 的分区原则是分区的个数尽量等于集群中 CPU 的核数。对于不同的 Spark 部署模

式，可以通过设置 spark.default.parallelism 这个参数的值来配置默认的分区数量。一般情况下各种模式下的默认分区数量如下。

（1）Local 模式：默认值为本地机器的 CPU 核数，如果设置了 local[N]，则默认值为 N。

（2）Standalone 或者 YARN 模式：在"集群中所有 CPU 核数总和""2"这两者中取较大的值作为默认值。

（3）Mesos 模式：默认的分区数是 8。

Spark 框架为 RDD 提供了两种分区方式，分别是哈希分区和范围分区。哈希分区是指根据哈希值进行分区，范围分区是指将一定范围的数据映射到一个分区中。Spark 也支持自定义分区方式，即通过一个自定义的 Partitioner 对象来控制 RDD 的分区，从而进一步减少通信开销。另外，RDD 的分区函数针对(K,V)类型的 RDD，分区函数根据键对 RDD 元素进行分区。因此，当需要对一些非(K,V)类型的 RDD 进行自定义分区时，需要先将 RDD 元素转换为(K,V)类型，再通过分区函数进行分区操作。

如果要实现自定义分区，就需要定义一个类，使得这个自定义的类继承 org.apache.spark.Partitioner 类，并实现其中的 3 个方法，具体如下。

（1）def numPartitions: Int：这个方法用于返回创建的分区个数。

（2）def getPartition(Key: Any)：这个方法用于对输入的键进行处理，并返回该键的分区 ID，分区 ID 的范围是 0～(numPartitions-1)。

（3）equals(other: Any)：这个方法用于 Spark 中判断自定义的 Partitioner 对象和其他的 Partitioner 对象是否相同，从而判断两个 RDD 的分区方式是否相同。equals()方法中的参数 other 表示其他的 Partitioner 对象，该方法的返回值是一个布尔类型的数据，当返回值为 true 时表示自定义的 Partitioner 对象和其他 Partitioner 对象相同，则两个 RDD 的分区方式也是相同的；反之，自定义的 Partitioner 对象和其他 Partitioner 对象不相同，则两个 RDD 的分区方式也不相同。

4.5 RDD 的依赖关系

RDD 可以从本地集合并行化获取，也可以从外部文件系统获取，还可以从其他的 RDD 转换得到。能够从其他 RDD 通过转换创建新的 RDD 的原因是 RDD 之间存在依赖关系。这些依赖关系可以被表示为血缘，即每个 RDD 与其父 RDD 之间的关系。RDD 和它依赖的父 RDD 之间有两种不同的依赖类型，即窄依赖和宽依赖。

4.5.1 划分依赖的背景

（1）从计算过程来看，窄依赖表示数据经过一系列管道式的计算操作后可以在单个集群节点上运行，如 map、filter 等，宽依赖则可能需要使数据通过跨节点传递后运行，如 groupByKey，有点类似于 MapReduce 的 Shuffle 过程。

（2）从失败恢复来看，窄依赖的失败恢复起来更高效，因为它只需找到父 RDD 的一个对应分区即可，而且可以并行计算，在不同节点上恢复；宽依赖则牵涉到父 RDD 的多个分区，恢复起来相对复杂些。

综上，引入了一个新的概念——Stage。Stage 可以被简单理解为由一组 RDD 组成的可进行优化的执行计划。如果 RDD 之间的所有依赖都是窄依赖，则它们可以被放在同一个 Stage

中运行；如果存在宽依赖，则需要将它们划分到不同的 Stage 中。这样 Spark 在执行作业时，会按照划分的 Stage，生成一个完整的最优的执行计划。

4.5.2 划分依赖的依据

划分宽依赖和窄依赖的关键在于分区之间的依赖关系，即父 RDD 的一个分区的数据是供应给子 RDD 的一个分区，还是供应给子 RDD 的所有分区。当父 RDD 的每一个分区被一个子 RDD 的一个分区所依赖（一对一）时，这种依赖关系称为窄依赖；而当父 RDD 的每一个分区被子 RDD 的多个分区所依赖（一对多）时，则称为宽依赖。一旦存在宽依赖，就会发生数据的 Shuffle。相比之下，存在窄依赖不会发生数据的 Shuffle。如果发生了数据的 Shuffle，就会进行阶段切分。RDD 划分依赖的依据如图 4.24 所示。

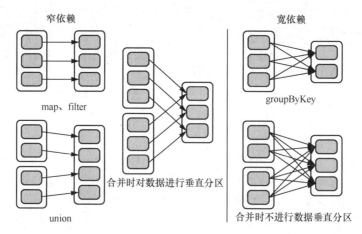

图 4.24　RDD 划分依赖的依据

4.5.3 窄依赖

在 Spark 中，RDD 之间存在一些依赖关系，依赖关系决定了 RDD 之间的数据流向。窄依赖是指父 RDD 的一个分区的数据只会被子 RDD 的一个分区所依赖，也就是一对一的关系。在这种情况下，父 RDD 的每个分区只会被一个子 RDD 的分区所处理，而且这个处理过程是在同一个节点上完成的，因此不需要进行数据的 Shuffle 操作。

窄依赖通常会出现在像 map、filter 这样的转换操作中。例如，当我们对一个 RDD 进行 map 操作时，每个输入分区中的数据都会经过 map()函数的处理，生成一个新的分区。

窄依赖的优势在于它可以提高计算效率和性能，这是因为其不需要进行数据 Shuffle 操作，减少了数据的网络传输和磁盘读写等开销。此外，窄依赖还能够提高 Spark 的容错能力，这是因为如果一个窄依赖的分区失败了，只需要重新计算这个分区即可，不需要重新计算整个 RDD。

总之，窄依赖是一种非常重要的依赖关系，可以有效地提高 Spark 的计算效率、性能和容错能力。

4.5.4 宽依赖

在 Spark 中，宽依赖指的是子 RDD 中的多个分区依赖于父 RDD 中的一个或多个分区，即一个父 RDD 分区的数据要被多个子 RDD 分区使用，这种依赖关系称为宽依赖。因为宽依赖涉及父 RDD 中一个或多个分区的数据被传输到子 RDD 的多个分区上，所以需要进行数据的 Shuffle 操作，这会导致性能开销比较大。例如，在进行 groupByKey、reduceByKey 等操作时，需要使用宽依赖。

4.5.5　Stage 的划分

在 Spark 中，每一个 RDD 的操作都会生成一个新的 RDD，将这些 RDD 用带方向的线段连接起来（从父 RDD 连接到子 RDD）会形成一个基于 RDD 操作的 DAG。Spark 会根据 DAG 将整个计算划分为多个阶段，每个阶段称为一个 Stage。每个 Stage 由多个 Task 并行进行计算，每个 Task 作用在一个分区的数据上，一个 Stage 的总 Task 数量取决于最后一个 RDD 的分区个数以及并行度。Stage 的划分依据为是否有宽依赖，即是否有 Shuffle。Spark 调度器会从 DAG 的末端向前进行递归划分，遇到 Shuffle 则进行划分，Shuffle 操作会将 DAG 划分为多个 Stage，每个 Stage 中包含一组没有 Shuffle 依赖的 RDD 操作。具体来说，如果两个 RDD 之间存在宽依赖关系，则它们之间的所有操作在一个 Stage 中；否则，它们可能在同一个 Stage 或不同的 Stage 中。

4.6　RDD 机制

4.6.1　持久化机制

Spark 最重要的能力之一就是将数据集持久化到内存中。当持久化一个 RDD 时，包含该 RDD 分区的节点都会被持久化，在未来将其重用于该数据集上的其他操作时，可以更加快速（通常速度超过 10 倍）。缓存也是使用迭代算法和快速交互的关键工具。通常可以使用 persist() 或 cache() 方法进行持久化操作。该操作会在第一次执行结束操作时进行，RDD 将会被保存到节点的内存中。Spark 的缓存是支持容错的，如果任何 RDD 的分区丢失，它将使用最初创建它的转换操作自动重新计算。

在进行计算时，首先会查询 BlockManager 中是否存在对应的 Block 信息，如果存在则直接返回，否则代表该 RDD 是需要计算的。该 RDD 不存在的原因有：一个是没有被计算过，另一个是被计算过且存储到内存中，但由于后期内存紧张而被清理掉了。再次计算时，会根据用户定义的存储级别，再次将该 RDD 分区对应的 Block 写入 BlockManager 中。这样，下次就可以不经过计算而直接读取该 RDD 的计算结果了。

4.6.2　RDD 缓存方式

为了优化 Spark 的计算性能，可以使用 persist() 方法或 cache() 方法对之前的计算结果进行缓存。这两个方法不会立即缓存结果，而是在后续的动作触发时才会将结果缓存到计算节点的内存中，以供后续重复使用，源码具体如下。

```
/** 缓存 RDD，缓存级别为仅在内存中存储 */
def persist (): this type = persist (StorageLevel.MEMORY_ONLY)
/** 缓存 RDD，缓存级别为仅在内存中存储 */
def cache (): this type = persist ()
```

通过查看 Spark 源码可知，cache()方法实际上最终也调用了 persist()方法，并且默认使用的存储级别是仅在内存中存储。此外，Spark 还提供了多种不同的存储级别，在 Object StorageLevel 中定义这些存储级别，具体代码如下。

```
Object StorageLevel {
val NONE = new StorageLevel(false,false,false,false)
val DIST_ONLY = new StorageLevel (true, false, false, false)
val DIST_ONLY_2 = new StorageLevel (true, false,false,false,2)
val MEMORY_ONLY = new StorageLevel (false,true,false,true)
val MEMORY_ONLY_2 = new StorageLevel (false,true,false,true,2)
val MEMORY_ONLY_SER = new StorageLevel (false,true,false,false)
val MEMORY_ONLY_SER_2 = new StorageLevel (false,true,false,false,2)
val MEMORY_ONLY_DISK = new StorageLevel (true,true,false,true)
val MEMORY_ONLY_DISK_2 = new StorageLevel (true,true,false,true,2)
val MEMORY_ONLY_DISK_SER = new StorageLevel (true,true,false,false)
val MEMORY_ONLY_DISK_SER_2 = new StorageLevel (true,true,false,false,2)
val OFF_HEAP = new StorageLevel (false,false,true,false)
}
```

缓存有可能会丢失，或者存储于内存的数据由于内存不足而被删除。但是，RDD 的缓存容错机制能保证即使缓存丢失计算也能正确执行。通过基于 RDD 的一系列转换，丢失的数据会被重算。由于 RDD 的各个 Partition 是相对独立的，因此只需要计算丢失的部分即可，无须重计算全部 Partition。

4.6.3　容错机制 Checkpoint

在处理需求时，中间结果数据往往非常重要，为了保证数据的安全性，需要对数据进行 Checkpoint。最好将数据 Checkpoint 到 HDFS，这样其他任务节点就能够访问到数据。此外，HDFS 的多副本机制还能有效保证数据的安全性。在 Checkpoint 之前最好先将数据缓存，这样可以方便地在调用过程中直接从缓存中获取数据，也便于在 Checkpoint 时直接从缓存中读取数据以提高读取速度。一般来说，是在发生 Shuffle 之后进行 Checkpoint。Checkpoint 的步骤如下。

（1）启动 Spark 集群，具体命令如下。

```
/export/servers/spark/sbin/start-all.sh
```

（2）启动 Spark Shell，具体命令如下。

```
/export/servers/spark/bin/spark-shell --master spark://node01:7077 --executor
-memory 512m --total-executor-cores 2
```

（3）生成 RDD，具体代码如下。

```
scala>val rdd1 = sc.textFile("hdfs://node01:9000/wc").flatMap(_.split("")).map((_,1)).
reduceByKey(_+_)
```

（4）创建 Checkpoint 的目录，具体代码如下。

```
scala> sc.setCheckpointDir("hdfs://node01:9000/ck201/1229-1")
```

（5）缓存数据，具体代码如下。

```
scala> val rdd2 = rdd1.cache()
rdd2: rdd1.type = ShuffledRDD[4] at reduceByKey at <console>:27
```

（6）开始 Checkpoint，具体代码如下。

```
scala> rdd2.checkpoint()
```

（7）将任务提交到集群，具体代码如下。

```
scala> rdd2.collect
```

（8）在 Web UI 中查看结果。分别访问 http://node1:50070/、http://node2:8080/。

RDD 只支持粗粒度转换，即在大量记录上执行的单个操作。创建 RDD 时，还需要记录一系列的 Lineage，以便在分区数据丢失时恢复数据。RDD 的 Lineage 记录了 RDD 的元数据信息和转换行为。当该 RDD 的某些分区数据丢失时，它可以根据这些信息重新运算并恢复丢失的分区数据。

4.7　Spark 作业流程

4.7.1　DAG 的生成

DAG 指的是一种边有方向且不存在环路的图。在 Spark 中，每个操作会生成一个 RDD，而 RDD 之间通过边相连，形成一个 DAG。原始的 RDD 通过一系列转换后形成 DAG，根据 RDD 之间的依赖关系不同，可以将 DAG 划分为不同的 Stage。对于窄依赖，计算可以在同一个 Stage 中完成，而宽依赖则需要在父 RDD 计算完成后才能开始计算。因此，宽依赖是划分 Stage 的依据，同时它通常也需要进行 Shuffle 操作。图 4.25 所示为将一个 DAG 划分为不同 Stage 的示例，其中每个小方框代表一个 RDD，每个箭头代表依赖关系。

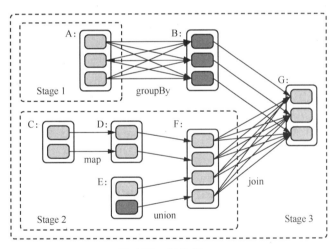

图 4.25　划分 Stage

宽依赖是划分 Stage 的标志。DAG 代表 RDD 的转换过程，也代表着数据的流向。DAG 有边界，有开始和结束。通过 SparkContext 创建 RDD 开始生成 DAG，触发动作后会生成一个完整的 DAG。DAG 会被划分为多个 Stage，划分依据是宽依赖。先提交前面的 Stage，再提交后面的 Stage。一个 Stage 中有多个 Task 可以并行执行。

4.7.2　任务调度流程

以下是关于执行 Spark 任务过程中涉及的几个关键步骤的简要说明。

（1）Master 节点和 Worker 节点的启动与 Spark 无关，属于集群的任务。如果使用 Spark on

YARN，则是 YARN 的任务。YARN 需要启动 AM（ApplicationMaster）和 NM（NodeManager），为任务准备好调度环境。

（2）用户提交任务，使用 spark-submit 命令创建应用程序。

（3）资源请求，即向调度系统 Master 请求资源。Master 根据当前情况，分配第一个 Worker 节点，启动整个应用程序的 Driver，负责整个应用程序的任务管理。

（4）Driver 再次向 Master 申请执行任务所需要的资源。

（5）Master 根据条件在符合要求的 Worker 节点上启动 Executor 进程。

（6）启动 TaskScheduler 进程，管理 TaskSet 并了解 Executor 信息。

（7）Spark 启动 DAGScheduler 进程，根据宽依赖划分 Stage。每个任务是一个 Pipeline。

4.7.3　提交任务的 4 个阶段

提交 Spark 任务分为 4 个阶段，如图 4.26 所示。

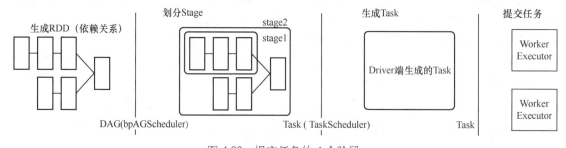

图 4.26　提交任务的 4 个阶段

（1）构建 DAG，用户提交的 Job 将首先被转换成一系列 RDD 并通过 RDD 之间的依赖关系构建 DAG，然后将 DAG 提交到调度系统。

（2）DAGScheduler 将 DAG 切分为 Stage，将 Stage 中生成的 Task 以 TaskSet 的形式发送给 TaskScheduler。

（3）Scheduler 调度 Task（根据资源情况将 Task 调度到 Executor）。

（4）Executor 接收 Task，然后将 Task 交给线程池执行。

4.8　共享变量

在默认情况下，当 Spark 在集群的多个不同节点上并行运行一个函数时，会为涉及的每个变量生成一个副本，以确保任务的独立性。但是，在某些情况下需要在任务之间或任务控制节点（如 DriverProgram）与任务之间共享变量。为了满足这种需求，Spark 提供了两种类型的变量。

（1）广播变量（Broadcast Variables）。广播变量用于在所有节点的内存之间共享变量，并且仅缓存一个只读副本，而不会为每个任务生成副本。

（2）累加器（Accumulators）。累加器支持在不同节点之间进行累加计算，例如计数或求和。

4.8.1　广播变量

在 Executor 端执行的代码中使用的 Driver 端数据称为闭包数据。这个数据是以 Task 为单位被发送到 Executor 端的，每个 Task 中都有一份相同的闭包数据。当一个 Executor 中包含多个 Task 并且闭包数据量较大时，会造成 Executor 中含有大量重复的数据，并且占用大量的内存。广播变量的出现允许开发人员在每个节点（Worker 或 Executor）缓存只读变量，而不是在 Task 之间传递这些变量，如图 4.27 所示。使用广播变量能够高效地在集群的每个节点上创建大数据集的副本。同时，Spark 还使用高效的广播算法分发这些变量，从而减少通信的开销。

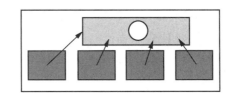

图 4.27　广播变量

通过调用 sc.broadcast(v) 的方式创建一个广播变量，该广播变量的值被封装在 v 变量中，可使用获取该变量值的方法进行访问，具体代码如下。

```
val bcvalue: Broadcast[Array[Int]] = sc.broadcast(Array(1,2,3,4,5))
bcvalue.value
```

4.8.2　累加器

Spark 提供的累加器主要用于多个节点对一个变量进行共享的操作，它提供了多个 Task 对一个变量进行并行操作的功能。需要注意的是，Task 只能对累加器进行累加的操作，不能读取其值，只有 Driver 程序可以读取其值。下面通过代码演示累加器的使用，具体代码如下。

```
import org.apache.spark.rdd.RDD
import org.apache.spark.{Accumulator, SparkConf, SparkContext}
object AccumulatorDemo {
  def main(args: Array[String]): Unit = {
    val conf = new SparkConf().setAppName("AccumulatorDemo")
                          .setMaster("local[2]")
    val sc = new SparkContext(conf)
    val sum: Accumulator[Int] = sc.accumulator(0)
    val nums: RDD[Int] = sc.parallelize(Array(1,2,3,4,5,6,7,8),2)
    nums.foreach(num => sum += num)
    print(sum)
    sc.stop()
  }
}
```

实战训练 4-2：通过相关信息计算用户停留时间

【需求描述】

假如现在得到了一些位置数据，比如有手机号、建立连接的标记（例如 1）、断开连接的标记（例如 0）、建立连接的时间戳、断开连接的时间戳等字段。通过用断开连接的时间减去建立连接的时间，就可得出该用户在该基站下停留的时间。为了便于理解，本训练使用 log1.txt 作为模拟的简单日志数据，共有 4 个字段，分别表示手机号、时间戳、基站 ID 和连接类型（1 表示建立连接，0 表示断开连接），基站表 station.txt 共有 4 个字段，分别代表基站 ID、经度、纬度和信号的辐射类型（比如 2G 信号、3G 信号和 4G 信号），请计算每个手机号的用户在每个基站下面停留的时间。

【模拟数据】

本训练将 log1.txt 中的模拟数据存储在本地计算机 D:\Development projects 路径下，具体模拟数据如下。

```
18688888888,20220509082400,a,1
18611132889,20220509082500,a,1
18688888888,20220509170000,a,0
18611132889,20220509180000,a,0
18611132889,20220509075000,b,1
18688888888,20220509075100,b,1
18611132889,20220509081000,b,0
18688888888,20220509081300,b,0
18688888888,20220509175000,b,1
18611132889,20220509182000,b,1
18688888888,20220509220000,b,0
18611132889,20220509230000,b,0
18611132889,20220509081100,c,1
18688888888,20220509081200,c,1
18688888888,20220509081900,c,0
18611132889,20220509082000,c,0
18688888888,20220509171000,c,1
18688888888,20220509171600,c,0
18611132889,20220509180500,c,1
18611132889,20220509181500,c,0
```

本训练将 station.txt 中的模拟数据存储在本地计算机 D:\Development projects 路径下，具体模拟数据如下。

```
b,110,30,4
c,111,31,4
a,112,32,4
```

【代码实现】

创建 MobileLocation 类，具体代码如下。

```
package cn.qianfeng.qfedu.test
import org.apache.spark.rdd.RDD
import org.apache.spark.{SparkConf, SparkContext}
object MobileLocation {
  def main(args: Array[String]) {
    val conf = new SparkConf().setAppName("MobileLocation").setMaster("local[2]")
    val sc = new SparkContext(conf)
    val lines: RDD[String] = sc.textFile("D:\\\\Development projects\\\\log1.txt")
    //切分
    val splited = lines.map(line => {
      val fields = line.split(",")
```

```
    val mobile = fields(0)
    val lac = fields(2)
    val tp = fields(3)
    val time = if(tp == "1") -fields(1).toLong else fields(1).toLong
    //拼接数据
    ((mobile, lac), time)
})
//分组聚合
val reduced : RDD[((String, String), Long)] = splited.reduceByKey(_+_)
val lmt = reduced.map(x => {
    //(基站,(手机号，时间))
    (x._1._2, (x._1._1, x._2))
})
//连接
val lacInfo: RDD[String] = sc.textFile("D:\\\\Development projects\\\\
station.txt")
//整理基站数据
val splitedLacInfo = lacInfo.map(line => {
    val fields = line.split(",")
    val id = fields(0)
    val x = fields(1)
    val y = fields(2)
    (id, (x, y))
})
//连接
val joined: RDD[(String, ((String, Long), (String, String)))] = lmt.join
(splitedLacInfo)
println(joined.collect().toBuffer)
sc.stop()
    }
}
```

【结果校验】

运行后结果输出如下。

```
ArrayBuffer((b,((18688888888,51200),(110,30))), (b,((18611132889,54000),(110,
30))), (a,((18611132889,97500),(112,32))), (a,((18688888888,87600),(112,32))),
(c,((18688888888,1300),(111,31))), (c,((18611132889,1900),(111,31))))
```

实战训练 4-3：统计学生信息

【需求描述】

在计算机技术急速发展的背景下，建立教务管理系统已经成为实现教务管理工作模式转变、利用信息化技术提高效率的必然趋势。本训练要求创建一个名为 student.txt 的文本文件，并将其放置在指定路径下。文本文件中的列对应字段为班级 id、姓名 name、年龄 age、性别 gender、课程 course 和分数 score。现在根据这些数据，完成以下学生信息的统计。

【模拟数据】

本训练将 student.txt 中的模拟数据存储在本地计算机 D:\\Development projects 路径下，具体模拟数据如下。

```
1 张三 22 男 chinese 50
1 张三 22 男 math 60
1 张三 22 男 english 70
1 李四 20 男 chinese 50
1 李四 20 男 math 50
1 李四 20 男 english 90
1 王五 19 女 chinese 70
1 王五 19 女 math 70
1 王五 19 女 english 70
3 赵六 25 男 chinese 60
3 赵六 25 男 math 60
3 赵六 25 男 english 70
3 田七 20 男 chinese 50
3 田七 20 男 math 60
3 田七 20 男 english 50
3 小二 19 女 chinese 70
3 小二 19 女 math 80
3 小二 19 女 english 70
```

【代码实现】

计算参加考试的总人数，具体代码如下。

```
val a1: Long = student.map(x => x._2).distinct.count
println(s"一共有${a1}人参加考试")
```

运行结果如图 4.28 所示。

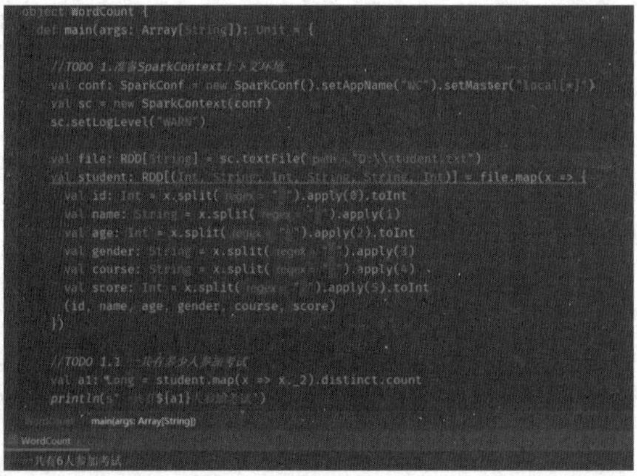

图 4.28　参加考试总人数

计算小于 20 岁参加考试的总人数，具体代码如下。

```
val a2: Long = student.filter(x => x._3 < 20).map(x => x._2).distinct.count
println(s"一共有${a2}位小于 20 岁的人参加考试")
```

运行结果如图 4.29 所示。

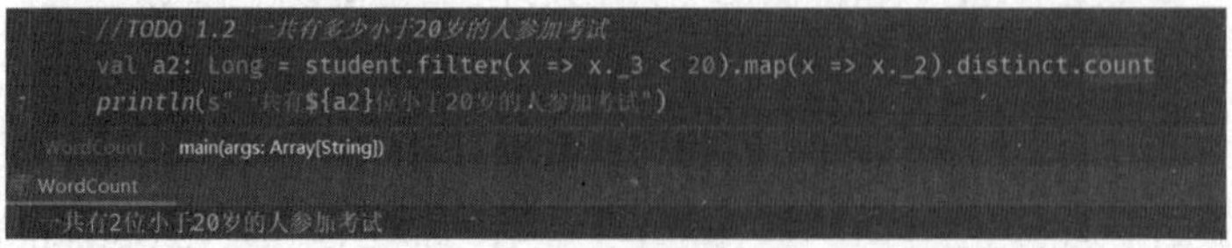

图 4.29　小于 20 岁参加考试的总人数

计算大于 20 岁参加考试的总人数，具体代码如下。

```
val a3: Long = student.filter(x => x._3 > 20).map(x => x._2).distinct.count
println(s"一共有${a3}位大于 20 岁的人参加考试")
```

运行结果如图 4.30 所示。

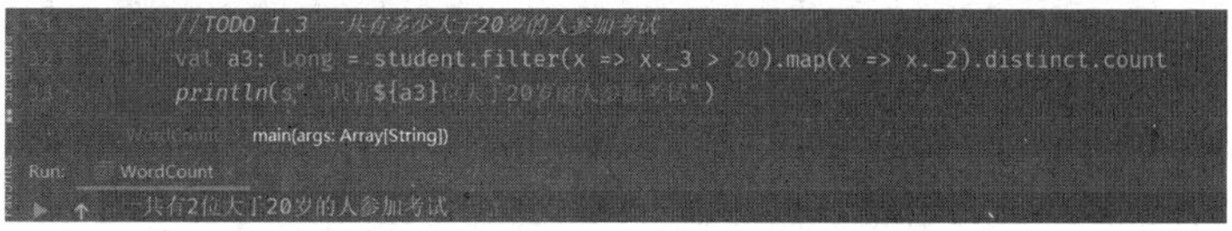

图 4.30　大于 20 岁参加考试的总人数

计算参加考试的男生总人数，具体代码如下。

```
val b1: Long = student.filter(x => x._4 == "男").map(x => x._2).distinct.count
println(s"一共有${b1}个男生参加考试")
```

运行结果如图 4.31 所示。

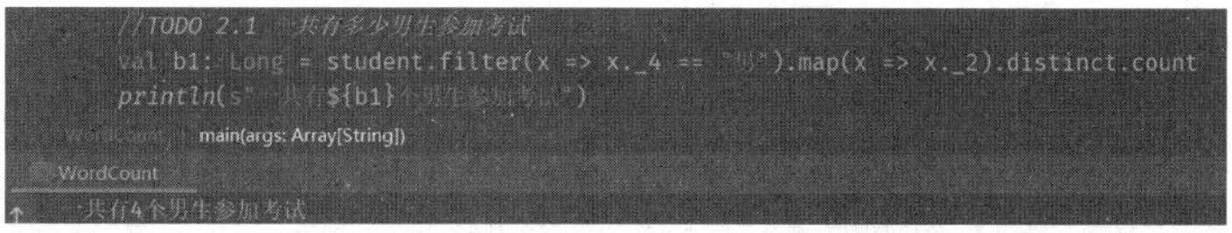

图 4.31　参加考试的男生总人数

计算 1 班参加考试的总人数，具体代码如下。

```
val b2: Long = student.filter(x => x._1 == 1).map(x => x._2).distinct.count
println(s"1 班一共有${b2}个人参加考试")
```

运行结果如图 4.32 所示。

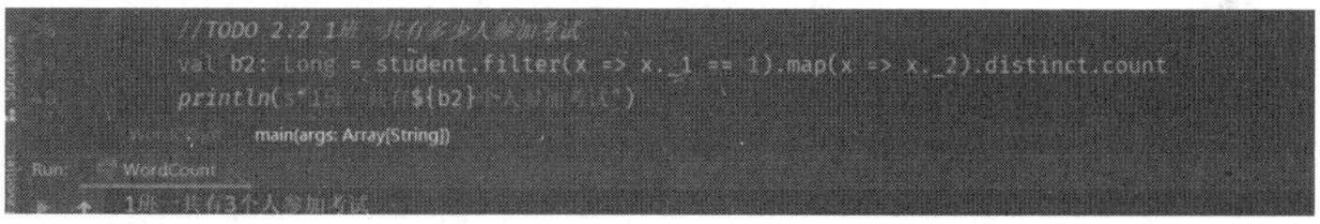

图 4.32　1 班参加考试的总人数

计算全校数学平均成绩，具体代码如下。

```
val numMath: Double = student.filter(x => x._5 == "math").count().toDouble
val sumMath: Double = student.filter(x => x._5 == "math").
map(x =>x._6).reduce(_ + _).toDouble
    println(s"数学的平均成绩是${(sumMath / numMath).round}")
```

运行结果如图 4.33 所示。

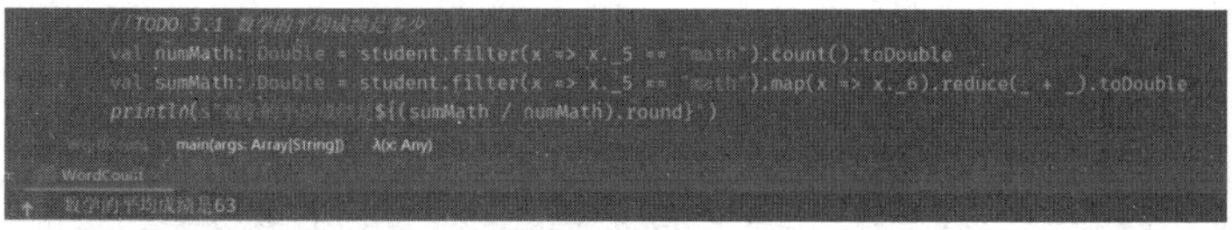

图 4.33　全校数学平均成绩

计算全校英语平均成绩，具体代码如下。

```
val numEnglish: Double = student.filter(x => x._5 == "english").count().toDouble
```

```
val sumEnglish: Double = student.filter(x => x._5 == "english").map(x => x._
6).reduce(_ + _).toDouble
println(s"英语的平均成绩是${(sumEnglish / numEnglish).round}")
```
运行结果如图 4.34 所示。

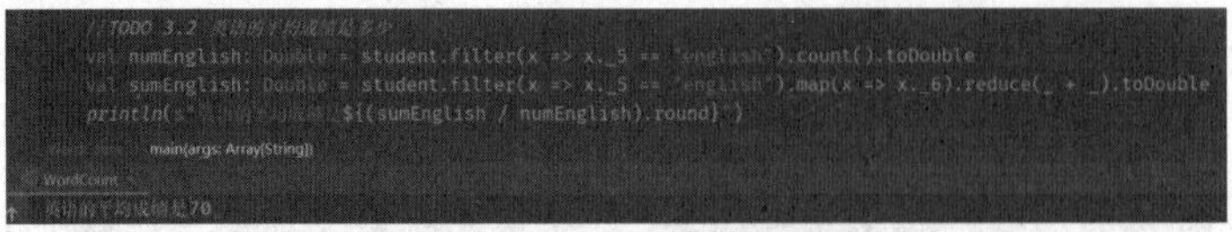

图 4.34　全校英语平均成绩

计算 1 班的平均成绩，具体代码如下。
```
val sumScore1: Double = student.filter(x => x._1 == 1).map(x => x._6).sum
val num1: Long = student.filter(x => x._1 == 1).count
println(s"1 班的平均成绩是${(sumScore1 / num1).round}")
```
运行结果如图 4.35 所示。

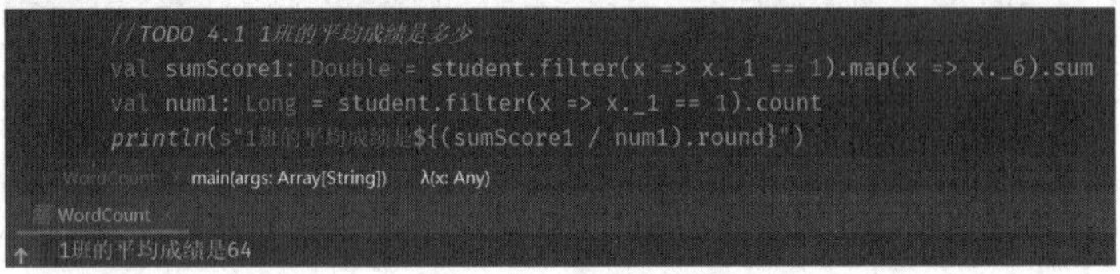

图 4.35　1 班的平均成绩

计算 1 班男生的平均成绩，具体代码如下。
```
val manSumScore1: Double = student.filter(x => x._1 == 1 && x._4 == "男").
map(x => x._6).sum
val manNum: Long = student.filter(x => x._1 == 1 && x._4 == "男").count
println(s"1 班男生的平均成绩是${(manSumScore1 / manNum).round}")
```
运行结果如图 4.36 所示。

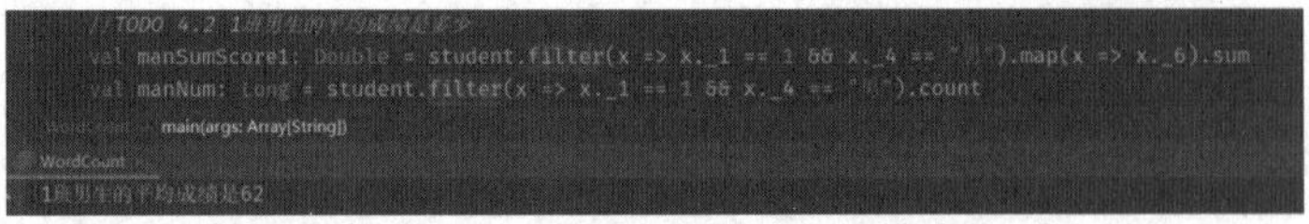

图 4.36　1 班男生的平均成绩

计算全校语文最高分，具体代码如下。
```
val maxChinese: Int = student.filter(x => x._5 == "chinese").map(x => x._6).
max println(s"全校语文最高分是${maxChinese}")
```
运行结果如图 4.37 所示。

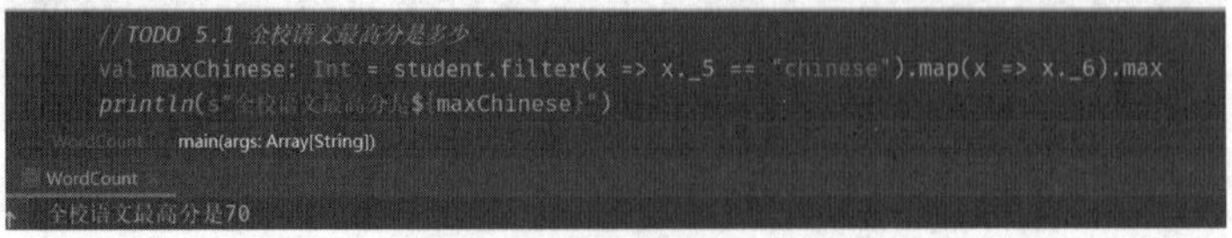

图 4.37　全校语文最高分

计算 1 班语文最低分，具体代码如下。

```
val minChinese1: Int = student.filter(x => x._1 == 1 && x._5 == "chinese").
map(x => x._6).min()
println(s"1 班语文最低分是${minChinese1}")
```
运行结果如图 4.38 所示。

图 4.38　1 班语文最低分

计算总成绩大于 150 分的 1 班的女生人数。具体代码如下。
```
val tmp: Array[Iterable[Int]] = student.filter(x => x._1==1 && x._4==
"女").groupBy(x => x._2).map(x => x._2.map(x => x._6)).collect()
println("总成绩大于 150 分的 1 班的女生有"+tmp.map(_.sum).toList.count(x => true)+"个")
```
运行结果如图 4.39 所示。

图 4.39　成绩大于 150 分的 1 班的女生人数

该案例的完整代码如下。
```
import org.apache.spark.rdd.RDD
import org.apache.spark.{SparkConf, SparkContext}
object WordCount {
  def main(args: Array[String]): Unit = {
    //准备 SparkContext 上下文环境
    val conf: SparkConf = new SparkConf().setAppName("WC").setMaster("local[*]")
    val sc = new SparkContext(conf)
    sc.setLogLevel("WARN")
    val file: RDD[String] = sc.textFile("D:\\\\Development projects\\\\student.txt")
    val student: RDD[(Int, String, Int, String, String, Int)] = file.map(x => {
      val id: Int = x.split(" ").apply(0).toInt
      val name: String = x.split(" ").apply(1)
      val age: Int = x.split(" ").apply(2).toInt
      val gender: String = x.split(" ").apply(3)
      val course: String = x.split(" ").apply(4)
      val score: Int = x.split(" ").apply(5).toInt
      (id, name, age, gender, course, score)
    })

    //一共有多少人参加考试
    val a1: Long = student.map(x => x._2).distinct.count
    println(s"一共有${a1}人参加考试")
    //一共有多少小于 20 岁的人参加考试
    val a2: Long = student.filter(x => x._3 < 20).map(x => x._2).distinct.count
    println(s"一共有${a2}位小于 20 岁的人参加考试")
    // 一共有多少大于 20 岁的人参加考试
    val a3: Long = student.filter(x => x._3 > 20).map(x => x._2).distinct.count
```

```scala
        println(s"一共有${a3}位大于20岁的人参加考试")

        //一共有多少男生参加考试
        val b1: Long = student.filter(x => x._4 == "男").map(x => x._2).distinct.count
        println(s"一共有${b1}个男生参加考试")
        //1班一共有多少人参加考试
        val b2: Long = student.filter(x => x._1 == 1).map(x => x._2).distinct.count
        println(s"1班一共有${b2}个人参加考试")

        //数学的平均成绩是多少
        val numMath: Double = student.filter(x => x._5 == "math").count().toDouble
        val sumMath: Double = student.filter(x => x._5 == "math").map(x => x._6).
reduce(_ + _).toDouble
        println(s"数学的平均成绩是${(sumMath / numMath).round}")
        //英语的平均成绩是多少
        val numEnglish: Double = student.filter(x => x._5 == "english").count().toDouble
        val sumEnglish: Double = student.filter(x => x._5 == "english").map(x =>
x._6).reduce(_ + _).toDouble
        println(s"英语的平均成绩是${(sumEnglish / numEnglish).round}")

        //1班的平均成绩是多少
        val sumScore1: Double = student.filter(x => x._1 == 1).map(x => x._6).sum
        val num1: Long = student.filter(x => x._1 == 1).count
        println(s"1班的平均成绩是${(sumScore1 / num1).round}")
        //1班男生的平均成绩是多少
        val manSumScore1: Double = student.filter(x => x._1 == 1 && x._4 ==
"男").map(x => x._6).sum
        val manNum: Long = student.filter(x => x._1 == 1 && x._4 == "男").count
        println(s"1班男生的平均成绩是${(manSumScore1 / manNum).round}")

        //全校语文最高分是多少
        val maxChinese: Int = student.filter(x => x._5 == "chinese").map(x => x._6).max
        println(s"全校语文最高分是${maxChinese}")
        //1班语文最低分是多少
        val minChinese1: Int = student.filter(x => x._1 == 1 && x._5 == "chinese").
map(x => x._6).min()
        println(s"1班语文最低分是${minChinese1}")
        //总成绩大于150分的1班的女生人数
        val tmp: Array[Iterable[Int]] = student.filter(x => x._1==1 && x._4==
"女").groupBy(x => x._2).map(x => x._2.map(x => x._6)).collect()
        println("总成绩大于150分的1班的女生有"+tmp.map(_.sum).toList.count(x => true)+"个")
    }
}
```

4.9 本章小结

　　本章主要讲解了 Spark RDD。首先，介绍了 RDD 的概念、创建方式以及常用算子，并通过大量实例进行讲解，让读者更深入地理解 RDD。接着，讲解了 RDD 的依赖关系和机制，使读者掌握 RDD 的重要特点。最后，讲解了 Spark 的任务调度流程和累加器。通过对本章的学习，读者可以全面了解 Spark 最核心、最基本的抽象 RDD，并能够熟练运用。

4.10　习题

1．填空题

（1）RDD（Resilient Distributed DataSet）的含义为_____，是 Spark 中最基本的_____。
（2）RDD 的 3 种创建方式为_____、_____、_____。
（3）RDD 代表一个_____、_____、_____的集合。
（4）RDD 的依赖关系分为_____、_____，区分两种依赖关系的最根本条件为_____。
（5）提交 Spark 的任务流程分为_____、_____、_____、_____4 个阶段。

2．选择题

（1）下列关于 RDD 特性的描述正确的是（　　）。
A．一组分片/区列表
B．两个计算每个分区的函数
C．多个 Partitioner
D．两个数据存储列表
（2）RDD 常用转换算子是（　　）。
A．countByKey()　　　B．foreach()　　　　　C．flatMap()　　　　D．reduce()
（3）Spark 中 RDD 的计算是以分片为单位进行的，每个 RDD 都会实现（　）函数以达到
分片的目的（　　）。
A．Add()　　　　　　B．Computor()　　　　C．Partition()　　　D．Compute()
（4）RDD 只支持（　　）转换，即在大量记录上执行的单个操作。
A．细粒度　　　　　　B．粗粒度　　　　　　C．粗粒度和细粒度　D．以上都错
（5）RDD 通过触发后面的（　　），该 RDD 将会被缓存在计算节点的内存中。
A．Action　　　　　　B．Persist　　　　　　C．Cache　　　　　　D．Transformation
（6）以下操作中，哪个不是 Spark RDD 编程中的操作？（　　）
A．getLastOne()　　　B．filter()　　　　　　C．reduceByKey(func)　D．reduce()
（7）执行下述语句的结果是（　　）。
```
val rdd=sc.parallelize(Array(1,2,3,4,5))
rdd.take(3)
```
A．Array(1,2,3)　　　B．Array(2,3,4)　　　C．3　　　　　　　　D．6
（8）（多选）RDD 操作包括哪两种类型？（　　）
A．动作　　　　　　　B．分组　　　　　　　C．转换　　　　　　D．连接
（9）（多选）以下操作中，哪些是转换操作？（　　）
A．filter()　　　　　　B．reduceByKey()　　C．first()　　　　　　D．count()
（10）（多选）以下操作中，哪些是动作操作？（　　）
A．reduce()　　　　　B．collect()　　　　　C．groupByKey()　　D．map()

3．思考题

（1）reduceByKey 和 groupByKey 的区别是什么？

（2）RDD 的容错机制是什么？

4．编程题

根据实战训练 4-3，回答如下问题。

（1）2 班英语最高分是多少？

（2）一共有多少个 20 岁的人参加考试？

（3）全校的语文平均成绩是多少？

第5章 Spark SQL、DataFrame 和 DataSet

本章学习目标

- 了解 Spark SQL 的概念以及架构。
- 掌握 DataFrame 和 DataSet 的概念。
- 掌握 DataFrame 和 DataSet 的创建方式。
- 掌握执行 Spark SQL 的方式。
- 掌握 Spark SQL 与 DataFrame 的常用操作。
- 了解编译 Spark 源码并将其导入 IDEA 的方法。

Spark SQL、DataFrame
和 DataSet

随着 Spark 版本的迭代，Spark RDD 的不足之处开始显现。由于它处于底层，实际开发效率较低，因此，Spark 开发者对 Spark RDD 进行了封装，从而诞生了 Spark SQL、DataFrame 和 DataSet。Spark SQL 的主要作用是处理结构化数据，可以对 Spark 数据执行类 SQL 查询，是 Spark 框架的重要组件。DataFrame 和 DataSet 在数据处理方式、API 设计和使用场景上存在差异。DataFrame 适用于对结构化数据进行简单操作和分析，DataSet 则更加灵活，可以处理多种类型的数据，并支持流处理和批处理两种模式。用户可以根据具体需求选择合适的工具。自 Spark 1.3 发布后，其更完整地表达了 Spark SQL 的意图：让开发者使用更简洁的代码处理尽量少的数据，同时让 Spark SQL 自动优化执行过程，以达到降低开发成本，提升数据分析的执行效率的目的。

5.1 Spark SQL 简介

5.1.1 Spark SQL 的概念

Spark SQL 是用于处理结构化数据的 Spark 模块，如图 5.1 所示。它提供了一种名为 DataFrame 的可编程抽象数据模型，可以被视为分布式 SQL 查询引擎。Spark SQL 能够直接处理 RDD，也支持对 Parquet 文件或 JSON 文件，以及关系数据库中的数据和 Hive 表的处理。

Shark 是 Spark SQL 的前身，是一种分布式 SQL 查询工具，它的设计目标是兼容 Hive。Hive 属于一种用户能够快速上手的工具，特别适合熟悉 RDBMS 但对 MapReduce 技术不够理解的技术人员。它是当时唯一运行在 Hadoop 上的 SQL 工具。然而，MapReduce 计算过程中大量的磁盘读写消耗了大量的 I/O，导致运行效率低。为了提高 SQL 的效率，大量的 SQL 工具开始出现。Shark 作为伯克利实验室 Spark 生态环境的组件之一，它修改了内存管理、物理计划和执行 3 个模块，并使之能在 Spark 引擎上运行，从而使得 SQL 查询速度提升了数百倍。

图 5.1　Spark SQL

随着 Spark 的发展，对 Spark 技术人员来说，Shark 对 Hive 有着太多的依赖（例如利用 Hive 的语法解析器、结果优化查询器等），对 Spark 各个组件的相互集成都有所制约。因此，人们又提出了 Spark SQL 项目。Spark SQL 抛弃了 Shark 原有的代码，汲取了 Shark 的一些优点，例如内存中的列存储、Hive 兼容性等，Spark SQL 在多个方面的性能都得到了优化。由于摆脱了对 Hive 的依赖，Spark SQL 在多个方面的性能都得到了极大的提升，例如数据兼容、性能优化、组件扩展等。

（1）数据兼容。Spark SQL 在兼容 Hive 的同时，还可以从 RDD、Parquet 文件、JSON 文件中获取数据。后续的版本甚至支持获取 RDBMS 数据以及 Cassandra 等 NoSQL 数据。

（2）性能优化。除了采取多种优化技术，例如内存中的列存储、字节的生成技术等，Spark SQL 后续将会引入成本模型对查询进行动态评估，以获取最佳物理计划等。

（3）组件扩展。Spark SQL 重新定义了 SQL 的语法解析器、分析器、优化器，方便进行扩展。

Hive 将 Hive SQL 转换成 MapReduce 提交到集群上执行，从而大大降低了编写 MapReduce 程序的复杂性。由于 MapReduce 这种计算模型执行效率较低，因此提出了 Spark SQL。Spark SQL 将复杂的 SQL 语句转换成多个简单的 RDD 操作，然后提交到集群执行，执行效率非常高。Spark SQL 在 Hive 兼容层面仅依赖 HiveQL 解析和 Hive 元数据，也就是说，从 HiveQL 被解析成抽象语法树（AST）起，就全部由 Spark SQL 接管了。Spark SQL 执行计划的生成和优化都由 Catalyst（函数式关系查询优化框架）负责。Spark SQL 增加了 DataFrame（即带有 Schema 信息的 RDD），用户可以在 Spark SQL 中执行 SQL 语句。数据既可以来自 RDD，也可以来自 Hive、HDFS、Cassandra 等外部数据源，还可以是 JSON 格式的数据。

5.1.2　Spark SQL 的特点

（1）易整合，可以将 SQL 查询和 Spark 程序无缝混合，如图 5.2 所示。Spark SQL 允许使用 SQL 或者熟悉的 DataFrame API 来查询结构化数据，并提供了可用于 Java、Scala、Python 和 R 等语言的 API 操作。

（2）统一的数据访问方式，以相同的方式连接到任何数据源，如图 5.3 所示。DataFrame 和 SQL 提供了一种通用的数据访问方式，可以使用相同的方式连接到多种数据源，包括 Hive、Avro、Parquet、ORC、JSON 和 JDBC 等，并且可以跨这些数据源连接数据。

（3）兼容 Hive，可在现有仓库上运行 SQL 或 HiveQL 查询，如图 5.4 所示。Spark SQL 支持 HiveQL 语法，支持 Hive SerDes 和用户自定义函数（UDF），允许访问已有的 Hive 仓库。Hive On

Spark 依然比较流行，支持结构化数据和用户自定义函数，例如 sum()、avg()、count()和自定义聚合函数（User Defined Aggregate Function，UDAF），可以输入多个值并返回一个结果。

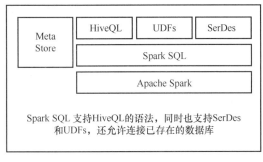

```
results = spark.sql(
  "SELECT * FROM people")
names = results.map(lambda p: p.name)
```

Apply functions to results of SQL queries.

图 5.2 易整合

```
spark.read.json("s3n://...")
  .registerTempTable("json")
results = spark.sql(
  """SELECT *
     FROM people
     JOIN json ...""")
```

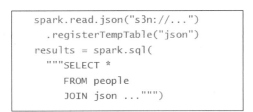

图 5.3 统一的数据访问方式

（4）标准的数据连接，如图 5.5 所示。服务器模式为商业智能工具提供符合行业标准的 JDBC 和 ODBC 连接。

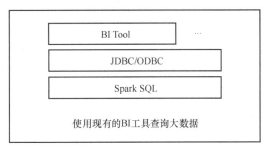

图 5.4 兼容 Hive

图 5.5 标准的数据连接

（5）性能和可伸缩性，Spark SQL 采用基于成本的优化器、列存储和代码生成，以提高查询速度。Spark SQL 可以使用 Spark 引擎扩展数千个节点和多个小时的查询，提供了完整的查询中间容错功能，无须担心使用不同引擎的历史数据。

5.1.3 Spark SQL 的运行架构

在关系数据库中，基本的 SQL 查询语句（如 SELECT a1,a2,a3 FROM tableA WHERE a1>5），由 Projection（a1,a2,a3）、Data Source（tableA）、Filter（a1>5）组成，分别对应 SQL 查询过程中的 Result、Data Source、Operation，也就是说 SQL 语句按 Result→Data Source→Operation 的顺序来描述，如图 5.6 所示。

实际执行 Spark SQL 语句的过程是按 Operation → Data Source → Result 的顺序来进行的，与 SQL 语句执行顺序刚好相反，具体执行过程如下。

（1）词法和语法解析（Parse）：对读入的 SQL 语句进行解析，分辨出 SQL 语句中的关键词（如 SELECT、FROM、WHERE）、表达式、Projection、Data Source 等，从而判断 SQL 语句是否规范。

（2）绑定（Bind）：对 SQL 语句和数据库的数据字典（如列、表、视图等）进行绑定，如果相关的 Projection、Data Source 等都存在的话，就表示这条 SQL 语句是可以被执行的。

（3）优化（Optimize）：一般的数据库会提供几个执行计划，这些计划一般都有运行统计数据，数据库会在这些计划中选择一个最优计划。

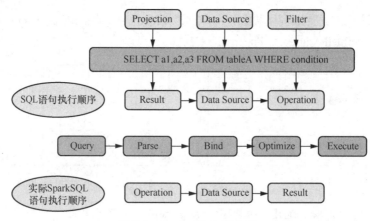

图 5.6　Spark SQL 运行架构

（4）计划执行（Execute）：执行前面步骤获取的最优执行计划，返回从数据库中查询的数据集。

关系数据库在运行过程中，会在缓冲池缓存解析过的 SQL 语句，如果在后续的过程中能缓存 SQL，那么不需要读取物理表就可以返回结果，比如重新执行刚执行过的 SQL 语句，可直接从数据库的缓冲池中获取返回结果。

5.2　DataFrame 基础知识

5.2.1　DataFrame 概念

DataFrame 是按照命名列的形式组织的分布式数据集，它是以 RDD 为基础的分布式数据集，类似于传统数据库中的二维表格。DataFrame 是 Spark SQL 中的主要数据结构，一张 SQL 数据表可以被映射为一个 DataFrame 对象。DataFrame 与 RDD 的主要区别在于，前者带有 Schema 元信息，即 DataFrame 所表示的数据集的每一列都带有名称和类型。这使得 Spark SQL 可以洞察更多的结构信息，从而对 DataFrame 背后的数据源以及作用于 DataFrame 之上的变换进行针对性的优化，最终达到大幅提升运行时效率的目标。反观 RDD，由于无从得知所存数据元素的具体内部结构，Spark Core 只能在 Stage 层面进行简单、通用的流水线优化。RDD 与 DataFrame 的关系如图 5.7 所示。

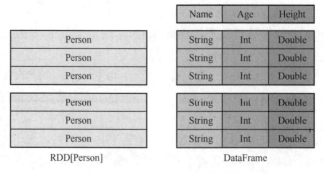

图 5.7　RDD 与 DataFrame 的关系

图 5.7 中左侧的 RDD[Person]虽然以 Person 为类型参数，但 Spark 框架本身不了解 Person

类的内部结构。而右侧的 DataFrame 提供了详细的结构信息，使得 Spark SQL 可以清楚地知道该数据集中包含哪些列，每列的名称和类型各是什么。了解了这些信息之后，Spark SQL 的查询优化器就可以进行针对性的优化。由于 DataFrame 提供详尽的类型信息，在编译期就可以编译出更加有针对性、更加优化的可执行代码。简单来说，DataFrame=RDD+Schema，DataFrame 就是带有 Schema 信息的 RDD。

5.2.2 创建 DataFrame 对象

在 Spark 1.6.1 中内置了一个 SQLContext，但在 Spark 2.x 中，不再使用 SQLContext 创建 DataFrame 和执行 SQL 的入口点，建议使用 SparkSession 替代 SQLContext 来对数据进行加载、转换和处理。在使用 Spark Shell 时，客户端已经提供了以 sc 命名的 Spark Context 对象和以 Spark 命名的 SparkSession 对象，省略了创建的步骤，可以直接使用。

启动 Spark Shell 客户端，具体命令如下。

```
spark-shell --master local[2]
```

接下来通过一个简单的例子演示创建 DataFrame。

（1）在本地创建一个 TXT 类型文件，其中有 3 列属性，分别是 id、name、age，换行加入 3 行数据，用空格符分隔，使用 HDFS 将其上传到集群，使 HDFS 的目录中有该 TXT 文件，具体代码如下。

```
hdfs dfs -put person.txt /data/
```

（2）Spark 提供了接口，让用户可以实时与 Spark 服务交互，发出代码指令而不需要等待所有代码编写完毕。使用 Spark Shell 执行下面的命令，读取数据源并将其转化为 RDD，然后使用列分隔符分隔每一行的数据，具体代码如下。

```
scala> val lineRDD=sc.textFile("hdfs://node01:9000/person.txt").map(_.split(" "))
```

（3）在模式匹配和类定义中，可以看到 case 关键字。类加上 case 关键字意味着生成一个 case class，而定义 case class 的同时也会自动生成一个伴生对象。通过定义 case class 和其伴生对象，可以为 RDD 提供一个 Schema。具体代码如下。

```
scala> case class Person(id:Int,name:String,age:Int)
```

（4）将 RDD 和 case class 关联，具体代码如下。

```
scala> val personRDD = lineRDD.map(x => Person(x(0).toInt, x(1), x(2).toInt))
```

（5）将 RDD 转换成 DataFrame，具体代码如下。

```
scala> val personDF = personRDD.toDF
```

（6）使用 show()方法输出 DataFrame 内容，具体代码如下。

```
scala> personDF.show
```

5.2.3 DataFrame 常用操作

DataFrame 支持两种风格的操作语法，即使用 DSL 风格的语法和使用 SQL 风格的语法。这实现两种语法的差别很小，主要是为了符合不同开发者的操作习惯。读者可以根据自己的习惯选择操作方式。下面以两种风格的语法为例，讲解操作方法。

1. DataFrame 的 DSL 操作

DSL 是 Domain Specific Language 的缩写，被翻译为领域专用语言。其基本思想是"求专不求全"，即专门针对某一特定问题的计算机语言。与通用编程语言（GPL）如 Objective-C、Java、Python 和 C 语言等相比，DSL 更加专注于特定领域的问题。在 Spark 中，DSL 风格的操作语法基于 DataFrame API，通过使用方法链的方式来实现数据的转换和操作。DSL 风格语法的具体代码如下。

（1）使用 show()方法输出 DataFrame 内容，具体代码如下。

```scala
scala> personDF.show
```

（2）查看 DataFrame 部分列中的内容，具体代码如下。

```scala
scala> personDF.select(personDF.col("name")).show
scala> personDF.select(col("name"), col("age")).show
scala> personDF.select("name").show
```

（3）输出 DataFrame 的 Schema 信息，具体代码如下。

```scala
scala> personDF.printSchema
```

（4）进行查询操作，查询姓名和年龄，修改年龄数值，具体代码如下。

```scala
scala> personDF.select(col("id"), col("name"), col("age") + 1).show
scala> personDF.select(personDF("id"), personDF("name"), personDF("age") + 1).show
```

（5）输出年龄大于 17 的数据，具体代码如下。

```scala
scala> personDF.filter(col("age") >= 18).show
```

（6）按年龄进行分组并统计年龄相同的人数，具体代码如下。

```scala
scala> personDF.groupBy("age").count().show()
```

（7）按照年龄从大到小查看数据，具体代码如下。

```scala
scala> personDF.sort(personDF("age").desc).show()
```

2. DataFrame 的 SQL 操作

DataFrame 支持关系数据查询，使用类似 SQL 查询的语法，在代码中使用 spark.sql()得到的结果以 DataFrame 形式返回。但是如果想使用 SQL 风格的操作语法，需要将 DataFrame 注册为临时表，具体代码如下。

```scala
scala> personDF.registerTempTable("t_person")
//查询年龄最大的前两名
scala> sqlContext.sql("select * from t_person order by age desc limit 2").show
//显示表的 Schema 信息
scala> sqlContext.sql("desc t_person").show
```

DataFrame 操作便捷，功能强大。对已经具备 SQL 操作经验的开发者来说，可以在短时间内掌握 DataFrame 的操作逻辑。

5.3 DataSet 基础知识

在 Spark 1.6 中添加了新接口 DataSet，即一个分布式的数据集。DataSet 拥有 RDD 的优点（强类型化，能够使用强大的函数）和 Spark SQL 执行引擎的优点，一个 DataSet 可以从 JVM 对象来构造并且使用转换功能（map、flatMap、filter 等）。在 Spark 2.x 后，DataSet 和 DataFrame 被合并，一个 DataFrame 由 DataSet 的一组指定列组成。在 Scala 和 Java 中，一个 DataFrame 代表的是一个有多行的 DataSet。在 Scala API 中，DataFrame 仅仅是一个 DataSet[Row]类型的别名。然而在 Java API 中，用户需要使用 DataSet 去代表 DataFrame，DataFrame=DataSet[Row]。

Spark 2.0 API 如图 5.8 所示。

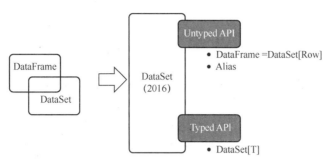

图 5.8　Spark 2.0 API

5.3.1　DataSet 编程

DataSet 和 DataFrame 的操作大致相同，下面通过一个经典案例 SQL WordCount 来演示 DataSet 的操作，具体代码如下。

```
def main(args: Array[String]): Unit = {
 // 在 Spark 2.0 中，使用 DataSet、DataFrame 以及 SQL 进行程序执行的入口是 SparkSession
 // 通过 builder() 方法，获取 SparkSession 对象
 val session: SparkSession = SparkSession.builder()
 .appName("xxx")
 .master("local")
// 类似于单例，有就使用，没有就创建
 .getOrCreate()
 // 读取数据，调用 read.textFile()方法
 val lines: DataSet[String] = session.read.textFile("wc.txt")
 // 收集数据到 Driver 端
 val collected: Array[String] = lines.collect()
 // 导入隐式转换才能使用 DataSet 的方法
 import session.implicits._
 val words: DataSet[String] = lines.flatMap(_.split(" "))
 // 用 SQL 的方式执行
 // 创建一个临时视图 ( 类似于表 )
 words.createTempView("t_words")
 val sql: DataFrame = session.sql("select value word,count(*) count from t_
words group by word order by
 count desc")
 sql.show()
 session.close()
}
```

5.3.2　DataSet 的 DSL 风格操作

下面通过 WordCount 案例演示 DSL 风格的 DataSet 操作，具体代码如下。

```
def main(args: Array[String]): Unit = {
// 在 Spark 2.0 中，使用 DataSet、DataFrame 以及 SQL 进行程序执行的入口是 SparkSession
// 通过 builder()方法，获取 SparkSession 对象
val session: SparkSession = SparkSession.builder()
```

```
    .appName("xxx")
    .master("local")
    .getOrCreate()
    //读取数据，调用 read.textFile()方法
    val lines: DataSet[String] = session.read.textFile("wc.txt")
    //收集数据到 Driver 端
    val collected:Array[String] = lines.collect()
    //必须导入隐式转换才能使用 DataSet 的方法
    import session.implicits._
    val words: DataSet[String] = lines.flatMap(_.split(" "))
    //不需要再进行单词和 1 的组装了，因为操作的是一张表，直接分组后调用聚合函数
    //此时必须导入默认的函数
    import org.apache.spark.sql.functions._
    val res: DataFrame = words.groupBy($"value").agg(count("*"))
    //使用 Spark DataFrame 对单词进行分组、聚合和排序，其中可以使用 as 指定列的别名
    val res2:DataFrame = words.groupBy($"value" as "word").agg(count("*") as
"counts").sort($"counts" desc)
    //分组后求组内 count，使用 count()方法一样可以实现
    val res3: DataFrame = words.groupBy($"value" as "word").count() // .sort
($"count" desc)
    //继续对 res3 调用 count()方法，返回的结果相当于数据表中的行数
    val res4: Long = res3.count()
    //重命名列名
    val sort: DataSet[Row] = words.groupBy($"value" as
"word").count().withColumnRenamed("count","countss").sort($"countss" desc)
    sort.show()
    words.show()
    //展示结果
    res3.show()
    println(s"counts = $res4" )
    session.close()
    }
```

5.4   将 RDD 转为 DataFrame 的操作

Spark 官方提供了两种方法将 RDD 转换为 DataFrame：第一种方法利用反射机制推断包含特定类型的对象的 Schema，适用于已知数据结构的 RDD 转换；第二种方法通过 StructType 类的无参构造函数构造一个 Schema，并将其应用在已知的 RDD 数据中。本节接下来将讲解这两种转换方法。

5.4.1   通过反射推断 Schema

计算机无法像人一样直观地理解字段的实际含义，因此需要通过反射机制来推断包含特定类型的对象的 Schema 信息。使用反射可以让代码更加简洁，并且可以通过样本的命名来读取数据并获取列名，将 RDD 隐式地转换为 SchemaRDD，最后将其注册成临时表，从而支持 SQL 语句的操作。下面演示通过反射推断 Schema。

（1）创建一个 Object 类，具体名称为 com.qf.spark.sql.InferringSchema，具体代码如下。

```
import org.apache.spark.{SparkConf, SparkContext}
```

```
import org.apache.spark.sql.SQLContext
object InferringSchema {
def main(args: Array[String]) {
  //创建 SparkConf()并设置 App 名称
  val conf = new SparkConf().setAppName("SQL-1")
  //SQLContext 依赖 SparkContext
  val sc = new SparkContext(conf)
  //创建 SQLContext 对象
  val sqlContext = new SQLContext(sc)
  //从指定的地址创建 RDD
  val lineRDD = sc.textFile(args(0)).map(_.split(" "))
  //创建 case class
  //将 RDD 和 case class 关联
  val personRDD = lineRDD.map(x => Person(x(0).toInt, x(1), x(2).toInt))
  //导入隐式转换，如果不导入则无法将 RDD 转换成 DataFrame
  //将 RDD 转换成 DataFrame
  import sqlContext.implicits._
  val personDF = personRDD.toDF
  //注册表
  personDF.registerTempTable("t_person")
  //将其传入 SQL
  val df = sqlContext.sql("select * from t_person order by age desc limit 2")
  //将结果以 JSON 的方式存储到指定位置
  df.write.json(args(1))
  //停止 SparkContext
  sc.stop()
}
  }
  case class Person(id: Int, name: String, age: Int)
```

（2）使用指令将程序封装成 JAR 包，上传到 Spark 集群，提交 Spark 任务，具体代码如下。

```
/usr/local/spark-1.6.1-bin-hadoop2.6/bin/spark-submit \
--class com.qf.spark.sql.InferringSchema \
--master spark://node1:7077 \
/root/spark-mvn-1.0-SNAPSHOT.jar \
hdfs://node1:9000/person.txt \
hdfs://node1:9000/out
```

（3）查看运行结果，具体代码如下。

```
hdfs dfs -cat hdfs://node1:9000/out/part-r-*
```

5.4.2　DSL 风格语法

下面通过 DSL 风格的语法进行编写，实现将 RDD 转换为 DataFrame 的操作，具体代码如下。

```
def main(args: Array[String]): Unit = {
val conf: SparkConf = new SparkConf()
conf.setMaster("local").setAppName("sql")
val sc: SparkContext = new SparkContext(conf)
//创建 Spark SQL 的操作对象
val sqlContext: SQLContext = new SQLContext(sc)
//准备数据，先从集合中准备
```

```
    val data: RDD[String] = sc.parallelize(Array("laoduan 9999 30", "laozhao 99
32","zs 99 28"))
    //数据预处理操作
    val rdd = data.map({
    arr =>
    //获取各属性值
    val fields: Array[String] = arr.split(" ")
    val name = fields(0)
    val fv = fields(1).toDouble
    val age = fields(2).toInt
    //创建一个 Row 对象，表示 Data Frame 中的一行数据
    Row(name, fv, age)
    })
    //将 RDD 关联 schema
    //StructType 里面封装的是对象的类型信息
    val schema: StructType = StructType(
    List(
    StructField("name", StringType),
    StructField("fv", DoubleType),
    StructField("age", IntegerType)
    ))
    val boyDF: DataFrame = sqlContext.createDataFrame(rdd, schema)
    //指定列名
    val df1: DataFrame = boyDF.select("name", "fv")
    //指定过滤条件
    val df2 = df1.where("fv > 90")
    //排序，默认采用升序排序，使用 sort()和 orderBy()方法都可实现
    //val df3 = df2.sort("fv")
    //如果按照指定的顺序排序，需要导入隐式转换
    import sqlContext.implicits._
    val df3 = df2.orderBy($"fv" desc)
    val by: DataSet[Row] = boyDF.select("name","fv").where("fv > 90").orderBy($"fv" desc)
    //查看结果
    df3.show()
    }
```

5.4.3 通过 StructType 直接指定 Schema

StructType 是一个 case class，一般用于构建 Schema。因为 Schema 是 case class，所以使用时可以不用 new 关键字，将其传入序列、Java 的列表或 Scala 的数组都是可以的。当然，也可以用无参的构造函数来创建一个空的 Schema，因为 StructType 类中有一个无参构造函数。下面通过 StructType 直接指定 Schema，具体代码如下。

（1）创建 SpecifyingSchema，具体代码如下。

```
    import org.apache.spark.sql.{Row, SQLContext}
    import org.apache.spark.sql.types._
    import org.apache.spark.{SparkContext, SparkConf}
    object SpecifyingSchema {
    def main(args: Array[String]) {
    //创建 SparkConf()并设置 App 名称
    val conf = new SparkConf().setAppName("SQL-2")
```

```
//使 SQLContext 依赖 SparkContext
val sc = new SparkContext(conf)
//创建 SQLContext
val sqlContext = new SQLContext(sc)
//从指定的地址创建 RDD
val personRDD = sc.textFile(args(0)).map(_.split(" "))
//通过 StructType 直接指定每个字段的 schema
val schema = StructType(
  List(
    StructField("id", IntegerType, true),
    StructField("name", StringType, true),
    StructField("age", IntegerType, true)
  )
)
//将 RDD 映射到 rowRDD
val rowRDD = personRDD.map(p => Row(p(0).toInt, p(1).trim, p(2).toInt))
//将 schema 信息应用到 rowRDD 上
val personDataFrame = sqlContext.createDataFrame(rowRDD, schema)
//注册表
personDataFrame.registerTempTable("t_person")
//执行 SQL
val df = sqlContext.sql("select * from t_person order by age desc limit 4")
//将结果以 JSON 的方式存储到指定位置
df.write.json(args(1))
//停止 SparkContext
sc.stop()
  }
}
```

（2）将程序封装成 JAR 包，上传到 Spark 集群，提交 Spark 任务，具体代码如下。

```
/usr/local/spark-1.6.1-bin-hadoop2.6/bin/spark-submit \
--class com.qf.spark.sql.InferringSchema \
--master spark://node1:7077 \
/root/spark-mvn-1.0-SNAPSHOT.jar \
hdfs://node1:9000/person.txt \
hdfs://node1:9000/out1
```

（3）查看结果，具体代码如下。

```
hdfs dfs -cat  hdfs://node1:9000/out1/part-r-*
```

5.5　RDD、DataFrame 和 DataSet 的区别

5.5.1　RDD 的优缺点

（1）优点：编译时类型安全，编译中就能检查出类型错误；面向对象的编程风格，直接通过"类名."的方式来操作数据。

（2）缺点：序列化和反序列化的性能开销大，无论是集群间的通信，还是 I/O 操作都需要对对象的结构和数据进行序列化和反序列化；GC 的性能开销大，频繁地创建和销毁对象势必会增加 GC 的负担。

105

5.5.2　DataFrame 的优缺点

（1）优点：通过 Schema 和 off-heap，DataFrame 弥补了 RDD 的缺点；DataFrame 不受 JVM 的限制，没有 GC 的困扰。

（2）缺点：DataFrame 不是类型安全的，API 也不是面向对象风格的。

5.5.3　DataSet 的优缺点

（1）优点：与 RDD 类似，DataSet 也是类型安全的，可以在编译时检测到类型错误，因此可以避免很多运行时错误；相比 DataFrame，DataSet 有更好的性能，因为 DataSet 是类型安全的，编译时就能检查出类型错误，所以避免了运行时的转换开销。

（2）缺点：相比 DataFrame，DataSet 的开发难度较大，需要用户自己定义对象的类型信息，而 DataFrame 可以自动推断 Schema；相比 DataFrame，DataSet 的 API 有些冗长，需要用户自己定义对象的类型信息，并且需要显式地进行类型转换。

5.5.4　Spark SQL 的性能与优化

DataFrame 和 DataSet API 都是基于 Spark SQL 引擎构建的，它们使用 Catalyst 来生成优化后的逻辑和物理查询计划。由于所有用 R、Java、Scala 或 Python 编写的 DataFrame/DataSet API，以及所有关系查询底层使用相同的代码优化器，因此会获得空间和速度上的效率，从而提升了性能。尽管有类型的 DataSet[T] API 经过了数据处理任务的优化，但无类型的 DataSet[Row]（别名 DataFrame）运行得更快，适合用于交互式分析。

5.6　通过 Spark SQL 操作数据源

Spark SQL 能够通过 DataFrame 和 DataSet 操作多种数据源执行 SQL 查询，并且提供了多种数据源之间的转换方式。接下来，本节将讲解通过 Spark SQL 操作 MySQL、Hive 两种常见数据源的方法。

5.6.1　操作 MySQL 数据源

Spark SQL 可以通过 JDBC 从关系数据库中读取数据的方式创建 DataFrame，通过对 DataFrame 进行一系列的计算后，还可以将数据再写回关系数据库中。具体操作如下。

1. 使用 Spark Shell 方式，从 MySQL 中加载数据

（1）启动 Spark Shell，必须指定 MySQL 连接驱动 JAR 包，具体代码如下。
```
/usr/local/spark-1.6.1-bin-hadoop2.6/bin/spark-shell \
--master spark://node1:7077 \
--jars /usr/local/spark-1.6.1-bin-hadoop2.6/mysql-connector-java-5.1.35-bin.jar \
--driver-class-path /usr/local/spark-1.6.1-bin-hadoop2.6/mysql-connector-java
-5.1.35-bin.jar
```
（2）从 MySQL 中加载数据，具体代码如下。
```
scala> val jdbcDF =sqlContext.read.format("jdbc").options(Map("url" ->
```

```
"jdbc:mysql://node3:3306/bigdata", "driver" ->
"com.mysql.jdbc.Driver", "dbtable" ->
"person","user" ->
"root","password" ->
"root")).load()
```

（3）执行查询，具体代码如下。

```
scala>jdbcDF.show()
```

2. 使用打包方式，从 MySQL 中加载数据

（1）编写 Spark SQL 程序，具体代码如下。

```
import java.util.Properties
import org.apache.spark.sql.{SQLContext, Row}
import org.apache.spark.sql.types.{StringType, IntegerType, StructField,
StructType}
import org.apache.spark.{SparkConf, SparkContext}
object JdbcRDD {
def main(args: Array[String]) {
  val conf = new SparkConf().setAppName("MySQL-Demo")
  val sc = new SparkContext(conf)
  val sqlContext = new SQLContext(sc)
  //通过并行化创建 RDD
  val personRDD = sc.parallelize(Array("1 tom 5", "2 jerry 3", "3 kitty 6")).
map(_.split(" "))
  //通过 StructType 直接指定每个字段的 schema
  val schema = StructType(
    List(
      StructField("id", IntegerType, true),
      StructField("name", StringType, true),
      StructField("age", IntegerType, true)
    )
  )
  //将 RDD 映射到 rowRDD
  val rowRDD = personRDD.map(p => Row(p(0).toInt, p(1).trim, p(2).toInt))
  //将 schema 信息应用到 rowRDD 上
  val personDataFrame = sqlContext.createDataFrame(rowRDD, schema)
  //创建 Properties 存储数据库相关属性
  val prop = new Properties()
  prop.put("user", "root")
  prop.put("password", "123456")
  //将数据追加到数据库
personDataFrame.write.mode("append").jdbc("jdbc:mysql://192.168.88.130:3306/
bigdata", "bigdata.person", prop)
  //停止 SparkContext
  sc.stop()
}
  }
```

（2）将程序封装成 JAR 包提交到 Spark 集群，具体代码如下。

```
/usr/local/spark-1.6.1-bin-hadoop2.6/bin/spark-submit \
--class com.qf.spark.sql.JdbcRDD \
--master spark://node01:7077 \
--jars /usr/local/spark-1.6.1bin-hadoop2.6/mysql-connector-java-5.1.35-bin.jar \
```

```
--driver-class-path /usr/local/spark-1.6.1-bin-hadoop2.6/mysql-connector-java
-5.1.35-bin.jar \
/root/spark-mvn-1.0-SNAPSHOT.jar
```

5.6.2 操作 Hive 数据源

Apache Hive 是 Hadoop 上的 SQL 引擎，也是大数据系统中重要的数据仓库。Spark SQL 支持访问 Hive 数据仓库，并在 Spark 引擎中进行数据处理。下面介绍通过 Spark SQL 操作 Hive 数据仓库的步骤。

1. 复制配置文件

使用 scp 或 cp 命令复制 Hadoop 的 core-site.xml 和 Hive 的 hive-site.xml 两个配置文件到 Spark 的 conf 目录下，具体代码如下。

```
cp /export/servers/hadoop/etc/hadoop/core-site.xml /export/servers/spark/conf/
cp /export/servers/hive/conf/hive-site.xml /export/servers/spark/conf/
```

2. 进入 Spark 目录

进入 spark/bin 目录，具体代码如下。

```
cd /export/servers/spark
cd bin
```

3. 启动 Spark Shell

启动 Spark Shell，具体代码如下。

```
./spark-sql --master spark://node01:7077 --executor-memory 512m --total
-executor-cores 2 --driver-class-path /export/software/mysql
-connector-java-5.1.35-bin.jar
```

4. 操作 Hive

（1）创建表 person，具体代码如下。
```
spark-sql> create table person(id int, name string,age int, fv int) row
formadelimited fields terminated by ',';
```
（2）将数据加载到表，具体代码如下。
```
spark-sql> load data local inpath "/root/person.txt" into table person;
```
（3）查看数据，具体代码如下。
```
spark-sql> dfs -ls /user/hive/warehouse;
```
（4）查看表，具体代码如下。
```
spark-sql> select * from person where age > 20;
```
（5）删除表，具体代码如下。
```
spark-sql> drop table person;
```

实战训练 5-1：获取连续活跃用户的记录

【需求描述】

活跃用户数通常用于统计市场的用户规模，有助于相关人员了解市场的当前情况。根据活跃用户的增长情况，可以判断产品是否能够进行大规模推广。在本次训练中，我们将计算连续活跃用户。首先，需要新建一个名为 users.txt 的文本文件，本训练将 users.txt 中的模拟数据存储在本地电脑 D:\Development projects 目录下。该文件包含两列数据：用户编号 uid 和用户登录时间 dt。现在，我们将根据这些数据，获取连续登录天数大于或等于两天的用户记录。

【模拟数据】

文本文件 users.txt 中的模拟数据如下。

```
uid,dt
id01,2022-02-28
id01,2022-03-01
id01,2022-03-01
id01,2022-03-02
id01,2022-03-05
id01,2022-03-04
id01,2022-03-06
id01,2022-03-07
id02,2022-03-01
id02,2022-03-02
id02,2022-03-03
id02,2022-03-06
```

【代码实现】

本训练采用 SQL 风格进行实现，创建一个 ContinueActiveUser_SQL 类，具体代码如下。

```scala
package cn.qianfeng.qfedu.test
import org.apache.spark.sql.{DataFrame,SparkSession}
//连续活跃用户案例
//获取连续登录天数大于或等于两天的用户记录
object ContinueActiveUser_SQL {
  def main(args: Array[String]): Unit = {
    //获取 session
    val session: SparkSession = SparkSession
      .builder()
      .master("local[*]")
      .appName("")
      .getOrCreate()
    //纯 SQL 进行查询
    val df: DataFrame = session
      .read
      .option("header", "true")
      .csv("D:\\Development projects\\users.txt")
//          df.show()
    df.createTempView("view_log")
    /**
      * SQL 风格的写法
      */
    val df2: DataFrame = session.sql(
      """
        |
        |select
        |uid,
```

```
          |min(dt) as min_dt,
          |max(dt) as max_dt,
          |count(date_diff) as times
          |from
          |(select
          |uid,
          |dt,
          |date_sub(dt,dt_num) as date_diff
          | from
          |   (
          |       select
          |       uid,
          |       dt,
          |       row_number() over(partition by uid order by dt asc) as dt_num
          |       from
          |          (
          |          select
          |       distinct(uid,dt),uid,dt
          |       from view_log
          |          )t1
          | )t2)
          | group by uid,date_diff having times>=3
          |""".stripMargin)
            df2.show()
            session.stop()
      }
  }
```

【结果校验】

运行后结果输出如下。

```
+----+----------+----------+-----+
| uid|    min_dt|    max_dt|times|
+----+----------+----------+-----+
|id01|2022-02-28|2022-03-02|    3|
|id01|2022-03-04|2022-03-07|    4|
|id02|2022-03-01|2022-03-03|    3|
+----+----------+----------+-----+
```

实战训练 5-2：计算店铺销售额

【需求描述】

统计销售额可为店铺的运营决策提供重要的数据支撑，为实现精准营销提供基础。本训练进行店铺每月销售额的统计。新建一个 TXT 文档，将其命名为 shops.txt，本训练将 shops.txt 中的模拟数据存储在本地计算机 D:\Development projects 目录下。shops.txt 文本文件中的列对应的字段分别是商户编号 sid、日期 dt 和销售额 money 这 3 个字段。现在根据这些数据，计算每个店铺每月累计的销售额。

【模拟数据】

文本文件 shops.txt 中的模拟数据如下。

```
sid,dt,money
sid1,2022-01-18,500
sid1,2022-02-10,500
sid1,2022-02-10,200
sid1,2022-02-11,600
sid1,2022-02-12,400
sid1,2022-02-13,200
sid1,2022-02-15,100
sid1,2022-03-05,180
sid1,2022-04-05,280
sid1,2022-04-06,220
sid2,2022-02-10,100
sid2,2022-02-11,100
sid2,2022-02-13,100
sid2,2022-03-15,100
sid2,2022-04-15,100
```

【代码实现】

本训练分别采用 SQL 风格和 DSL 风格进行实现。

（1）使用 SQL 风格实现，创建一个 ShopMonthAdd_SQL 类，具体代码如下。

```scala
import org.apache.spark.sql.{DataFrame, SparkSession}
//店铺每月累计案例
object ShopMonthAdd_SQL {
    def main(args: Array[String]): Unit = {
        //获取 session
        val session: SparkSession = SparkSession
          .builder()
          .master("local[*]")
          .appName("")
          .getOrCreate()
        //每个店铺每个月的累计销售额
        //纯 SQL 进行查询
        val df: DataFrame = session
          .read
          .option("header", "true")
          .csv("D:\\Development projects\\shops.txt")
        //创建临时视图
        df.createTempView("view_shop")
        //使用 SQL 风格进行查询
        session.sql(
            """
                |select
                |sid,
                |mth,
                |sum(mth_money) over(partition by sid order by mth) as total_money
                |from
                |(
                |select
                |sid,
                |mth,
                |sum(money) as mth_money
```

```
                    |from
                    |(
                    |select
                    |sid,
                    |date_format(dt,"yyyy-MM") as mth,
                    |cast(money as double) as money
                    |from view_shop
                    |) t1 group by sid,mth) t2
                    |
                    |""".stripMargin).show()
        session.stop()
    }
}
```

（2）使用 DSL 风格实现，创建一个 ShopMonthAdd_DSL 类，具体代码如下。

```
import org.apache.spark.sql.expressions.Window
import org.apache.spark.sql.types.DataTypes
import org.apache.spark.sql.{DataFrame, SparkSession}
//店铺每月累计案例
object ShopMonthAdd_DSL {
    def main(args: Array[String]): Unit = {
        //获取 session
        val session: SparkSession = SparkSession
          .builder()
          .master("local[*]")
          .appName("")
          .getOrCreate()
        //每个店铺每个月的累计销售额
        //纯 SQL 进行查询
        val df: DataFrame = session
          .read
          .option("header", "true")
          .csv("D:\\Development projects\\shops.txt")
        /**
         * 使用 DSL 风格实现
         */
        import session.implicits._
        import org.apache.spark.sql.functions._
        df.select($"sid",
            'money.cast(DataTypes.DoubleType) as "money",
            expr("date_format(dt, 'yyyy-MM') as mth")
        ).groupBy("sid", "mth").
          sum("money")
          .withColumnRenamed("sum(money)", "mth_money")
          .select(
            $"sid",
            $"mth",
            sum("mth_money").over(Window.partitionBy("sid")
              .orderBy("mth")) as "total_money"
        ).show()
    }
}
```

【结果校验】

运行后结果输出如下。

```
+-----+-------+-----------+
| sid|    mth|total_money|
+-----+-------+-----------+
|sid1 |2022-01|      500.0|
|sid1 |2022-02|     2500.0|
|sid1 |2022-03|     2680.0|
|sid1 |2022-04|     3180.0|
|sid2 |2022-02|      300.0|
|sid2 |2022-03|      400.0|
|sid2 |2022-04|      500.0|
+-----+-------+-----------+
```

5.7　本章小结

本章主要讲解了 Spark SQL。首先介绍了 Spark SQL 的概念和架构，以及 DataFrame 和 DataSet 的定义和创建方式等，让读者对 Spark SQL 有了整体的认识。接着讲解了如何通过编程方式执行 Spark SQL 查询。最后讲解了 Spark 与 MySQL、Hive 等数据源结合的优势，可以使 Spark 发挥出更好的作用。通过阅读 Spark 源码，可以更好地理解 Spark 的整体编程思想并更好地使用它。

5.8　习题

1．填空题

（1）Spark SQL 是 Spark 用来处理结构化数据的一个模块，它提供了一个可编程抽象数据模型叫作_____，并且可作为分布式 SQL 查询的引擎。

（2）_____是按照命名列的形式组织的分布式数据集合。

（3）DSL 的含义是_____，其基本思想是_____。

（4）一张_____数据表可以映射为一个 DataFrame 对象。

2．选择题

（1）下列哪项不是 Spark SQL 的特点？（　　　）

A．易整合 　　　　　　　　　　B．多样的数据访问方式

C．兼容 Hive 　　　　　　　　　D．标准的数据连接

（2）Spark SQL 可以通过（　　　）从关系数据库中读取数据的方式创建 DataFrame。

A．Data 　　　　B．JDBC 　　　　C．Group add Manager 　　　　D．SQL

（3）下列关于 RDD 的优点描述正确的是（　　　）。

A．编译时类型不安全 　　　　　　B．面向对象的编程风格

C．序列化和反序列化的性能开销 　　D．GC 的性能开销

（4）Spark SQL 可以处理的数据源包括（　　　）。

A．Hive 表

B．数据文件、Hive 表、RDD

C．数据文件、Hive 表

D．数据文件、Hive 表、RDD、外部数据库

（5）下面关于 Spark SQL 架构的描述错误的是（　　　）。

A．在 Shark 原有的架构上重写了逻辑执行计划的优化部分，解决了 Shark 存在的问题

B．Spark SQL 在 Hive 兼容层面仅依赖 HiveQL 解析和 Hive 元数据

C．Spark SQL 执行计划的生成和优化都由 Catalyst（函数式关系查询优化框架）负责

D．Spark SQL 执行计划的生成和优化需要依赖 Hive 来完成

（6）下列说法正确的是（　　　）。

A．Spark SQL 的前身是 Hive

B．DataFrame 是以 RDD 为基础的分布式数据集

C．HiveContext 继承了 SQLContext

D．HiveContext 只支持 SQL 语法解析器

（7）以下操作中，哪个不是 DataFrame 的常用操作？（　　　）

A．printSchema()　　　　B．select()　　　　　　C．filter()　　　　　　D．sendto()

（8）下列选项中，可以从 RDD 转换得到 DataFrame 的方法是（　　　）。

A．利用反射机制推断 RDD 模式　　　　　　　B．使用编程方式定义 RDD 模式

C．利用投影机制推断 RDD 模式　　　　　　　D．利用互联机制推断 RDD 模式

3．思考题

（1）Spark SQL 的特点有哪些？

（2）Spark SQL 是如何实现数据的传递、查询等操作的？

第6章 Kafka 分布式发布–订阅消息系统

本章学习目标

- 掌握 Kafka 的原理及框架。
- 掌握 Kafka 的存储机制。
- 了解 Kafka 中的角色。
- 了解 Kafka 的消费流程。

Kafka 分布式发布–订阅消息系统

在流式计算的"三驾马车"——Kafka + Storm + Redis 中，Kafka 一般负责缓存数据，Storm 通过"消费"Kafka 的数据进行计算，Redis 负责存储数据。本章将学习"三驾马车"之一即 Kafka。Kafka 相当于一个分布式缓存器，具有高并发、高吞吐、高容错等强大特性，能够完成离线数据和实时处理需求的整合。

6.1 Kafka 简介

6.1.1 什么是 Kafka

Apache Kafka 是由 Apache 软件基金会开发的分布式发布-订阅消息系统（消息中间件），是使用 Scala 和 Java 编写的开源流处理平台。它具有快速、可扩展、高吞吐、可容错等特点，适合在大规模的消息处理场景中使用。在需要类似于 Hadoop 这样的离线分析系统进行实时处理时，Kafka 提供了解决方案，其目的是通过 Hadoop 的并行加载机制来统一处理在线和离线消息，从而为集群提供实时消息。Kafka 的功能模块如图 6.1 所示。

Kafka 在实际的生产环境中经常被用到，如在一个电商网站的后台系统中，生产者和消费者之间进行数据传输的场景。生产者负责实时生成用户的浏览、购买等行为数据，而消费者则负责处理这些数据，如进行分析、推荐或者存储。生产者每生产一个数据，消费者就消费一个数据。但是如果消费者在处理数据时出现了错误（系统宕机），那么就会导致新生产的数据丢失。此外，如果生产者的产量很大，每秒可以生产 100 个数据，但消费者每秒只能消费 50 个数据，那么就会导致消息堵塞，最终导致系统超时，消费者无法再消费数据。为了解决这些问题，可以设置一个中间层来缓存数据，Kafka 就是这样一种中间层。生产者产生的数据都被放到 Kafka 中，消费者从 Kafka 中获取数据，这样就可以避免数据丢失的问题。数据就像数据流一样在系统之间进行传输，也称为报文、消息。当消息队列满时，意味着 Kafka 已经不能再存储更多的数据了，这时可以通过增加 Kafka 的节点来扩容。

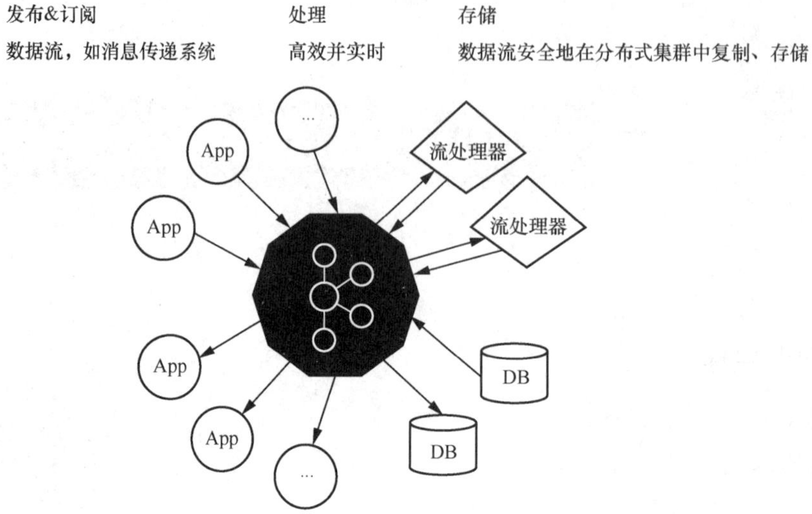

图 6.1　Kafka 的功能模块

与传统消息中间件服务（例如 RabbitMQ、Apache ActiveMQ）相比，Apache Kafka 有以下不同点。

（1）Apache Kafka 是分布式系统，易于向外扩展。

（2）Apache Kafka 同时提供高吞吐量的发布和订阅功能。

（3）Apache Kafka 支持多个订阅者，当有节点失败时可以自动平衡订阅者。

（4）Apache Kafka 将消息持久化到磁盘上，因此适用于批量消费，例如 ETL 以及实时应用程序。

6.1.2　消息系统简介

当消息系统将数据从一个应用传递到另一个应用时，应用只需要关注数据，无须关注数据在两个或多个应用之间如何进行传递。分布式消息传递基于可靠的消息队列，在客户端应用和消息系统之间异步传递消息。消息传递模式主要分为两种：点对点模式和发布-订阅模式。大多数消息系统选择发布-订阅模式。

1．点对点模式

在点对点模式中，消息被持久化到一个队列中。此时，将有一个或多个消费者去消费队列中的数据，但是一条消息只能被消费一次。当一个消费者消费了队列中的某条数据后，该条数据则从消息队列中被删除。该模式下即使有多个消费者同时消费数据，也能保证处理数据的顺序。点对点模式的特点是队列中的数据只能被消费一次。

2．发布-订阅模式

在发布-订阅模式中，消息被持久化到一个主题中。与点对点模式不同，消费者可以订阅一个或多个主题，消费者可以消费该主题中所有的数据。同一条数据可以被多个消费者消费，数据被消费后不会被立即删除。在发布-订阅模式中，消息的生产者称为发布者，消费者称为订阅者。发布-订阅模式的特点是主题中的数据可以被重复消费。

6.1.3　Kafka 术语

Kafka 属于分布式的消息引擎系统，其主要功能是提供一套完备的消息发布与订阅问题的解决方案。Kafka 术语解释如表 6.1 所示。

表 6.1　　　　　　　　　　　　　　　Kafka 术语解释

术语	解释
Broker	Kafka 集群包含一个或多个服务器，这种服务器被称为 Broker
Topic	每条被发布到 Kafka 集群的消息都有一个类别，这个类别被称为 Topic（物理上不同 Topic 的消息被分开存储。逻辑上一个 Topic 的消息虽然被保存于一个或多个 Broker 上，但用户只需指定消息的 Topic，即可生产或消费数据而不必关心数据被存于何处）
Partition	Partition 是物理上的概念，每个 Topic 包含一个或多个 Partition
Producer	负责发布消息到 Kafka Broker
Consumer	消息的消费者，从 Kafka Broker 读取消息的客户端
Consumer Group	每个 Consumer 属于一个特定的 Consumer Group（可为每个 Consumer 指定 Group Name，若不指定 Group Name 则属于默认的 Group）
Replica	Partition 的副本，保障 Partition 的高可用性
Leader	Replica 中的一个角色，Producer 和 Consumer 只与 Leader 交互
Follower	Replica 中的一个角色，从 Leader 中复制数据
Controller	Kafka 集群中的一个服务器，用来进行 Leader 选举以及各种故障转移

6.2　Kafka 与传统消息系统的区别

在真正的企业环境中，对于消息的传递工具，设计了多种方案和产品，本节针对比较有代表性的 Kafka 进行阐述，并进行简单的对比。

6.2.1　应用场景

Kafka 是一个高吞吐量、低延迟的分布式消息系统，因此适用于以下几种应用场景。

（1）实时流处理。Kafka 能够承载大规模的数据流，并在多个应用程序之间传递数据。它是一个可靠的、高性能的数据管道，可以用于实时流处理，例如流处理引擎、实时仪表盘和实时数据分析。

（2）数据的采集与传输。Kafka 可以用于将数据从各种来源（例如传感器、Web 应用程序、数据库等）收集并传输到数据湖、数据仓库或其他系统中，它能够缓存突发的数据、平衡流量和提供弹性。

（3）日志的收集与管理。Kafka 能够处理高吞吐量的日志数据，并将其发送到日志收集和分析系统中。它可以用于日志聚合、流处理、监控和警报等应用场景。

（4）实时数据管道。Kafka 作为一个可靠的、高吞吐量的数据管道，可以将数据从生产者传输到多个消费者，适用于实时数据传输、数据同步、数据备份和复制等应用场景。

Kafka 的应用场景非常广泛，尤其是在大规模数据处理、流处理、实时数据处理和数据传输等方面表现出色。

6.2.2 架构模型

RabbitMQ 遵循 AMQP，RabbitMQ 的 Broker 由 Exchange、Binding、Queue 等组成，其中 Exchange 和 Binding 组成消息的路由键。客户端 Producer 通过连接 Channel 和 Server 进行通信，Consumer 从 Queue 获取消息进行消费（长连接，Queue 会将消息推送到 Consumer 端，Consumer 循环从输入流读取数据）。RabbitMQ 以 Broker 为中心，有消息确认机制。

Kafka 遵循一般的 MQ 结构，由 Producer、Broker 和 Consumer 等组成，以 Broker 为中心，消息的消费信息被保存在客户端 Consumer 上。Consumer 根据消费的信息，从 Broker 上批量拉取数据，没有消息确认机制。

6.2.3 吞吐量

相比传统消息系统，Kafka 在吞吐量方面具有很大的优势。传统消息系统通常使用点对点模式，其中每个消息只能被一个消费者消费。这意味着在高负载情况下，系统很容易受到限制，无法处理所有消息。此外，传统消息系统通常将消息持久化到磁盘中，这会降低系统的吞吐量。

Kafka 采用了发布-订阅模式，它允许多个消费者同时订阅相同的主题，每个消费者都可以独立地消费相同的消息，这样可以提高系统的吞吐量。另外，Kafka 采用了内存和磁盘混合存储，可以快速地处理大量消息，并在必要时将消息持久化到磁盘中。

总的来说，Kafka 在吞吐量方面比传统消息系统有更好的表现，特别是在处理大量数据时。

6.2.4 可用性

Kafka 具有高的吞吐量，内部采用消息的批量处理和 Zero-copy 机制，数据的存储和获取是本地磁盘顺序批量操作，具有 O(1)的复杂度，消息处理的效率很高。RabbitMQ 支持 Mirror Queue，当主 Queue 失效时，Mirror Queue 会接管消息的传递。Kafka 的 Broker 支持主备模式。

6.2.5 集群负载均衡

Kafka 采用 ZooKeeper 对集群中的 Broker、Consumer 进行管理。可以将 Topic 注册到 ZooKeeper 上，通过 ZooKeeper 的协调机制，Producer 可以获取对应 Topic 的 Broker 信息，从而将消息随机或者轮询发送到对应的 Broker 上。此外，Producer 还可以基于语义指定分片，将消息发送到 Broker 的某个分片上。

6.3 Kafka 工作原理

6.3.1 Kafka 的拓扑结构

典型的 Kafka 集群包含多个 Producer、多个 Broker（Kafka 支持水平扩展，一般 Broker

数量越多，集群吞吐量越高）、多个 Consumer Group，以及一个 ZooKeeper 集群。Kafka 通过 ZooKeeper 来管理集群配置，并选举 Leader。Producer 使用 Push 模式将消息发布到 Broker，Consumer 使用 Pull 模式从 Broker 订阅并消费消息。Kafka 的拓扑结构如图 6.2 所示。

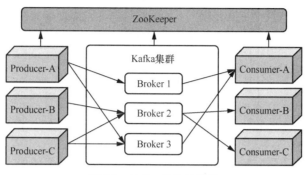

图 6.2　Kafka 的拓扑结构

Kafka 的拓扑结构的说明具体如下。

（1）Broker：因为 Kafka 的 Broker 是无状态的，所以 Broker 使用 ZooKeeper 来维护集群状态，Leader 的选举也由 ZooKeeper 负责。

（2）ZooKeeper：ZooKeeper 负责维护和协调 Broker。当 Kafka 系统中新增了 Broker 或者某个 Broker 发生故障而失效时，ZooKeeper 会通知生产者和消费者，以协调数据的发布和订阅任务。Producer 和 Consumer 根据 ZooKeeper 的 Broker 状态信息，和 Broker 进行协调，决定数据的发布和订阅任务。

（3）Producer：Producer 将数据推送到 Broker 上，当集群中出现新的 Broker 时，所有的 Producer 将会自动发现这个新的 Broker，并将数据发送到该 Broker 上。

（4）Consumer：因为 Kafka 的 Broker 是无状态的，所以 Consumer 必须使用 Partition Offset（偏移量）来记录消费了多少数据。如果一个 Consumer 指定了一个 Topic 的 Offset，意味着该 Consumer 已经消费了该 Offset 之前的所有数据。Consumer 可以通过指定 Offset，从 Topic 的指定位置开始消费数据。Consumer 的 Offset 被存储在 ZooKeeper 中。

6.3.2　分析 Kafka 工作流程

Kafka 将某个 Topic 的数据存储到一个或多个 Partition 中。每个 Partition 内的数据是有序的，每条数据都有一个唯一的索引，叫作 Offset。新的数据被追加到 Partition 的尾部，每条数据可以在不同的 Broker 上被备份，从而保证 Kafka 的可靠性。Producer 将消息发送到 Topic中，Consumer 可以选择多种消费方式消费 Kafka 中的数据。下面介绍两种消费方式的流程。Kafka 的工作流程及 Kafka 集群的运行流程分别如图 6.3、图 6.4 所示。

1．Consumer 订阅数据的流程

（1）Producer 将数据发送到指定的 Topic 中。

（2）Kafka 将数据以 Partition 的方式存储到 Broker 上。Kafka 支持数据均衡，例如 Producer 生成了两条消息，Topic 有两个 Partition，那么 Kafka 将在两个 Partition 上分别存储一条消息。

（3）Consumer 订阅指定 Topic 的数据。

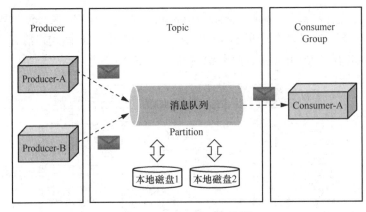

图 6.3　Kafka 的工作流程

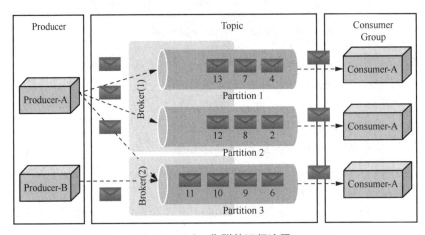

图 6.4　Kafka 集群的运行流程

（4）当 Consumer 订阅 Topic 中的消息时，Kafka 将当前的 Offset 发给消费者，同时将 Offset 存储到 ZooKeeper 中。

（5）Consumer 以特定的时间间隔（如 100ms）向 Kafka 请求数据。

（6）当 Kafka 接收到 Producer 发送的数据时，Kafka 将这些数据推送给 Consumer。

（7）Consumer 收到 Kafka 推送的数据，并进行处理。

（8）当处理完该条消息后，Consumer 向 Kafka Broker 发送一个该消息已被消费的反馈。

（9）当 Kafka 接到 Consumer 的反馈后，Kafka 更新 Offset，包括 ZooKeeper 中的 Offset。

（10）一直重复以上过程，直到 Consumer 停止请求数据。

（11）Consumer 可以重置 Offset，从而可以灵活消费被存储在 Kafka 上的数据。

2．Consumer Group 消费数据的流程

Kafka 支持 Consumer Group 内的多个 Consumer 同时消费一个 Topic，一个 Consumer Group 由具有同一个 Group ID 的多个 Consumer 组成。具体流程如下。

（1）Producer 发送数据到指定的 Topic。

（2）Kafka 将数据存储到 Broker 上的 Partition 中。

假设现在有一个 Consumer 订阅了一个 Topic，该 Topic 的名字为 Test，Consumer 的 Group

ID 为 Group1。此时 Kafka 的处理方式与只有一个 Consumer 时的一样。

（3）当 Kafka 接收到一个 Group ID 同样为 Group1、消费的 Topic 同样为 Test 的 Consumer 的请求时，Kafka 把数据操作模式切换为共享模式，此时数据将在多个 Consumer 上被共享。

（4）当 Consumer 的数量超过 Topic 的 Partition 数量时，新的 Consumer 将消费不到 Kafka 中的数据。因为 Kafka 给每一个 Consumer 至少分配了一个 Partition，一旦 Partition 都被指派给 Consumer 了，新的 Consumer 将不会再被分配 Partition。即一个 Partition 只能分配给一个 Consumer，一个 Consumer 可以消费多个 Partition。从而保证数据不被重复消费。

6.4　Kafka 集群的部署与测试

下面将具体讲解部署 Kafka 集群的基本流程。

6.4.1　集群部署的基础环境准备

（1）搭建 Java 环境。

（2）复制出 3 台虚拟机，3 台虚拟机的 IP 地址分别为 192.168.88.161、192.168.88.162、192.168.88.163。

（3）搭建部署 ZooKeeper 集群的环境。

6.4.2　安装 Kafka

（1）下载 Kafka 安装包。请自行前往官网下载 Kafka 安装包。

（2）解压 Kafka 安装包，具体命令如下。

```
tar -zxvf /export/software/kafka_2.11-0.8.2.2.tgz -C /export/servers
```

（3）分发安装包，具体命令如下。

```
scp -r /export/servers/kafka_2.11-0.8.2.2 192.168.88.162:$PWD
```

（4）修改配置文件，具体命令如下。

```
cd /export/servers/kafka_2.11-0.8.2.2/config
vim server.properties
```

修改第一台服务器的配置文件，具体代码如下。

```
#修改 broker_id
broker.id=0
num.network.threads=3
num.io.threads=8
socket.send.buffer.bytes=162400
socket.receive.buffer.bytes=162400
socket.request.max.bytes=104857600
#修改 log 路径
log.dirs=/export/servers/kafka_2.11-0.8.2.2/logs
num.partitions=2
num.recovery.threads.per.data.dir=1
offsets.topic.replication.factor=1
transaction.state.log.replication.factor=1
transaction.state.log.min.isr=1
log.flush.interval.messages=10000
```

```
log.flush.interval.ms=1000
log.retention.hours=168
log.segment.bytes=1073741824
log.retention.check.interval.ms=300000
#修改 ZooKeeper 连接
zookeeper.connect=node1:2181,node2:2181,node3:2181
zookeeper.connection.timeout.ms=6000 group.initial.rebalance.delay.ms=0
delete.topic.enable=true
#修改主机名
host.name=node1
```

修改第二台服务器的配置文件，具体代码如下。

```
#修改 broker_id
broker.id=1
num.network.threads=3
num.io.threads=8
socket.send.buffer.bytes=162400
socket.receive.buffer.bytes=162400
socket.request.max.bytes=104857600
#修改 log 路径
log.dirs=/export/servers/kafka_2.11-0.8.2.2/logs
num.partitions=2
num.recovery.threads.per.data.dir=1
offsets.topic.replication.factor=1
transaction.state.log.replication.factor=1
transaction.state.log.min.isr=1
log.flush.interval.messages=10000
log.flush.interval.ms=1000
log.retention.hours=168
log.segment.bytes=1073741824
log.retention.check.interval.ms=300000
#修改 ZooKeeper 连接
zookeeper.connect=node1:2181,node2:2181,node3:2181
zookeeper.connection.timeout.ms=6000
group.initial.rebalance.delay.ms=0
delete.topic.enable=true
#修改主机名
host.name=node2
```

修改第三台服务器的配置文件，具体代码如下。

```
#修改 broker_id
broker.id=2
num.network.threads=3
num.io.threads=8
socket.send.buffer.bytes=162400
socket.receive.buffer.bytes=162400
socket.request.max.bytes=104857600
log.dirs=/export/servers/kafka_2.11-0.8.2.2/logs
num.partitions=2
num.recovery.threads.per.data.dir=1
offsets.topic.replication.factor=1
transaction.state.log.replication.factor=1
```

```
transaction.state.log.min.isr=1
log.flush.interval.messages=10000
log.flush.interval.ms=1000
log.retention.hours=168
log.segment.bytes=1073741824
log.retention.check.interval.ms=300000
```
\#修改 ZooKeeper 连接
```
zookeeper.connect=node1:2181,node2:2181,node3:2181
zookeeper.connection.timeout.ms=6000
group.initial.rebalance.delay.ms=0
delete.topic.enable=true
```
\#修改主机名
```
host.name=node3
```

6.4.3　启动 Kafka 服务并进行测试

（1）启动集群，依次启动在 node1、node2、node3 上的 ZooKeeper 服务器，具体代码如下。

```
bin/zkServer.sh start conf/zoo.cfg
```
（2）依次启动在 node1、node2、node3 上的 Kafka 服务，具体代码如下。
```
nohup bin/kafka-server-start.sh config/server.properties &
```
（3）在任意服务器上创建一个 Topic，因为有 3 个 Kafka 服务，所以这里将 replication-factor 设为 3，具体代码如下。
```
bin/kafka-topics.sh --create --zookeeper 192.168.88.161:2181 --replication-
factor 3 -partitions 1 --topic 3test Created topic "3test".
```
（4）查看 Topic，此时的 Leader Kafka 为 node1，集群里有 3 个 Kafka 服务，查看能够正常使用的 Kafka 服务，具体代码如下。
```
bin/kafka-topics.sh --describe --zookeeper 192.168.88.161:2181
Topic:3test PartitionCount:1 ReplicationFactor:3 Configs:
Topic:3test Partition:0 Leader:node1 Replicas:node1,node2,node3  Isr: node1,
node2,node3
```
（5）在 node3 上启动一个 Producer，向 Kafka 集群中的 node2 发送消息，具体代码如下。
```
bin/kafka-console-producer.sh --broker-list 192.168.88.162:9092 --topic
3test this is a message to node2 broker
```
（6）停掉 node2 的 Kafka 服务，再次查看 Topic，此时可用的节点为 node1 和 node3，Leader 依然为 node1，这是因为 node1 的 Kafka 服务没有被停过，所以没有重新选举 Leader，具体代码如下。
```
bin/kafka-topics.sh --describe --zookeeper 192.168.88.161:2181
Topic:3test PartitionCount:1    ReplicationFactor:3 Configs:
Topic:3test Partition: 0 Leader: 161 Replicas: node1,node2,node3   Isr: node1,
node3
```
（7）在 node1 上启动一个 Consumer，具体代码如下。
```
bin/kafka-console-consumer.sh --zookeeper 192.168.88.161:2181 --topic 3test
--from-beginning
this is a message to node2 broker
```
经过测试，我们发现即使停掉了 node2，仍能够从 node1 和 node3 的 Kafka 服务上接收到发往 node2 的消息，这表明 Kafka 集群的可靠性得到了验证。

6.5 Kafka 的入门使用

6.5.1 Kafka 命令行的入门使用

前面介绍了 Kafka 的相关内容和集群的部署，下面介绍 Kafka 的常用命令。

（1）查看当前服务器中的所有 Topic，具体代码如下。

```
bin/kafka-topics.sh --list --zookeeper node1:2181
```

（2）创建 Kafka 的 Topic，具体代码如下。

```
bin/kafka-topics.sh --create --zookeeper node1:2181 --replication-factor 1 -
-partitions 1 --topic test
```

（3）删除 Kafka 的 Topic，具体代码如下。

```
bin/kafka-topics.sh --delete --zookeeper node1:2181 --topic test
```

注意：需要在 server.properties 中设置 delete.topic.enable=true，否则只标记删除或者直接重启。

（4）通过 Shell 命令向 Kafka 发送消息，具体代码如下。

```
bin/kafka-console-producer.sh --broker-list node1:9092 --topic test1
```

（5）通过 Shell 命令对 Kafka 消费消息，具体代码如下。

```
bin/kafka-console-consumer.sh --zookeeper node1:2181 --from-beginning
--topic test1
```

注意：在输入数据后如果发现输入错误，按 Ctrl+Backspace 组合键即可删除错误输入。

（6）查看 Kafka 的消费位置，具体代码如下。

```
bin/kafka-run-class.sh kafka.tools.ConsumerOffsetChecker --zookeeper
node1:2181 --group testGroup
```

（7）查看 Kafka 的某个 Topic 的详情，具体代码如下。

```
bin/kafka-topics.sh --topic test --describe --zookeeper node1:2181
```

（8）对 Kafka 的分区数进行修改，具体代码如下。

```
bin/kafka-topics.sh --zookeeper node1 --alter --partitions 15 --topic utopic
```

6.5.2 Kafka API 案例

前面已经对 Kafka 的脚本命令进行了讲解，接下来我们将通过 Kafka 的 API 对 Kafka 的消费者、生产者模式进行讲解。Kafka 的 Producer 能够将产生的数据发送到相应 Kafka 集群中的 Topic，而 Kafka 的 Consumer 则对 Kafka 集群中的 Topic 数据进行消费。

下面将会创建 3 个类，分别是 Consumer、Producer 和 Partition。在 Producer 端产生消息，Consumer 端接收消息，而 Partition 实现分区规则。具体代码如下。

（1）模拟 Producer，具体代码如下。

```
import java.util.Properties
import kafka.producer.{KeyedMessage, Producer, ProducerConfig}
object KafkaProducerDemo {
def main(args: Array[String]): Unit = {
    //指定把数据存放到哪个 Topic
    val topic = "kafkatest"
    //创建一个配置文件信息类
```

```
val props: Properties = new Properties()
//数据序列化编码类型
props.put("serializer.class", "kafka.serializer.StringEncoder")
//指定 Kafka 集群列表
props.put("metadata.broker.list","node1:9092,node2:9092,node3:9092")
//设置发送数据是否需要服务端的反馈，取值有 0、1、-1
props.put("request.required.acks","1")
//确定调用哪个分区器
props.put("partitioner.class","com.qf.kafkademo.CustomPartitioner")
//创建一个 Producer
val producer:Producer[String,String] = new Producer(new ProducerConfig(props))
//模拟生产数据
for (i <- 1 to 10000){
  val msg =s"$i: Producer send data"
  val keyedMessage: KeyedMessage[String, String] =
    new KeyedMessage[String, String](topic, msg)
  producer.send(keyedMessage)
  }
 }
}
```

模拟实现 Producer，可以将产生的数据发送到相应 Kafka 集群的 Topic 中，实现一个自己定义的分区。

（2）模拟 Consumer，具体代码如下。

```
import java.util.Properties
import java.util.concurrent.{ExecutorService, Executors}
import kafka.consumer._
import kafka.message.MessageAndMetadata
import scala.collection.mutable
//模拟实现 Consumer
class KafkaConsumerDemo(val consumer: String, val stream:
KafkaStream[Array[Byte], Array[Byte]]) extends  Runnable{
  override def run() = {
  val it: ConsumerIterator[Array[Byte], Array[Byte]] = stream.iterator()
  while (it.hasNext()){
    val data: MessageAndMetadata[Array[Byte], Array[Byte]] = it.next()
    val topic: String = data.topic
    val partition: Int = data.partition
    val offset: Long = data.offset
    val bytes: Array[Byte] = data.message()
    val msg: String = new String(bytes)
    println(s"Consumer: $consumer, Topic: $topic, Partition: " +
      s"$partition, Offset: $offset, Message: $msg")
  }
 }
}
```

模拟实现 Consumer，Kafka 提供了两种 Consumer API，分别是 High Level Consumer API 和 Low Level Consumer API（Simple Consumer API）。

• High Level Consumer API 是一种高度抽象的 Kafka Consumer API。它将具体的获取数据、更新 Offset、设置 Offset 等操作屏蔽掉，直接将操作数据流的处理工作提供给编写程序的人员。它的优点是操作简单，缺点是可操作性太差，无法按照业务场景选择处理方式。

* Low Level Consumer API 通过直接操作底层 API 获取 Kafka 中的数据，需要自行指定分区、Offset 等属性。它的优点是可操作性强，缺点是代码相对比较复杂。

（3）模拟自定义分区，具体代码如下。

```
KafkaConsumerDemo {
  def main(args: Array[String]): Unit = {
//指定读取哪个 Topic
val topic = "kafkatest"
//声明一个 Map，用来存储多个 Topic
val topics: mutable.HashMap[String, Int] = new mutable.HashMap[String, Int]()
topics.put(topic, 2)
//配置文件信息类
val props: Properties = new Properties()
//指定一个组（Consumer 集群）ID
props.put("group.id","group1")
//指定 ZooKeeper 集群的地址
props.put("zookeeper.connect","node1:2181,node2:2181,node3:2181")
//如果 ZooKeeper 的 Offset 值丢失或太大导致无法读取 Offset 值，设置一个初始 Offset 值
props.put("auto.offset.reset","smallest")
//把配置信息封装到 ConsumerConfig 对象里
val config: ConsumerConfig = new ConsumerConfig(props)
//创建 Consumer 实例
val consumer: ConsumerConnector = Consumer.create(config)
//获取所有 Topic 的数据流
val streams: collection.Map[String, List[KafkaStream[Array[Byte], Array
[Byte]]]] =  consumer.createMessageStreams(topics)
//获取指定 Topic 的数据流
val stream: Option[List[KafkaStream[Array[Byte],Array[Byte]]]] = streams.
get(topic)
//创建一个固定大小的线程池
val pool: ExecutorService = Executors.newFixedThreadPool(2)
for (i <- 0 until stream.size) {
  pool.execute(new KafkaConsumerDemo(s"Consumer: $i", stream.get(i)))
}
  }
}
```

模拟实现自定义分区的策略会把 Topic 的若干个连续的分区分配给 Consumer，Kafka 默认使用该策略。假设消费者 C1 和消费者 C2 同时订阅了主题 T1 和主题 T2，并且每个 Topic 有 3 个分区。那么消费者 C1 有可能被分配了这两个 Topic 的分区 0 和分区 1，而消费者 C2 被分配了这两个 Topic 的分区 2。因为每个 Topic 拥有奇数个分区，而分配是在 Topic 内独立完成的，消费者 C1 最后被分配了比消费者 C2 更多的分区。

6.6 Kafka 整合 Flume

本案例实现使用 Flume 监控某个目录下的所有文件，然后将文件收集并发送到 Kafka 消息系统中，实现步骤如下。

（1）下载 Flume 安装包，地址如下。

```
http://archive.apache.org/dist/flume/1.8.0/apache-flume-1.8.0-bin.tar.gz
```

（2）上传 Flume 安装包并进行解压，解压命令如下。

```
tar -zxvf apache-flume-1.8.0-bin.tar.gz -C /export/servers
```

（3）修改 Flume 的配置文件 flume.conf，其具体内容如下。

```
 a1.channels = c1
  a1.sinks = k1
 #指定将 source 收集到的数据发送到哪个管道
 a1.sources.r1.channels = c1
#指定 source 数据收集策略
 a1.sources.r1.type = spooldir
 a1.sources.r1.spoolDir = /export/servers/flumedata
a1.sources.r1.deletePolicy = never
 a1.sources.r1.fileSuffix = .COMPLETED
 a1.sources.r1.ignorePattern = ^(.)*\\.tmp$
 a1.sources.r1.inputCharset = GBK
 #指定管道为 memory，即表示数据都被装进 memory 中
a1.channels.c1.type = memory
#指定 sink 为 kafka sink，并指定 sink 从哪个管道中读取数据
 a1.sinks.k1.channel = c1
a1.sinks.k1.type = org.apache.flume.sink.kafka.KafkaSink
a1.sinks.k1.kafka.topic = test
a1.sinks.k1.kafka.bootstrap.servers = node01:9092,node02:9092,node03:9092
a1.sinks.k1.kafka.flumeBatchSize = 20
a1.sinks.k1.kafka.producer.acks = 1
```

（4）启动 Flume 开启监控，把文件放到 flumedata 文件夹下，更新文件会自动变为.COMPLETED 文件，具体命令如下。

```
bin/flume-ng agent --conf conf --conf-file conf/flume.conf --name a1 -
Dflume.root.logger=INFO,console
```

然后在 Kafka 中启动消费者，就会看到文件中的数据。

6.7　Kafka 涉及的问题

6.7.1　存储机制

Kafka 是一种高吞吐量的分布式消息系统，其存储机制是其关键优势之一。

（1）当 Broker 接收到数据时，会将数据先存储到系统缓存（Pagecache）中，以充分利用可用内存。

（2）使用 Sendfile 技术可尽量减少应用程序和操作系统之间的数据重复缓存。

（3）对于数据的写入，采用顺序写入的方式，其速度可达到理论上的 600MByte/s。

6.7.2　Kafka 是如何保证数据不丢失的

Kafka 通过多种机制来保证数据不丢失，包括以下几个方面。

（1）消息持久化：Kafka 将消息持久化到磁盘中，以防止数据丢失。在发送消息之后，

生产者会等待 Kafka 确认已经将消息写入磁盘中，然后才会认为消息发送成功。

（2）备份机制：Kafka 可以配置多个副本，每个副本保存一份完整的数据备份。当某个 Broker 宕机时，Kafka 可以自动将数据从其他副本中恢复，以确保数据的可靠性和高可用性。

（3）复制数据：Kafka 使用复制数据的方式来保证消息的可靠性。生产者在发送消息时可以指定消息的副本因子，即将消息复制到多少个副本中。如果某个副本出现故障，Kafka 会自动从其他副本中获取消息。

（4）重试机制：在网络抖动或其他故障情况下，Kafka 会自动尝试重新发送未能成功发送的消息，以确保消息能够被正确地传递。

（5）内存管理：Kafka 使用 Pagecache 将消息存储在内存中，以加速消息的读写操作。Pagecache 会尽可能地使用空闲内存，以提高访问数据的效率。

综合这些机制，Kafka 能够有效地保证消息的可靠性和高可用性，避免数据丢失。

6.7.3　如何消费已经被消费过的数据

Kafka 中的 Consumer Group 可以消费已经被消费过的数据。当一个 Consumer Group 订阅了一个 Topic 的 Partition 时，Kafka 会为该 Consumer Group 在该 Topic 的每个 Partition 上维护一个消费者位移（Consumer Offset）来表示该 Consumer Group 已经消费到了该 Partition 的哪个位置。消费者位移是一个不断递增的整数值，表示下一条将要被消费的消息在该 Partition 中的 Offset。

当启动 Consumer 时，它会向 Kafka Broker 发送一个获取消费者位移的请求，Kafka 会返回 Consumer Group 在该 Partition 上的最新位移值。Consumer 会从该位移值所表示的位置开始消费消息，将消费的位移不断更新，直到消费到最新的消息。

如果一个 Consumer 崩溃或下线，Kafka 会将该 Consumer Group 在该 Partition 上的消费者位移保存在 ZooKeeper 或 Kafka 内置的名为 consumer_offsets 的 Topic 中。当该 Consumer 再次被启动时，它会从 ZooKeeper 或名为 consumer_offsets 的 Topic 中获取该 Partition 的消费者位移，并从该位移所表示的位置继续消费消息。

6.7.4　Kafka Partition 和 Consumer 的数量关系

在 Kafka 中，每个 Topic 可以被分成多个 Partition，而每个 Partition 只能被一个 Consumer Group 中的一个 Consumer 消费。Partition 和 Consumer 的数量关系有以下 3 种情况。

（1）如果 Consumer 的数量超过 Partition 的数量，会导致浪费，这是因为 Kafka 是基于 Partition 进行并发处理的，而不是在单个 Partition 上进行并发处理。因此，不应该让 Consumer 的数量大于 Partition 的数量。

（2）如果 Consumer 的数量少于 Partition 的数量，一个 Consumer 将会对应多个 Partition，因此需要合理设置 Consumer 和 Partition 的数量，否则会导致 Partition 中的数据分布不均匀。最好让 Partition 的数量是 Consumer 的数量的整数倍，这样就可以方便地设置 Consumer 的数量。例如，设置 Partition 的数量为 24，则很容易设置 Consumer 的数量。

（3）如果 Consumer 从多个 Partition 读取数据，则无法保证数据的顺序，这是因为 Kafka 仅保证在单个 Partition 上的数据是有序的，而在多个 Partition 上，根据读取的顺序，数据的顺序可能不同。增加或减少 Consumer、Broker、Partition 的数量会导致分区再平衡，因此分区再平衡后，每个 Consumer 对应的 Partition 可能会发生变化。

6.7.5　Kafka Topic 副本问题

Kafka 的目标是尽可能将所有 Partition 均匀地分布在整个集群中。一种典型的部署方式是，一个 Topic 的 Partition 的数量要大于其 Broker 的数量。

在 Kafka 中，Producer 发布消息到某个 Partition 时，会先通过 ZooKeeper 找到该 Partition 的 Leader。无论该 Topic 的副本因子为多少（即该 Partition 有多少个副本），Producer 只会将该消息发送到该 Partition 的 Leader。Leader 将该消息写入其本地日志中。每个 Follower 从 Leader 拉取数据，这样可以确保 Follower 存储的数据顺序与 Leader 的保持一致。

6.7.6　ZooKeeper 如何管理 Kafka

ZooKeeper 是 Kafka 集群中必不可少的组件之一，主要负责管理和维护 Kafka 集群的元数据信息和状态。Kafka 通过 ZooKeeper 来实现 Broker 的协调和 Leader 选举等功能。ZooKeeper 主要负责以下 3 个方面的管理。

（1）Producer 端使用 ZooKeeper 来发现 Broker 列表，与 Topic 下的每个 Partition Leader 建立 Socket 连接并发送消息。

（2）Broker 端使用 ZooKeeper 来注册 Broker 信息，以及监测 Partition Leader 的存活状态。

（3）Consumer 端使用 ZooKeeper 来注册 Consumer 信息，其中包括 Consumer 消费的 Partition 列表等。同时，ZooKeeper 也用于发现 Broker 列表，与 Partition Leader 建立 Socket 连接并获取消息。

实战训练：使用 Kafka 生产车辆模拟信息

【需求描述】

随着车辆行业的迅速发展，车辆系统变得越来越复杂。为了有效控制车辆中各种电子装置，需要对车辆信息进行模拟调试。本次训练旨在模拟车辆信息，每条信息包含日期（date）、卡口编号（monitor_id）、摄像头编号（camera_id）、车牌号（car）、拍摄时间（action_time）、车速（speed）、道路编号（road_id）以及区域编号（area_id）等字段。Kafka 作为生产者，将消息输出到本地指定路径并保存到 monitor_action.log 文件。

【代码实现】

创建一个 MockData 类，实现具体代码如下。

```
package cn.qianfeng.qfedu.test
import java.io.{File, PrintWriter}
import java.text.SimpleDateFormat
import java.util.{Date, Properties}
import org.apache.kafka.clients.producer.{KafkaProducer, ProducerRecord}
import org.apache.spark.sql.SparkSession
import scala.util.{Properties, Random}
/**
 * 模拟数据，数据格式如下：
 *
```

```
 *  日期（date）、卡口编号（monitor_id）、摄像头编号（camera_id）、车牌号（car）、拍摄时间（action_
time）、车速（speed）、道路编号（road_id）、区域编号（area_id）
 * date         monitor_id        camera_id        car        action_time
    speed              road_id        area_id
 *
 * monitor_flow_action
 * monitor_camera_info
 *
 * @author Administrator
 */
object MockData {
  /**
   * 获取 n 位随机数
   *
   * @param index 位数
   * @param random
   * @return
   */
  def randomNum(index: Int, random: Random): String = {
    var str = ""
    for (i <- 0 until index) {
      str += random.nextInt(10)
    }
    str
  }
  /**
   * 生成一个随机数，并将其转换为字符串。如果生成的随机数小于 10，则在字符串前面填充 0，以实现
指定的位数
   * @param random
   * @param num 随机范围
   * @param index 填充位数
   * @return
   */
  def fillZero(random: Random, num: Int, index: Int): String = {
    val randomNum = random.nextInt(num)
    var randomNumStr = randomNum.toString
    if (randomNum < 10) {
      randomNumStr = ("%0" + index + "d").format(randomNum)
    }
    randomNumStr
  }
  /**
   * 初始化一个输出流
   * @param path
   * @return
   */
  def initFile(path: String): PrintWriter = {
    new PrintWriter(new File(path))
  }
  /**
   * 往文件中写数据
```

```scala
     * @param pw
     * @param content
     */
    def writeDataToFile(pw: PrintWriter, content: String): Unit = {
      pw.write(content + "\n")
      pw.flush()
    }
    /**
     * 关闭文件流
     * @param pw
     */
    def closeFile(pw: PrintWriter): Unit = {
      pw.close()
    }
    /**
     * 初始化 Kafka 生产者
     * @return
     */
    def initKafkaProducer(): KafkaProducer[String,String] = {
      val props = new Properties()
      props.put("bootstrap.servers", "192.168.88.161:9092")
      props.put("acks", "all")
      props.put("key.serializer", "org.apache.kafka.common.serialization.String
Serializer")
      props.put("value.serializer", "org.apache.kafka.common.serialization.Stri
ngSerializer")
      new KafkaProducer[String, String](props)
    }
    /**
     * 将数据写入 Kafka 中
     * @param producer
     * @param content
     */
    def writeDataToKafka(producer: KafkaProducer[String,String], content: String):
 Unit = {
      producer.send(new ProducerRecord[String, String]("RoadRealTimeLog", content))
    }
    /**
     * 关闭 Kafka 生产者
     * @param producer
     */
    def closeKafka(producer: KafkaProducer[String, String]): Unit = {
      producer.close()
    }
    /**
     * 模拟数据
     */
    def mock() {
      //初始化文件输出流
      val pw = initFile("D:\Development projects\monitor_action.log")
      //初始化 Kafka 生产者
```

```
      val producer = initKafkaProducer()
      val random = new Random()

      val locations = Array("鲁", "京", "豫", "京", "沪", "赣", "津", "深", "黑", "粤")
      //日期，如 2020-06-06
      val day = new SimpleDateFormat("yyyy-MM-dd").format(new Date())
      /**
       * 模拟 3000 辆车
       */
      for (i <- 0 until 3000) {
        //模拟车牌号，如京 A00001
        val car = locations(random.nextInt(10)) + (65 + random.nextInt(26)).
  asInstanceOf[Char] + randomNum(5, random)
        //模拟拍摄时间，如 2020-06-06 11
        var baseActionTime = day + " " + fillZero(random, 24, 2)
        /**
         * 这里的 for 循环模拟每辆车经过不同的卡口、不同的摄像头
         */
        for (j <- 0 until random.nextInt(300)) {
          //模拟每辆车每被 30 个摄像头拍摄后，时间上累计加 1h。这样做使数据更加真实
          if (j % 30 == 0 && j != 0) {
            var nextHour = ""
            val baseHour = baseActionTime.split(" ")(1)
            if (baseHour.startsWith("0")) {
              if (baseHour.endsWith("9")) {
                nextHour = "10"
              } else {
                nextHour = "0" + (baseHour.substring(1).toInt + 1).toString
              }
            } else if (baseHour == "23") {
              nextHour = fillZero(random, 24, 2)
            } else {
              nextHour = (baseHour.toInt + 1).toString
            }
            baseActionTime = day + " " + nextHour
          }
          val actionTime = baseActionTime + ":" + fillZero(random, 60, 2) + ":"
  + fillZero(random, 60, 2)
          val monitorId = fillZero(random, 10, 4)
     //模拟车速，范围为 1~200km/h
          val speed = random.nextInt(200) + 1
     //模拟道路编号，范围为 1~50
          val roadId = random.nextInt(50) + 1
      //5 位的摄像头编号
          val cameraId = "0" + randomNum(4, random)
     //模拟区域编号，一共有 8 个区域：01~08
          val areaId = fillZero(random, random.nextInt(8) + 1, 2)
          //将数据写入文件中
          val content = day + "\t" + monitorId + "\t" + cameraId + "\t" + car +
  "\t" + actionTime + "\t" + speed + "\t" + roadId + "\t" + areaId
```

```
        writeDataToFile(pw, content)

        writeDataToKafka(producer, content)

        Thread.sleep(50)
      }
    }
    closeFile(pw)
    closeKafka(producer)
  }
  def main(args: Array[String]): Unit = {
    mock()
  }
}
```

【结果校验】

查看 IDEA 控制台的输出结果，如图 6.5 所示。

6.8　本章小结

本章主要介绍了分布式发布-订阅消息系统 Kafka。首先阐述了 Kafka 的相关概念以及三大特性（高并发、高吞吐、高容错），并对消息系统进行相关介绍，对比传统消息系统，凸显 Kafka 的强大功能。接着详细讲解了 Kafka 的安装和集群部署、入门使用以及与其他组件的整合，让读者对 Kafka 的基本操作有了一定的理解。最后，探讨了 Kafka 所涉及的问题和解决方案，这部分内容在操作中经常遇到，需要重点掌握。

6.9　习题

1．填空题

（1）_____是由软件基金会开发的分布式发布-订阅消息系统（消息中间件）。

（2）消息传递模式主要分为两种，分别是_____、_____。

（3）Kafka 的三大特性：_____、_____、_____。

（4）Kafka 的拓扑结构中，Kafka 的_____是无状态的。

（5）在_____系统中，消息被持久化到一个 Topic 中。

2．选择题

（1）下列关于 Kafka 术语的描述错误的是（　　　）。

A．生产者，就是它来生产"鸡蛋"的

B．消费者，生产出的"鸡蛋"它来消费

C．生产者每生产出来一个鸡蛋就贴上两个 Topic

D．Kafka 集群包含一个或多个服务器，这种服务器被称为 Broker

（2）下列哪个不是 Kafka 中的角色？（　　　）

A．Topic　　　　　　　B．Group　　　　　　　C．Producer　　　　　D．Consumer

（3）下列关于 Kafka 的拓扑结构的描述正确的是（　　　）。

A．Kafka 的 Broker 是有状态的，Broker 使用 ZooKeeper 来维护集群状态

B．ZooKeeper 负责维护和协调 Broker

C．生产者不会将数据推送到 Broker 上

D．Consumer 必须使用 Partition 来记录消费了多少数据

（4）一个 Topic 可以被分为多个（　　　），每个 Partition 是一个有序的队列。

A．Stage　　　　　　B．Topic　　　　　　　C．Job　　　　　　　　D．Partition

（5）每个 Group 中可以有多个 Consumer，每个 Consumer 属于一个（　　　）。

A．Consumer　　　B．Producer　　　　　C．Consumer Group　　D．Group

（6）下列哪个不是 Kafka 中的概念？（　　　）

A．Topic　　　　　B．Producer　　　　　C．Consumer　　　　　D．DataNode

（7）下列选项中，哪个不是 Kafka 的优点？（　　　）

A．解耦　　　　　B．高吞吐量　　　　　C．高并发　　　　　　　D．高容错

（8）下列系统中，（　　　）可以将消息持久化到一个队列中。

A．点对点消息系统　　　　　　　　　B．发布-订阅消息系统

C．发布系统　　　　　　　　　　　　D．生产者系统

（9）下列关于 Kafka 存储机制的描述错误的是（　　　）。

A．Broker 接收到数据，先将数据存到系统缓存中

B．使用 Sendfile 技术尽可能减少数据在应用程序和操作系统之间进行重复缓存

C．写入数据使用倒序写入的方式

D．理论上写入数据的速度可达 600MByte/s

（10）（多选）Kafka 中体现了哪些重要的设计思想？（　　　）

A．消息持久化　　B．消息有效期　　　　C．批量发送　　　　　D．分区机制

3．思考题

（1）Kafka 是如何保证数据不丢失的？

（2）Kafka 是如何处理数据重复问题的？

第7章 Spark Streaming 实时计算框架

本章学习目标

- 了解流式计算的概念。
- 了解常用的流式计算框架。
- 熟悉 Spark Streaming 的概念及工作原理。
- 掌握 Spark 的 DStream 的基本操作。
- 掌握 Spark Streaming 整合 Kafka 的实战操作。

Spark Streaming 实时
计算框架

传统数据处理流程采用离线计算方式，数据按照建模规则被收集并存储到数据库中，当需要这些数据支撑时，会进行数据清洗和利用。这种处理流程会导致建模难度高、数据冗余以及结果数据反馈不及时等问题。随着业务的发展，实时处理数据变得越来越重要。Spark Streaming 是 Spark 中的近实时数据处理模块，支持多种数据源，并具有流处理、高容错、低延迟、高吞吐等特点。它可以很好地与其他软件结合使用。本章将从流式计算的概念开始讲解，带领读者逐步了解 Spark Streaming 的概念、原理，并对其基本操作有一定的掌握。

7.1 流式计算概述

7.1.1 流式计算简介

在传统的数据处理流程中，通常会先进行数据收集，然后将收集到的数据存储到数据库中，在需要时，通过数据库对数据进行查询操作，以获取结果或进行相关处理。但在实时搜索应用环境中，类似于 MapReduce 方式的离线处理并不能很好地解决问题。因此，提出了流式计算的概念。

流式计算是一种新的数据计算结构，可以对大规模移动数据，在不断变化的运动过程中进行实时分析，捕捉有用信息，并将结果发送到下一计算节点。流式计算本质上是一种异步编程方法。业务数据像"流水"一样通过"管道"（也就是"队列"），持续不断地流到各个环节的子系统中，然后由各个环节的子系统独立处理。为了更快地处理"流"，可以通过增加管道的数量来提高流式计算系统的并行处理能力。

目前，虽然开源的流式计算框架有很多（比如 Storm、Spark Streaming、Samza 和 Flink），

但其实这些主流框架背后都有着一套类似的设计思路和架构模式。它们都涉及流数据状态、流信息状态、反向压力以及消息可靠性等概念。

7.1.2 常用的流式计算框架

大数据时代，大数据产品层出不穷。目前，应用广泛的大数据流式计算框架有多种，常用的有：Spark Streaming、Storm、Flink 等。

Spark Streaming 为近实时数据处理系统，Storm 为准实时数据处理系统，Flink 既是近实时数据处理系统又是准实时数据处理系统。以实际生活中用户取快递为例进行简单讲解：Spark Streaming 相当于快递员把快递放到驿站或快递点，用户定时去查看有没有新快递到达；Storm 相当于有新快递到，快递员直接上门，第一时间将快递送到用户手中；Flink 则像是一种混合模式，快递员会将每一个快递包裹实时送达，但是也有能力根据用户的需求，批量处理一系列的快递包裹。Storm 每次处理一条数据，Spark Streaming 每次处理一批数据，Flink 既可以每次处理一条数据也可以每次处理一批数据。Spark Streaming 和 Flink 实际计算处理一个 Batch（批次）所花费的时间，可以根据实际需求进行自定义设置。三大流式计算框架的对比如表 7.1 所示。

表 7.1　　　　　　　　　三大流式计算框架的对比

对比项目	Flink	Spark Streaming	Storm
架构	架构介于 Spark 和 Storm 之间，其主从结构与 Spark Streaming 的相似，DataFlow Graph 与 Storm 相似，数据流可以被标识为图，每个顶点表示一个用户定义的运算	架构依赖 Spark，采用主从模式，每个 Batch 处理都依赖 Driver，可以理解为时间维度上的 Spark DAG	采用主从模式，且依赖 ZooKeeper，处理过程中对 Driver 的依赖不大
容错	基于 Chandy-Lamport 分布式快照检测机制；容错能力中等	基于预写日志（Write-Ahead Log, WAL）机制及 RDD 血缘机制；容错能力强	基于记录确认机制；容错能力中等
处理模型与延迟	单个事件；亚秒级，低延迟	一个事件窗口内的所有事件；秒级，高延迟	每次传入的一个事件；亚秒级，低延迟
吞吐量	高	高	低
数据处理保证	Exactly once	Exactly once（实现采用 Chandy-Lamport 算法，即 Marker-Checkpoint）	At Least once（实现采用 Record-Level Acknowledgments），Trident 可以支持 Stream，提供 Exactly once 语义
高级 API	Flink 提供了很多具有高级 API 和适应不同场景的类库，如机器学习、图分析、关系式数据处理	能够很容易地对接 Spark 生态系统里面的组件，同时能够对接主流的消息传输组件及存储系统	需要按照特定的 Storm 定义的规则编写应用程序
易用性	支持 SQL Streaming，Batch 和 Streaming 采用统一的编程框架	支持 SQL Streaming，Batch 和 Streaming 采用统一的编程框架	不支持 SQL Streaming
成熟性	新兴项目，处于发展阶段	已经发展一段时间	相对较早，比较稳定
社区活跃度	源码贡献者，活跃度呈上升趋势	源码贡献者，活跃度呈上升趋势	源码贡献者，活跃度比较稳定
部署	部署相对简单，只依赖 JRE 环境	部署相对简单，只依赖 JRE 环境	依赖 JRE 环境和 ZooKeeper

7.2　Spark Streaming 概述

Spark Streaming 是 Spark Core API（Spark RDD）的扩展，支持对实时数据流进行可伸缩、高吞吐量及容错处理。

7.2.1　Spark Streaming 简介

Spark Streaming 实时计算框架类似于 Apache Storm，可对流式数据进行实时处理，如图 7.1 所示，属于 Spark 的核心 API，具有高吞吐、高容错等特点。Streaming 支持多种数据输入源，例如 Kafka、Flume、Twitter、ZeroMQ 和简单的 TCP 套接字等，可使用简单的 API 函数如 map()、reduce()、join()、window() 等进行操作，结果可以被保存在很多地方，如 HDFS、数据库等。另外 Spark Streaming 也能和 MLlib、Graphx 完美融合以进行数据处理。

图 7.1　流式数据的处理过程

7.2.2　Spark Streaming 工作原理

本节首先讲解 Spark Core 的 RDD API 对流式数据的处理过程。理解这个过程非常重要，因为基于此过程进行详细展开后，就能充分理解整个 Spark Streaming 的模块划分以及代码逻辑。

第一步，假设有一小块数据，通过 RDD API 可以构造出一个用于进行数据处理的 RDD DAG，如图 7.2 所示。

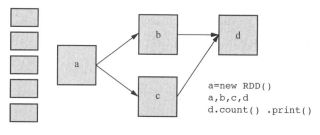

图 7.2　RDD DAG

第二步，对连续的流式数据进行切片处理，例如对最近 200ms 的事件进行积累，每个切片就是一个 Batch，然后使用第一步中的 RDD DAG 对这个 Batch 中的数据进行处理。针对连续不断的流式数据进行多次切片，就会形成多个 Batch，也就对应多个 RDD DAG（每个 RDD DAG 对应一个 Batch 的数据）。多个 RDD DAG 之间相互同构，但又是不同的实例。

第三步，在使用 Hadoop MapReduce、Spark RDD API 进行批处理时，一般默认数据已经在 HDFS、HBase 等存储程序上。而流式数据（例如 Twitter 流）可能是在系统外实时产生的，就需要将这些数据导入 Spark Streaming 系统里。

第四步，Streaming Job 的运行时间是正无穷大的，所以还需要对长时间运行任务进行保障，包括输入数据失效后的重构、处理任务失败后的重调。

由于流式数据的特性，想要使用 Spark Core 进行流式数据的处理，必须解决上述 4 个步骤中产生的问题。为了解决这些问题，Spark Streaming 被分为 4 个主要模块，每个模块包含多个主要类，如图 7.3 所示。

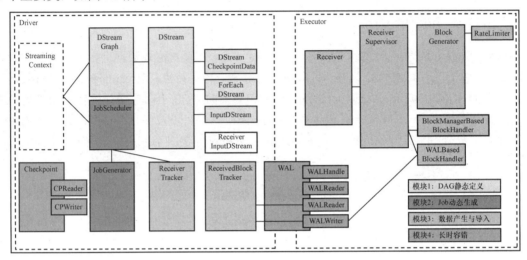

图 7.3　Spark Streaming 模块中的类

1. DAG 静态定义

在 Spark Streaming 中，首先需要对计算逻辑进行描述，这可以通过一个 RDD DAG 模板来完成。对于每个 Batch，Spark Streaming 都会根据这个模板生成一个 RDD DAG 的实例。在 Spark Streaming 中，RDD DAG 没有对应的具体类，而通过 RDD 的转换连接形成。而 DStream 和 DStreamGraph 则分别对应 RDD 的模板和 RDD DAG 的具体类。几乎每个 RDD 子类都有一个对应的 DStream 子类，例如 UnionRDD 对应 UnionDStream。DStream 和 RDD 具有相同的转换操作，如 map()、filter()、reduce()等，因此可以认为 RDD 加上 Batch 维度就是 DStream，DStream 去掉 Batch 维度就是 RDD，即 RDD = DStream atBatch T。需要特别说明的是，在 DStreamGraph 里，DStream（即数据）被视为顶点，DStream 之间的转换被视为边，这与 Apache Storm 等系统不同。

2. Job 动态生成

经过静态定义的计算逻辑生成了 DStreamGraph 和 DStream。下面我们将讲解 Spark Streaming 是如何实现动态调度的。在 Spark Streaming 程序入口，需要定义一个 BatchDuration（表示每隔多长时间根据静态 DStreamGraph 生成一个 RDD DAG 实例）。在 Spark Streaming 中，负责调度动态作业的核心类是 JobScheduler。在启动程序时，会创建一个 JobScheduler 实例并调用 start()方法开始运行。

JobScheduler 有两个重要成员：JobGenerator 和 ReceiverTracker。JobScheduler 将每个 Batch 的 RDD DAG 生成工作委托给 JobGenerator，将源头输入数据的记录工作委托给 ReceiverTracker。

JobGenerator 维护一个定时器，周期为 BatchDuration，定时为每个 Batch 生成 RDD DAG

实例。每次生成 RDD DAG 实例包括以下 5 个步骤。

（1）ReceiverTracker 对已收到的数据进行一次切分，即将上一次切分后的数据切分到本次新的 Batch 中。

（2）DStreamGraph 复制一套新的 RDD DAG 实例，DStreamGraph 从尾 DStream 节点生成具体的 RDD 实例，并递归调用尾 Dstream 节点的上游 DStream 节点，以此遍历整个 DStreamGraph，遍历结束时生成 RDD DAG 实例。

（3）获取步骤（1）中 ReceiverTracker 分配给本 Batch 的源头数据的元信息。

（4）将步骤（3）中生成的本批次的 RDD DAG 和步骤（3）中获取的元信息一同提交给 JobScheduler 异步执行。

（5）只要提交结束，就立即对整个系统的当前运行状态进行 Checkpoint。

3. 数据的产生与导入

DStream 有一个非常重要且特殊的子类 ReceiverInputDStream，它除了需要像其他 DStream 一样在某个 Batch 里实例化 RDD，还需要额外的 Receiver（接收器）为该 RDD 生产数据。

在刚开始运行 Spark Streaming 程序时，会执行以下步骤。

（1）ReceiverTracker 作为 Receiver 的总指挥，将多个 Job（每个 Job 有 1 个 Task）分发到多个 Executor 上，并分别启动 ReceiverSupervisor 实例。

（2）每个 ReceiverSupervisor 被启动后，会马上生成用户提供的 Receiver 实现的实例。该 Receiver 实现可以持续产生或接收系统外的数据。例如，TwitterReceiver 可以实时爬取 Twitter 数据，并在生成 Receiver 实例后调用 Receiver.onStart()方法。

（3）Receiver 在启动 onStart()方法后，将持续不断地接收外界数据，并将数据持续交给 Receiver Supervisor 进行数据转储。

（4）ReceiverSupervisor 会持续不断地接收 Receiver 传来的数据。Spark Streaming 目前支持两种成块存储方式：一种是由 BlockManagerBasedBlockHandler 将数据直接存储到 Executor 的内存或硬盘，另一种是由 WriteAheadLogBasedBlockHandler 将数据同时写入 WAL 和 Executor 的内存或硬盘。

（5）每次成块在 Executor 被存储完毕后，ReceiverSupervisor 会及时上报块数据的元信息给 Driver 端的 ReceiverTracker。这里的元信息包括数据的标识 ID、位置、数量、大小等。

（6）ReceiverTracker 再将收到的块数据元信息直接转给自己的成员 ReceivedBlockTracker，由 ReceivedBlockTracker 专门管理收到的块数据元信息。

在 Driver 端，ReceiverInputDStream 会在每个 Batch 中检查 ReceiverTracker 收到的块数据元信息，确定哪些新数据需要在本 Batch 内处理，然后生成相应的 RDD 实例去处理这些块数据。

4. 长时容错

通过对前 3 个模块的关键类的分析，我们可以知道，在 Spark Streaming 中保障第 1 和第 2 个模块中数据的安全需要在 Driver 端完成，保障第 3 个模块中数据的安全需要在 Executor 端和 Driver 端共同完成。Executor 端的长时容错主要涉及保障收到的块数据的安全，而这方面，Spark Streaming 提供了多种保障方式，可根据不同场景进行灵活设置。

在 Executor 端，如果 ReceiverSupervisor 和 Receiver 失效，可以直接重启它们，关键是

保障收到的块数据的安全。Spark Streaming 对源头块数据的保障分为 4 个层次，全面且相互补充，以保障系统长时间运行。

（1）热备。热备是指在存储块数据时，将其存储到本 Executor，并同时复制到另外一个 Executor 上。这样，在一个副本失效后，可以立即切换到另一份副本进行计算。实现方式是，在实现自己的 Receiver 时，指定 StorageLevel 为 MEMORY_ONLY_2 或 MEMORY_AND_DISK_2。

（2）冷备。冷备是指每次存储块数据前，先把块数据作为日志写入 WAL 里，再存储到本 Executor。Executor 失效时，就由另外的 Executor 去读 WAL，再重做日志来恢复块数据。WAL 通常被写到可靠存储如 HDFS 上，恢复时可能需要一段时间。

（3）重放。如果上游（如 Apache Kafka）支持重放，就可以不用选择热备或者冷备来另外存储数据了，而是在失效时换一个 Executor 进行数据重放。

（4）忽略。如果应用的实时性需求大于准确性需求，就可以选择忽略、不恢复失效的源头数据。

综上所述，Spark Streaming 提供了多种保障方式，可以根据实际情况进行选择和灵活设置，以保障整个系统的长时间稳定运行。

Executor 端长时容错总结如表 7.2 所示。

表 7.2　　　　　　　　　　　　　　Executor 端长时容错总结

分类	优点	缺点
热备	无恢复时间	需要占用双倍资源
冷备	十分可靠	存在恢复时间
重放	不占用额外资源	存在恢复时间
忽略	无恢复时间	准确性有缺失

针对 Driver 端长时容错，需要将块数据的元信息上报到 ReceiverTracker，再由 Received BlockTracker 对其进行具体管理。同时，ReceivedBlockTracker 采用 WAL 冷备方式进行备份，在 Driver 失效后，由新的 ReceivedBlockTracker 读取 WAL 并恢复块的元信息。

此外，还需要定时对 DStreamGraph 和 JobScheduler 进行 Checkpoint，以记录整个 DStreamGraph 的变化和每个 Batch 的 Job 完成情况。需要注意的是，这里采用的是完整 Checkpoint 的方式，与之前的 WAL 方式不同。Checkpoint 通常也会被写入可靠存储，如 HDFS。Checkpoint 的发起间隔默认与 BatchDuration 的一致，即每次 Batch 发起并提交了需要运行的 Job 后就进行 Checkpoint。同时，在 Job 完成并更新任务状态时也需要再次进行 Checkpoint。在 Driver 失效并恢复后，可以读取最近一次的 Checkpoint 结果来恢复作业的 DStreamGraph 和 Job 的运行及完成状态。

针对 4 个模块的长时容错保障方式如表 7.3 所示。

表 7.3　　　　　　　　　　　　针对 4 个模块的长时容错保障方式

模块		长时容错保障方式
模块 1：DAG 静态定义	Driver 端	定时对 DStreamGraph 进行 Checkpoint，来记录整个 DStreamGraph 的变化
模块 2：Job 动态生成	Driver 端	定时对 JobScheduler 进行 Checkpoint，来记录每个 Batch 的 Job 的完成情况
模块 3：数据的产生与导入	Driver 端	源头块数据的元信息被上报给 ReceiverTracker 时，将块数据写入 WAL
模块 4：长时容错	Executor 端	对源头块数据的保障：热备；冷备；重放；忽略

7.3　Spark 的 DStream

7.3.1　DStream 概念

DStream（Discretized Stream）是 Spark Streaming 的一个抽象概念，用于表示连续的数据流。它代表了经过各种 Spark 函数操作后的结果数据流以及持续性数据流。DStream 可以从外部（例如 Kafka、Flume 等）获取数据，也可以通过输入流获得，并可以在其他 DStream 上进行高级操作来获得。在内部实现上，DStream 的每个 RDD 包含一段时间间隔内的数据，并由一系列连续的 RDD 表示。DStream 对数据的操作流程如图 7.4 所示。

图 7.4　DStream 对数据的操作流程

DStream 的每个 RDD 包含一段时间间隔（data from time 0 to 1...）的数据，而整个 DStream 由一系列连续的 RDD 组成，这些 RDD 按照时间顺序表示了数据流的演进过程。通过对每个 RDD 应用转换和操作，可以实现对实时数据流的处理和分析。DStream 对数据的操作以 RDD 为单位来进行，如图 7.5 所示。

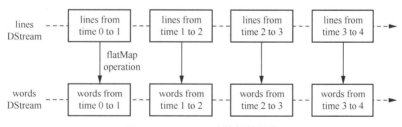

图 7.5　DStream 对数据的操作

通过以 RDD 为单位进行操作，对每个 RDD 都可以应用相同的转换和操作，以实现对实时数据的处理逻辑。由于 RDD 具有弹性和分布式的特性，可以实现高效的并行计算和容错机制。DStream 计算过程由 Spark Engine 来完成，如图 7.6 所示。

图 7.6　Spark Engine 对数据的操作

输入数据流（Input Data Stream）是 DStream 的原始数据来源，可以来自不同的数据源，例如 Kafka、Flume、HDFS 等。Spark Streaming 通过接收器（Receiver）或直接连接到数据源，将输入数据流分成一系列离散的数据块，称为输入数据批次。

输入数据批次（Batches of Input Data）：输入数据流被划分为一系列连续的、离散的数据块，称为输入数据批次。每个输入数据批次包含一定时间范围内的数据，可以是固定时间间隔的数据块，也可以是根据事件触发的数据块。输入数据批次的大小取决于数据源和配置。

处理后数据批次（Batches of Processed Data）：对于每个输入数据批次，Spark Streaming 会将其传递给 DStream 的计算过程。在计算过程中，用户定义的转换和操作将被应用于每个输入数据批次，生成相应的处理后数据批次。处理后数据批次是经过转换和操作处理后的结果数据，可以用于进一步的分析、存储或输出。

7.3.2 DStream 的转换操作

DStream 的转换操作主要分为两种：输出操作和转换操作。输出操作将 DStream 中的数据转化为外部系统能够处理的形式，例如将数据存储到文件系统、数据库等。常见的输出操作包括 print()、saveAsTextFiles()等。转换操作会对 DStream 中的每个 RDD 进行操作，生成新的 RDD，实现数据的加工和处理，例如过滤数据、对数据进行计算等。常见的转换操作包括 map()、filter()、reduceByKey()等。

除了这两种基本的操作，DStream API 还提供了一些比较特殊的函数进行转换操作，例如 UpdateStateByKey()，用于对状态进行更新；transform()，用于在 DStream 之间进行转换；以及各种与窗口相关的函数，用于在时间窗口内对 DStream 进行操作，实现更加灵活的数据处理。DStream API 提供的转换操作如表 7.4 所示。

表 7.4　　　　　　　　　　　　　DStream API 提供的转换操作

转换操作	含义
map(func)	源 DStream 的每个元素通过函数 func()返回一个新的 DStream
flatMap(func)	类似于 map 操作，不同的是每个输入元素可以被映射成 0 或者更多的输出元素
filter(func)	在源 DStream 上选择 func()函数返回仅为 true 的元素，最终返回一个新的 DStream
repartition (numPartitions)	通过输入的参数 numPartitions 的值来改变 DStream 的分区大小
union(otherStream)	返回一个包含源 DStream 与其他 DStream 的元素合并后的新 DStream
count()	对源 DStream 内部含有的 RDD 元素的数量进行计数，返回一个内部包含的 RDD 只有一个元素的 DStreaam
reduce(func)	使用函数 func()（有两个参数并返回一个结果）对源 DStream 中每个 RDD 的元素进行聚合操作，返回一个内部所包含的 RDD 只有一个元素的新 DStream
countByValue()	计算 DStream 中每个 RDD 内的元素出现的频次并返回新的 DStream[(K,Long)]，其中 K 是 RDD 中元素的类型，Long 是元素出现的频次
reduceByKey(func, [numTasks])	当一个类型为(K,V)的 DStream 被调用的时候，返回类型为（K,V）的新 DStream，其中对每个键的值 V 使用聚合函数 func()汇总。需要注意的是，默认情况下，使用 Spark 的默认并行度提交任务（本地模式下并行度为 2，集群模式下为 8），可以通过配置 numTasks 设置不同的并行任务数
join(otherStream, [numTasks])	当调用类型分别为(K,V)和(K,W)的两个 DStream 时，返回类型为(K,(V,W))的一个新 DStream
cogroup(otherStream, [numTasks])	当被调用的两个 DStream 分别含有(K,V)和(K,W)键值对时，返回一个(K,Seq[V],Seq[W])类型的新的 DStream

转换操作	含义
transform(func)	通过对源 DStream 的每个 RDD 应用 RDD-to-RDD 函数返回一个新的 DStream，这可以用来在 DStream 中做任意 RDD 操作
updateStateByKey (func)	返回一个新状态的 DStream，其中每个键的状态是根据键的前一个状态和键的新值经过函数 func 进行更新得到的。这个方法可以被用来维持每个键的任何状态数据

在表 7.2 中，列举了一些 DStream API 提供的转换操作。与 RDD API 不同的是，DStream 提供了独有的 transform()和 updateStateByKey()这两个方法，下面进行详细介绍。

在 updateStateByKey()方法中，DStream 每次只会保存当前批次的数据，如果需要统计历史数据，可以使用专门的 API 进行操作。updateStateByKey()方法会首先保存其状态信息，然后持续对其进行更新，使用步骤如下。

（1）定义状态，此状态可以是任意类型数据。

（2）定义状态更新函数，即从上一状态到新的状态需要使用的算子，需要设置 Checkpoint，具体代码如下。

```scala
val checkpointDir = "./ck"
// 定义传递给 updateStateByKey() 算子的函数
def updateFunc(oldData: Seq[Int], curData: Option[Int]): Option[Int] = {
// 统计最新的值
 val newData = oldData.sum + curData.getOrElse(0)
// 返回结果值
 Some(newData)
}
// 定义给 StreamingContext 的函数
def createFunc():StreamingContext = {
 val conf = new SparkConf()
 .setAppName(this.getClass.getSimpleName)
 .setMaster("local[*]")
// 创建 StreamingContext 对象，将时间窗口设置为 3s
 val ssc: StreamingContext = new StreamingContext(conf, Seconds(3))
// 设置 Checkpoint 目录
// 将数据复制到外部存储
 ssc.checkpoint(checkpointDir)
// 返回 StreamingContext 对象
// 监听 Socket 端口，并创建一个从端口获取数据的 Receiver
 val socket: ReceiverInputDStream[String] =
ssc.socketTextStream("hdp-09", 9999)
// updateFunc(Seq[Int],Option[Int])
 val result: DStream[(String, Int)] = socket.flatMap(_.split(" ")).map((_,
1)).updateStateByKey(updateFunc)
 result.print()
 ssc
}
def main(args: Array[String]): Unit = {
 val ssc: StreamingContext =
StreamingContext.getOrCreate(checkpointDir,createFunc)
 ssc.start()
 ssc.awaitTermination()
}
```

7.4 Spark Streaming 的数据源

Spark Streaming 提供了两种内置数据源支持：基本的数据源（例如文件系统和 Socket 连接）和高级数据源（如 Kafka、Flume、Kinesis 等）。高级数据源需要提供额外的 Maven 依赖。Spark Streaming 原生支持一些不同的数据源。一些核心数据源已经被打包到 Spark Streaming 的 Maven 工件中，而其他一些则可以通过 spark-streaming-kafka 等附加工件获取。每个 Receiver 以 Spark Executor 程序中一个长期运行的任务的形式运行，因此会占据分配给应用的 CPU 核。此外，我们还需要有可用的 CPU 核来处理数据。这意味着如果要运行多个 Receiver，则必须至少有与 Receiver 数量相同的 CPU 核，再加上用来完成计算所需要的 CPU 核。

7.4.1 基本数据源

Streaming Context API 中直接提供了对一些数据源的支持，能够读取所有 HDFS API 兼容的文件系统文件。通过使用 fileStream()方法，可以读取来自文件系统、Socket 连接、RDD 队列流等基本数据源的数据。创建文件流的方式如下。

读取 HDFS 上的文件，具体代码如下。

```
streamingContext.fileStream[KeyClass,ValueClass,InputFormatClass](dataDirectory)
```
读取普通的文本文件，具体代码如下。

```
streamingContext.textFileStream(dataDirectory)
```
读取 Windows 本地文件系统中的文件数据，并进行词频统计，具体代码如下。

```
package cn.qianfeng.qfedu.test
import org.apache.spark.SparkConf
import org.apache.spark.streaming.dstream.DStream
import org.apache.spark.streaming.{Seconds, StreamingContext}
object TextFileStream {
  def main(args: Array[String]): Unit = {
    val conf: SparkConf = new SparkConf().setMaster("local[*]").setAppName
("TextStream")
    // 创建流上下文环境
    val ssc = new StreamingContext(conf, Seconds(3))
    val path = "D:\\Development projects\\test.txt"
    // 创建文本输入流
    val texts: DStream[String] = ssc.textFileStream(path)
    val word : DStream[String] = texts.flatMap(words => words.split(" "))
    val wo: DStream[(String, Int)] = word.map(x => (x, 1))
    val res: DStream[(String, Int)] = wo.reduceByKey((x, y) => x + y)
    res.print()
    // 开始启动
    ssc.start()
    ssc.awaitTermination()
  }
}
```

Spark Streaming 也可以使用 streamingContext.queueStream(queueOfRDDs)来创建 DStream，每一个被推送到这个队列中的 RDD，会作为一个 DStream 被处理，具体代码如下。

```
package cn.qianfeng.qfedu.test
import org.apache.spark.SparkConf
```

```
import org.apache.spark.rdd.RDD
import org.apache.spark.streaming.{Seconds, StreamingContext}
import scala.collection.mutable
object queueStreaming {
  def main(args: Array[String]): Unit = {
    val conf = new SparkConf().setMaster("local[4]").setAppName("queuestreaming")
    val ssc = new StreamingContext(conf, Seconds(3))
    // 创建队列
    val rddqueue = new mutable.Queue[RDD[Int]]()
    // 创建队列流
    val queuestream = ssc.queueStream(rddqueue)
    val mapstreaming = queuestream.map(x => (x % 10, 1))
    val reducestream = mapstreaming.reduceByKey((a, b) => a + b)
    reducestream.print()
    // 启动流处理
    ssc.start()
    // 向队列里面添加 RDD
    for(i <- 1 to 30){
      rddqueue.synchronized{
        rddqueue += ssc.sparkContext.makeRDD(1 to 1000,10)
      }
      Thread.sleep(1000)
    }
    ssc.awaitTermination()
  }
}
```

7.4.2　高级数据源之 Kafka

实时分布式消息队列 Kafka 能够进行实时的消息生产和消费。利用 Spark Streaming 可以对 Kafka 中的数据进行实时读取，并进行相关计算。从 Spark 1.3 开始，KafkaUtils 提供了两个创建 DStream 的方法：KafkaUtils.createDStream()和 KafkaUtils.createDirectStream()。

1．KafkaUtils.createDStream()方法

KafkaUtils.createDStream(ssc,[zk],[group id],[per-topic, partitions])方法使用 Receiver 来接收数据，利用 Kafka 高层次消费者 API。所有 Receiver 接收到的数据将会被保存在 Spark 的 Executor 端中，然后通过 Spark Streaming 启动的 Job 对这些数据进行处理。由于默认情况下使用的是 Receiver 模式，这可能会导致数据丢失，因此可以启用 WAL，将接收到的数据同步保存到分布式文件系统（例如 HDFS）上。当数据出现错误时，可以从 WAL 中进行修复。KafkaUtils.createDStream()方法的具体流程如图 7.7 所示。

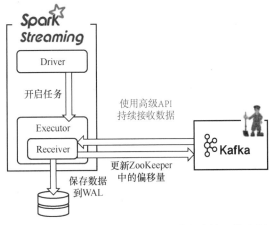

图 7.7　KafkaUtils.createDStream()方法的具体流程

145

（1）创建一个 Receiver，定时从 Kafka 中拉取数据。DStream 生成的 RDD 分区和 Kafka 的 Topic 分区不是同一个概念。如果增加特定主题的分区数，则只是增加了 Receiver 中消费该 Topic 的线程数，Spark 并行处理的数据量并没有增加。

（2）针对不同的 Group 和 Topic，可以使用多个 Receiver 创建不同的 DStream。

（3）如果启用了 WAL（spark.streaming.receiver.writeAheadLog.enable=true），需要设置存储级别（默认为 StorageLevel.MEMORY_AND_DISK_SER_2）。

2．KafkaUtils.createDStream()实战

利用 Spark Streaming 对接 Kafka 实现单词计数，使用 Receiver()方法的具体实现步骤如下。

（1）添加 Kafka 的 POM 依赖，具体代码如下。

```
<dependency>
    <groupId>org.apache.spark</groupId>
    <artifactId>spark-streaming-kafka_0-8_2.11</artifactId>
    <version>2.0.2</version>
</dependency>
```

（2）启动 ZooKeeper 集群，具体命令如下。

```
zkServer.sh start
```

（3）启动 Kafka 集群，具体命令如下。

```
kafka-server-start.sh /export/servers/kafka/config/server.properties
```

（4）创建 Topic，具体命令如下。

```
kafka-topics.sh --create --zookeeper hdp -01:2181 --replication-factor 1
--partitions 3 --topic kafka_spark
```

（5）在 Topic 中生产数据，通过 Shell 命令向 Topic 发送消息，具体命令如下。

```
kafka-console-producer.sh --broker-list hdp-01:9092 --topic
```

（6）向 Topic 中发送消息，用空格隔开，内容如下所示，具体命令如下。

```
kafka_spark Hadoop spark hive Hadoop spark sqoop flume kafka flume hive Hadoop
```

（7）编写 Spark Streaming 应用程序，具体代码如下。

```
 import org.apache.spark.{SparkConf, SparkContext}
import org.apache.spark.streaming.{Seconds, StreamingContext}
import org.apache.spark.streaming.dstream.{DStream, ReceiverInputDStream}
import org.apache.spark.streaming.kafka.KafkaUtils
import scala.collection.immutable
 object SparkStreamingKafka_Receiver {
 def main(args: Array[String]): Unit = {
 //创建 SparkConf
 val sparkConf: SparkConf = new SparkConf()
 .setAppName("SparkStreamingKafka_Receiver")
.setMaster("local[4]")
 .set("spark.streaming.receiver.writeAheadLog.enable","true")
 //开启 WAL，保证数据源的可靠性
 //创建 SparkContext
 val sc = new SparkContext(sparkConf)
 sc.setLogLevel("WARN")
 //创建 StreamingContext
 val ssc = new StreamingContext(sc,Seconds(5))
 //设置 Checkpoint
```

```
ssc.checkpoint("./Kafka_Receiver")
//定义 ZK 集群地址变量，ZK 的默认端口为 2181
val zkQuorum="node1:2181,node2:2181,node3:2181"
//定义消费者组
val groupId="spark_receiver1"
//定义 Topic 相关信息 Map[String,Int]
// 这里的 2 并不是 Topic 分区数，它表示 Topic 中每一个分区被两个线程消费
val topics=Map("spark_kafka" -> 2)
//通过 KafkaUtils.createDStream() 对接 Kafka
//这个时候相当于同时开启 3 个 Receiver 接收数据
val receiverDstream: immutable.IndexedSeq[ReceiverInputDStream[(String,
 String)]] = (1 to 3).map(x => {
val stream: ReceiverInputDStream[(String, String)] =
KafkaUtils.createDStream(ssc, zkQuorum, groupId, topics) stream
})
//使用 ssc.union()方法合并所有的 Receiver 中的数据
val unionDStream: DStream[(String, String)] = ssc.union(receiverDstream)
})
//获取 Topic 中的数据
val topicData: DStream[String] = unionDStream.map(_._2)
//切分每一行，每个单词计为 1
val wordAndOne: DStream[(String, Int)] = topicData.flatMap(_.split(" ")).
map((_,1))
//相同单词出现则累加次数
val result: DStream[(String, Int)] = wordAndOne.reduceByKey(_+_)
//输出
result.print()
//开始计算
ssc.start()
ssc.awaitTermination()
 }
 }
```

（8）运行代码，运行结果如图 7.8 所示。

图 7.8 运行结果

　　这是一种基于 Receiver 的传统方式，用于消费 Kafka 数据。Topic 的 Offset 被存储在 ZooKeeper 中。使用 WAL 机制可以保证零数据丢失，实现高可靠性。但是，Spark 和 ZooKeeper 之间可能不同步，无法保证数据只被处理一次，可能会被处理两次。采用此方式时，系统处

于正常运行状态则不会产生问题。但是，当系统出现异常时，Spark Streaming 程序被重新启动后，可能会重复处理已经处理过的数据。官方现在不再推荐使用这种整合方式。下面将对官网推荐的第二种方式进行讲解，即 KafkaUtils.createDirectStream()方法。

3．KafkaUtils.createDirectStream()方法

使用 KafkaUtils.createDirectStream()的方式不同于使用 Receiver 接收数据的方式，它通过定期从 Kafka 的 Topic 下查询最新的 Offset，再根据 Offset 范围在每个 Batch 中进行数据处理。与 Receiver 方式不同，这种方式不需要将 Offset 存储于 ZooKeeper 中，Spark 通过调用 Kafka 简单消费者 API 读取一定范围的数据。KafkaUtils.createDirectStream()方法的具体流程如图 7.9 所示。

KafkaUtils.createDirectStream() 方 法 相比基于 Receiver 的方式有以下几个优点。

（1）简化并行，不需要创建多个 Kafka 输入流进行整合。Spark Streaming 将会创建和 Kafka 分区数相同的 RDD 分区，并且会从 Kafka 中并行读取数据。Spark 中 RDD 的分区数和 Kafka 中的 Topic 分区数之间存在一一对应的关系。

（2）高效。在基于 Receiver 的实现中，为了实现数据的零丢失，数据会被预先保存在 Write-Ahead Log（WAL）中，这会导致数据被复制两次。第一次是从 Kafka

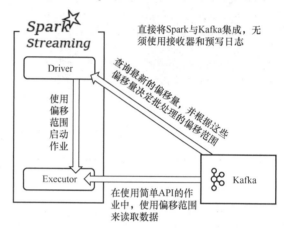

图 7.9　KafkaUtils.createDirectStream()方法的具体流程

Topic 接收数据，第二次是将数据写入 WAL 中。使用 KafkaUtils.createDirectStream()方法可以提高处理数据的效率并降低复制数据的成本。

（3）恰好一次语义（Exactly-Once-Semantics）。Receiver 读取 Kafka 数据是通过 Kafka API 把 Offset 写入 ZooKeeper 中实现的，虽然这种方法可以通过将数据保存在 WAL 中来保证数据不丢失，但 Spark Streaming 和 ZooKeeper 中保存的 Offset 可能不一致，导致数据被重复消费。而 EOS 通过实现 Kafka API，Offset 仅被 SSC 保存在 Checkpoint 中，消除了 ZooKeeper 和 SSC 的 Offset 不一致的问题。

4．KafkaUtils.createDirectStream()实战

利用 Spark Streaming 对接 Kafka 实现单词计数，采用 KafkaUtils.createDirectStream()方法的具体实现步骤如下。

（1）编写 Spark Streaming 应用程序，具体代码如下。

```
 import kafka.serializer.StringDecoder
import org.apache.spark.{SparkConf, SparkContext}
import org.apache.spark.streaming.{Seconds, StreamingContext}
 import org.apache.spark.streaming.dstream.{DStream, InputDStream}
 import org.apache.spark.streaming.kafka.KafkaUtils
 object SparkStreamingKafka_Direct{
 def main(args: Array[String]): Unit = {
//创建 SparkConf
```

```
val sparkConf: SparkConf = new SparkConf()
 .setAppName("SparkStreamingKafka_Direct")
 .setMaster("local[2]")
//创建 SparkContext
val sc = new SparkContext(sparkConf) sc.setLogLevel("WARN")
//创建 StreamingContext
val ssc = new StreamingContext(sc,Seconds(5)) ssc.checkpoint("./Kafka_Direct")
//配置 Kafka 相关参数
val kafkaParams = Map("metadata.broker.list"->"hdp1:9092,hdp2:9092,hdp3:9092",
"group. id"->"Kafka_Direct")
//定义 Topic
val topics=Set("spark01")
//通过 KafkaUtils.createDirectStream()接收 Kafka 数据,这里采用是 Kafka 低级 API Offset,
不受 ZooKeeper 管理
val dstream: InputDStream[(String, String)] = KafkaUtils.createDirectStream
[String,String,StringDecoder,StringDecoder](ssc,kafka Params,topics)
//获取 Kafka 中 Topic 的数据
val topicData: DStream[String] = dstream.map(_._2)
//切分每一行，每个单词计为 1
val wordAndOne: DStream[(String, Int)] = topicData.flatMap(_.split(" ")).
map((_,1))
//相同单词出现则累加次数
val result: DStream[(String, Int)] = wordAndOne.reduceByKey(_+_)
//输出
result.print()
//开始计算
ssc.start()
    ssc.awaitTermination()
  }
}
```

（2）查看对应的效果，向 Topic 中添加模拟数据。查看控制台的输出，如图 7.10 所示。

```
[root@hdp-node-01 conf]# kafka-console-producer.sh --broker-list hdp-node-01:9092 --topic  kafka_spark
hadoop spark hive hadoop
spark sqoop flume kafka flume hive hadoop
```

图 7.10　查看控制台的输出

（3）运行程序得到结果，在 IDEA 中查看，输出结果如下。

```
-------------------------------------
Time: 1667700000 ms
-------------------------------------
(hive,1)
(spark,1)
(hadoop,2)
-------------------------------------
Time: 1667705000 ms
-------------------------------------
(hive,2)
(sqoop,1)
(kafka,1)
(spark,2)
(hadoop,3)
(flume,2)
```

7.5　DStream 的窗口操作

在 Spark Streaming 中，为 DStream 提供窗口操作，如图 7.11 所示，即在 DStream 上将一个可配置的长度作为窗口长度进行设置，以一个可配置的速率向前移动窗口。根据窗口操作，对窗口内的数据进行计算，每次落在窗口内的 RDD 数据会被聚合起来计算，生成的 RDD 会作为 WindowDStream 的一个 RDD。其中，窗口长度和滑动间隔是两个重要的参数。

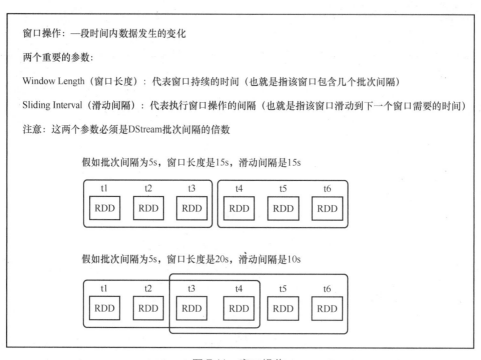

图 7.11　窗口操作

（1）窗口长度（Window Length）指的是每个窗口包含的数据的时间范围或数据量。它是一个固定的时间段或数据量。以时间为例，窗口长度可以是 5s、10min 等。如果以数据量为例，窗口长度可以是 100 条、1000 条等。窗口长度决定了每个窗口中包含的数据量，从而影响计算的粒度和结果的准确性。

（2）滑动间隔（Sliding Interval）指的是窗口之间的时间间隔或数据条数的跨度。它定义了在连续的数据流上进行窗口操作时窗口之间的重叠程度。以时间间隔为例，滑动间隔可以是 1s、5min 等。以数据条数为例，滑动间隔可以是 50 条、200 条等。滑动间隔决定了窗口之间的重叠程度，从而影响计算的实时性和结果的平滑性。

需要注意的是，这两个参数必须是 DStream 批次间隔的倍数。

使用 DStream API 实现窗口操作的具体代码如下。

```
import org.apache.spark.SparkConf
import org.apache.spark.streaming.dstream.{DStream, ReceiverInputDStream}
import org.apache.spark.streaming.{Seconds, StreamingContext}
/**
  * 窗口操作
```

```
      */
object WindowOperationWC {
  def main(args: Array[String]): Unit = {
    LoggerLevels.setStreamingLogLevels()
    val conf = new SparkConf().setAppName("WindowOperationWC").setMaster("local[2]")
    val ssc = new StreamingContext(conf, Seconds(5))
    ssc.checkpoint("hdfs://hadoop01:9000/ck-20180162-3")
    //获取数据
    val dStream: ReceiverInputDStream[String] = ssc.socketTextStream("hadoop01",6666)
    val tuples: DStream[(String, Int)] = dStream.flatMap(_.split(" ")).map((_,1))
    //调用窗口操作来计算数据聚合, 批次间隔为 5s, 设置窗口长度为 10s, 滑动间隔为 10s
    val res: DStream[(String, Int)] =
      tuples.reduceByKeyAndWindow((x: Int, y: Int) => (x + y), Seconds(10), Seconds(10))
    res.print()
    ssc.start()
    ssc.awaitTermination()
  }
}
```

7.6　DStream 的输出操作

输出操作是指 DStream 将数据推送到外部系统, 例如数据库、文件系统等。输出操作允许外部系统消费转换后的数据, 它们会触发 DStream 转换的实际操作。DStream 的输出操作如表 7.5 所示。

表 7.5　　　　　　　　　　　　　DStream 的输出操作

输出操作	含义
print()	在 DStream 的每个批数据中输出前 10 条元素, 这个操作在开发和调试中都非常有用。在 Python API 中调用 print()
saveAsObjectFiles(prefix, [suffix])	保存 DStream 的内容为一个序列化的文件 SequenceFile。每一个批次间隔的文件的名称基于 prefix 和 suffix 生成。"Prefix-TIME_IN_MS[.suffix]"在 Python API 中不可用
saveAsTextFiles(prefix, [suffix])	保存 DStream 的内容为一个文本文件。每一个批次间隔的文件的名称基于 prefix 和 suffix 生成
saveAsHadoopFiles(prefix, [suffix])	保存 DStream 的内容为一个 Hadoop 文件。每一个批次间隔的文件的名称基于 prefix 和 suffix 生成。"Prefix-TIME_IN_MS[.suffix]"在 Python API 中不可用
foreachRDD(func)	在从流中生成的每个 RDD 上应用函数 func()的通用的输出操作。这个函数应该推送每个 RDD 的数据到外部系统, 例如保存 RDD 到文件或者通过网络将其写到数据库中。需要注意的是, func()函数在驱动程序中执行, 并且通常都有 RDD 动作在里面推动 RDD 流的计算

利用 foreachRDD()的设计模式, foreachRDD()是一个强大的函数, 可以将数据发送到外部系统。正确、有效地使用该函数非常重要。下面将介绍如何避免出现错误。

将数据写入外部系统需要建立一个连接对象(例如到远程服务器的 TCP 连接), 用该对象发送数据到远程系统。在此操作过程中, 可能会在 Spark 驱动程序中不经意地创建一个连接对象, 但是在 Spark Worker 中尝试调用该连接对象会将记录保存到 RDD 中, 具体代码如下。

```
dstream.foreachRDD(rdd => {
    val connection = createNewConnection()
    rdd.foreach(record => {
        connection.send(record)
    })
})
```

这是不正确的，因为需要先将连接对象序列化，然后将它从 Driver 发送到 Worker 中。这样的连接对象在机器之间不能传送，它可能导致序列化错误（连接对象不可序列化）或者初始化错误（连接对象应该在 Worker 中初始化）等。正确的解决办法是在 Worker 中创建连接对象。

然而，这会导致另外一个常见的错误，即为每一个记录创建一个连接对象，具体代码如下。

```
dstream.foreachRDD(rdd => {
    rdd.foreach(record => {
        val connection = createNewConnection()
        connection.send(record)
        connection.close()
    })
})
```

通常情况下，创建一个连接对象都会有一定的资源和时间开销，因此为每条记录创建和销毁连接对象会导致非常高的开销，显然会降低系统的整体吞吐量。一个更好的解决方法是利用 rdd.foreachPartition()方法，为 RDD 的每个分区创建一个连接对象，并使用这个连接对象发送该分区中的所有记录，具体代码如下。

```
dstream.foreachRDD(rdd => {
    rdd.foreachPartition(partitionOfRecords => {
        val connection = createNewConnection()
        partitionOfRecords.foreach(record => connection.send(record))
        connection.close()
    })
})
```

这样就将连接对象的创建开销分摊到了 Partition 的所有记录上，最后可以通过在多个 RDD 或批数据间重用连接对象做更进一步的优化。开发者可以保持一个静态的连接对象池，重复使用池中的对象将多批次的 RDD 推送到外部系统，以进一步节省开销，具体代码如下。

```
dstream.foreachRDD(rdd => {
    rdd.foreachPartition(partitionOfRecords => {
        // ConnectionPool 是一个静态的、延迟初始化的连接池
        val connection = ConnectionPool.getConnection()
        partitionOfRecords.foreach(record => connection.send(record))
        //返回到池中以供将来重用
        ConnectionPool.returnConnection(connection)
    })
})
```

需要注意的是，应该根据需要延迟创建池中的连接对象，并且在空闲一段时间后自动超时，实现以最有效的方式将数据发送到外部系统。默认情况下，DStream 的输出操作是分时执行的，它们按照应用程序的定义顺序执行。

7.7　Spark Streaming 的 Checkpoint 机制

Spark Streaming 的 Checkpoint 机制是一种容错机制，用于保证流处理应用程序的数据处理过程和状态的一致性和可靠性。

7.7.1　Spark Streaming Checkpoint 概述

在开发环境中，Streaming 应用程序需要 7×24h 运行，因此需要对应用逻辑无关的故障（例如系统故障、JVM 崩溃等）具有弹性。为了实现这一点，Spark Streaming 需要将足够的信息 Checkpoint 到容错存储系统中，以便从故障中恢复。Checkpoint 有两种类型：元数据检查点和数据检查点。

1. 元数据检查点

元数据检查点将定义 Streaming 计算的信息保存到容错存储中，这用于从运行 Streaming 应用程序的 Driver 节点的故障中恢复。元数据包括以下部分。

（1）配置。指用于创建流应用程序的配置。

（2）DStream 操作。用于定义 Streaming 应用程序的 DStream 操作集。

（3）未完成的批次。指已排队但尚未完成的批量 Job。

2. 数据检查点

数据检查点将生成的 RDD 保存到可靠的存储中。这在一些需要将多个批次的数据进行组合的状态转换中是必需的。在这种转换中，生成的 RDD 依赖于先前批次的 RDD，这导致依赖关系链的长度随时间而增加。为了避免恢复时间的无限增加（与依赖关系链成比例），有状态转换的中间 RDD 会被定期 Checkpoint 到可靠的存储中以切断依赖关系链。

7.7.2　Checkpoint-MySQL 校验

使用 Checkpoint 校验 MySQL 的操作的具体代码如下。

```
def main(args: Array[String]): Unit = {
val config: Config = ConfigFactory.load()
val conf = new SparkConf()
.setAppName(this.getClass.getSimpleName)
.setMaster("local[*]")
val ssc: StreamingContext = new StreamingContext(conf, Seconds(2))
val textStream = ssc.socketTextStream("hdp-03", 9999)
textStream.foreachRDD(rdd => {
val result: RDD[(String, Int)] = rdd.flatMap(_.split(" ")).map((_, 1)).reduceByKey(_
+ _)
if (!result.isEmpty()) {
// 先判断数据在 MySQL 中是否存在
result.foreachPartition(it => {
val conn = DriverManager.getConnection(
config.getString("db.url"),
```

```
config.getString("db.user"),
config.getString("db.password")
)
val table = config.getString("db.insertTable")
val pstm = conn.prepareStatement(s"create table if not exists ${table} (word
varchar(20), counts int )")
// 执行创建表的操作
pstm.executeUpdate()
it.foreach(t => {
val pstm1: PreparedStatement = conn.prepareStatement(s"select counts from
${table} where word = ? ")
pstm1.setString(1, t._1)
val result: ResultSet = pstm1.executeQuery()
var isNeedUpdate = false
while (result.next()) {
isNeedUpdate = true
// 获取当前数据库中的数据
val currentInt = result.getInt(1)
val newvalues = currentInt + t._2
val updatePstm: PreparedStatement = conn.prepareStatement(s"update ${table}
set counts = ? where word = ? ")
updatePstm.setInt(1, newvalues)
updatePstm.setString(2,t._1)
// 执行修改
updatePstm.executeUpdate()
updatePstm.close()
}
if (!isNeedUpdate) {
// 无须修改，直接入库
val insertPstm = conn.prepareStatement(s"insert into ${table} values (?,?)")
insertPstm.setString(1,t._1)
insertPstm.setInt(2,t._2)
insertPstm.execute()
insertPstm.close()
}
})
if (conn != null) conn.close()
})
}
})
ssc.start()
ssc.awaitTermination()
}
```

7.7.3　Checkpoint-Redis 校验

（1）需要导入 Jedis 的 JAR 包，具体代码如下。

```
<!--导入 Redis 的客户端 Jedis JAR 包-->
<dependency>
<groupId>redis.clients</groupId>
<artifactId>jedis</artifactId>
```

```
<version>2.8.1</version>
</dependency>
```

（2）配置一个 Jedis 连接池，具体代码如下。

```
object JedisPoolUtil {
private val config = new JedisPoolConfig()
// 最多连接数
config.setMaxTotal(2000)
// 最多的空闲连接池数量
config.setMaxIdle(5) // 私有化连接池
private[this] val pool = new JedisPool(config, "hdp-09")
// 公有的获取连接的方式
def getJedis() = {
pool.getResource
}
}
```

（3）使用 Checkpoint 校验 Redis 的具体代码如下。

```
val pool = new JedisPool("hdp-09")
val jedis: Jedis = pool.getResource
val conf = new SparkConf()
.setAppName(this.getClass.getSimpleName)
.setMaster("local[*]")
val ssc: StreamingContext = new StreamingContext(conf, Seconds(2))
val textStream = ssc.socketTextStream("hdp-03", 9999)
textStream.foreachRDD(rdd =>{
val result = rdd.flatMap(_.split(" ")).map((_,1)).reduceByKey(_+_)
result.foreachPartition( it =>{
// 在每一个分区中获取 jedis 连接
val jedis = JedisPoolUtil.getJedis()
// 利用 zSet 自增
it.foreach(t=>jedis.hincrBy("wordcount",t._1,t._2))
// 归还连接
jedis.close()
})
})
ssc.start()
ssc.awaitTermination()
```

实战训练：新闻热词排序

【需求描述】

如今，具备"热搜"功能的平台还在不断增加，不过各平台定位不同，导致"热搜榜"呈现出来的效果也大有不同。本训练模拟新闻热词排序，首先在 Linux 服务器上安装 Netcat 工具。Netcat 原本用来设置路由器，我们可以利用它向某个端口发送数据。现利用 Spark Streaming 完成统计最近 10s 的"热搜词 Top3"，每隔 5s 计算一次，并且单词之间都用空格分隔。接下来需要通过 RDD 统计每个单词出现的次数（即词频）。本训练架构采用 Spark Streaming 通过 TCP 拉取数据并进行计算。WordCount 架构如图 7.12 所示。

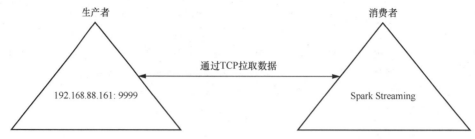

图 7.12　WordCount 架构

【思路分析】

（1）启动 Netcat 程序。

（2）运行计算热词统计程序。

（3）在 Netcat 程序中模拟实时发送消息。

（4）观察 IDEA 控制台的输出。

【代码实现】

```
package cn.qianfeng.qfedu.test
import org.apache.spark.rdd.RDD
import org.apache.spark.streaming.dstream.{DStream, ReceiverInputDStream}
import org.apache.spark.streaming.{Seconds, StreamingContext}
import org.apache.spark.{SparkConf, SparkContext}
/*
 * 模拟新闻"热搜"排行榜，统计最近10s的"热搜词Top3"，每隔5s计算一次
 */
object WordCount {
  def main(args: Array[String]): Unit = {
    //创建 StreamingContext
    val conf = new SparkConf().setAppName("wc").setMaster("local[*]")
    val sc = new SparkContext(conf)
    sc.setLogLevel("WARN")
    //5表示每5s对数据进行切分形成一个 RDD
    val ssc = new StreamingContext(sc,Seconds(5))
    //监听 Socket 接收数据
    //ReceiverInputDStream就是接收到的所有的数据组成的RDD，被封装成了DStream，接下来
对 DStream 进行操作，就是对 RDD 进行操作
    val dataDStream: ReceiverInputDStream[String] = ssc.socketTextStream
("node01",9999)
    //操作数据
    val wordDStream: DStream[String] = dataDStream.flatMap(_.split(" "))
    val wordAndOneDStream: DStream[(String, Int)] = wordDStream.map((_,1))
    //使用窗口函数进行 WordCount 操作
    val wordAndCount: DStream[(String, Int)] = wordAndOneDStream.reduceByKeyA
ndWindow((a:Int,b:Int)=>a+b,Seconds(10),Seconds(5))
    val sorteDStream: DStream[(String, Int)] = wordAndCount.transform(rdd => {
      val sortedRDD: RDD[(String, Int)] = rdd.sortBy(_._2, false)
      //逆序/降序
      println("===============top3==============")
      sortedRDD.take(3).foreach(println)
      println("===============top3==============")
```

```
        sortedRDD
    }
    )
    //没有注册输出操作，所以没有要执行的操作
sorteDStream.print
//启动
    ssc.start()
//等待停止
    ssc.awaitTermination()
    }
}
```

【操作步骤】

（1）配置并启动生产者，首先在一台 Linux 服务器（IP 地址为 192.168.88.161）上用 YUM 安装 NC（即 Netcat）工具，启动一个服务端并监听 9999 端口。

```
yum install -y nc
nc -lk 9999
```

（2）启动 Spark Streaming 程序。

（3）在 Linux 端命令行中输入单词，具体命令如下。

```
nc -lk 9999
hello java spark hello scala hello spark
```

【结果校验】

在 IDEA 控制台中查看结果，返回结果如下。

```
(hello, 3)
(spark, 2)
(java, 1)
(scala, 1)
```

7.8　本章小结

本章主要讲解了实时计算框架 Spark Streaming。首先对流式计算进行了总体介绍，比较了目前企业中常用的 3 种流式框架；接着讲解了 Spark Streaming 的简介和工作原理，以及 Spark DStream 的概念和常用操作；最后介绍了 Spark Streaming 与 Kafka 的整合。希望读者通过学习本章内容能够掌握使用 Spark Streaming 进行实时计算，并解决实际业务中的实时性问题。

7.9　习题

1．填空题

（1）常见的 3 种流式计算框架是_____、_____、_____。

（2）_____实时计算框架可对流数据进行实时处理。

（3）DStream 以一系列连续的_____来表示。

（4）利用 Spark Streaming 对_____中的数据进行实时读取，然后进行相关计算。

（5）窗口操作中_____和_____是两个重要的参数。

2. 选择题

（1）下列哪个代表窗口的持续时间？（　　　）

A. 窗口长度　　　　　B. 窗口间隔　　　　　C. 滑动间隔　　　　　D. 操作时间

（2）下列哪个代表执行窗口操作的间隔？（　　　）

A. 窗口长度　　　　　B. 窗口间隔　　　　　C. 滑动间隔　　　　　D. 操作时间

（3）窗口长度和滑动间隔这两个参数必须是（　　　）批次间隔的倍数。

A. RDD　　　　　　　B. DStream　　　　　C. Stage　　　　　　D. Job

（4）下面关于 Spark Streaming 的描述错误的是（　　　）。

A. Spark Streaming 的基本原理是将实时输入数据流以时间片为单位进行拆分，然后采用 Spark 引擎以类似批处理的方式处理每个时间片数据

B. Spark Streaming 主要的抽象是 DStream（Discretized Stream，离散化数据流），表示连续不断的数据流

C. Spark Streaming 可整合多种输入数据源，如 Kafka、Flume、HDFS，甚至是普通的 TCP 套接字

D. Spark Streaming 的数据抽象是 DataFrame

（5）下列关于创建 DStream 的方法的描述正确的是（　　　）。

A. 通过 KafkaUtils.createDstream()创建　　　　B. 通过 KafkaUtils.create()创建

C. 通过 KafkaUtils.createDirect()创建　　　　　D. 通过 KafkaUtils.createStream()创建

（6）下面不属于 Spark Streaming 基本数据源的是（　　　）。

A. 文件流　　　　　　B. 套接字流　　　　　C. RDD 队列流　　　D. 双向数据流

（7）下列选项中，说法正确的是（　　　）。

A. 窗口滑动时间间隔必须是批处理时间间隔的倍数

B. Kafka 是 Spark Streaming 的基本数据源

C. DStream 不可以通过外部数据源获取

D. reduce(func)是 DStream 的输出操作

（8）关于 Spark Streaming，下列说法错误的是哪一项？（　　　）

A. Spark Streaming 是 Spark 的核心子框架之一

B. Spark Streaming 具有可伸缩、高吞吐量、高容错能力等特点

C. Spark Streaming 处理的数据源可以来自 Kafka

D. Spark Streaming 不能和 Spark SQL、MLlib、GraphX 无缝集成

3. 思考题

（1）请简述 Spark Streaming 的工作原理。

（2）请简述什么是 DStream。

第 **8** 章 　**Spark MLlib 机器学习算法库**

本章学习目标

- 了解机器学习的概念及应用。
- 了解 Spark 机器学习的工作流程。
- 了解 Spark MLlib 的基本统计方法。
- 掌握数据类型。
- 掌握分类和回归。
- 掌握构建推荐引擎的方法。

Spark MLlib 机器
学习算法库

本章主要讲解 Spark MLlib 机器学习算法库，旨在让读者掌握机器学习的使用和扩展。MLlib 提供了常用机器学习算法的实现，包括分类、回归、聚类、协同过滤和降维等。使用 MLlib 进行机器学习工作非常简单，通常只需对原始数据进行处理后，直接调用相应的 API 即可。但若想选择合适的算法并高效、准确地分析数据，需要深入了解算法原理以及相应 MLlib API 实现的参数的含义。因此，本章将从机器学习概念开始，逐步引导读者学习 Spark MLlib。

8.1　初识机器学习

8.1.1　什么是机器学习

机器学习（Machine Learning）是一门多领域交叉学科，涉及逼近论、凸分析、概率论、统计学、算法复杂度理论等多个学科。机器学习专门研究如何让计算机模拟或实现人类的学习行为，从而获取新的知识或技能，并重新组织已有的知识结构以不断提高性能。

机器学习是大数据的核心技术，也是人工智能的核心技术，是使计算机具有智能的根本途径。机器学习被应用于人工智能的各个领域，能够通过根据经验自动改进的算法进行处理，其本质是基于经验的算法处理。机器学习强调 3 个关键词即算法、经验、性能，如图 8.1 所示。

随着大数据技术的迅猛发展，存储的数据量越来越大。在这些数据的基础上，可以通过算法构建模型并对模型进行评估。如果评估性能达到要求，就可以用该模型来测试其他数据。如果评估性能不达标，则需要重新调整算法来建立模型，再次进行评估。如此循环迭代，最终可以获得满意的模型，用于处理其他的数据。

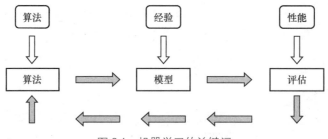

图 8.1　机器学习的关键词

8.1.2　机器学习的应用

机器学习可以作为一种数据挖掘手段，它的技术和方法已经被成功应用于多个领域，例如个性化推荐、金融反欺诈、语音识别和自然语言处理，以及机器翻译、模式识别、智能控制和垃圾邮件过滤等。

8.1.3　分类和聚类

机器学习是一种人工智能领域的技术，可分为分类（Classification）和聚类（Clustering）两种类型。

1．分类

分类即指定一些已知的样本数据和它们所属的类别标签，通过学习样本的特征来训练算法模型，进而对未知数据进行预测分类。例如，指定一些动物的特征信息和它们所属的类别（例如猫、狗、鸟等），机器学习模型可以通过学习这些样本数据来预测新的动物是属于哪个类别的。

2．聚类

聚类即指定一些未知的数据，通过分析它们之间的相似性来对数据进行分组，使得同一组内的数据彼此相似度高，而不同组之间的数据相似度低。例如，指定一些动物的特征信息，机器学习模型可以通过分析这些数据之间的相似性来将它们划分成不同的组，从而识别出不同种类的动物。

8.1.4　常见的分类与聚类算法

Spark MLlib 是 Spark 的一个机器学习算法库，提供了许多常用的机器学习算法和工具，包括分类和聚类算法。

（1）常见的分类算法有：K 近邻算法（K-Nearest Neighbor，KNN）、决策树分类法、朴素贝叶斯分类算法（Naive Bayesian Classifier）、支持向量机（SVM）的分类法、神经网络法、模糊分类法等。

（2）常见的聚类算法有：K 均值聚类（K-Means Clustering）算法、K-Medoids 算法、CLARANS 算法、BIRCH 算法、CURE 算法、Chameleon 算法等，以及基于密度的方法，如 DBSCAN 算法、OPTICS 算法、Denclue 算法等，还有基于网络的方法，如 Sting 算法、Clique 算法、Wave-Cluster 算法。

8.1.5　监督学习、无监督学习与半监督学习

经过判断训练数据是否具备"先验知识"，机器学习一般可被划分为 3 类。

1. 监督学习

举个例子，若要研究市场活动的历史数据，则可以通过分析数据来确定支出策略。监督学习（Supervised Learning）技术可为预测和分类提供强有力的工具。

2. 无监督学习

比如在某些欺诈案例中，只有在事情发生后很长一段时间才能判断交易是否存在欺诈行为。此时，不妨使用机器学习来识别可疑的交易并加以标记，以备后续观察。当没有特定的先验知识但仍期望从数据中获得有用的信息时，就可使用无监督学习（Unsupervised Learning）。

3. 半监督学习

半监督学习（Semi-Supervised Learning）是监督学习和无监督学习相结合的一种方法，是模式识别和机器学习领域的重要方法。其主要考虑如何利用少量标注样本和大量未标注样本进行训练和分类。

8.2　机器学习算法库 MLlib 概述

Apache Spark 是一种快速、通用、可扩展的集群计算系统，MLlib 是 Spark 生态系统中的一个机器学习算法库，提供了一些常见的机器学习算法和工具。

8.2.1　MLlib 简介

MLlib 是 Spark 中的机器学习算法库，是 MLBase 的一部分。MLBase 包括 MLlib、MLI、ML Optimizer 和 MLRuntime 这 4 个部分。MLlib 的主要作用是简化机器学习的工程实践过程，并能方便地被扩展到更大规模的数据集上进行处理。相对于 Hadoop 计算框架，Spark 基于内存计算具有天生的优势，避免了大量的磁盘读写任务，从而减少了 I/O 和 CPU 消耗。此外，MLlib 还能与 Spark SQL、Spark Streaming、GraphX 等其他子框架、库无缝共享数据和操作，实现更灵活的数据分析。

ML Optimizer 能够自动选择内部已经实现好的、最合适的机器学习算法和相关参数来处理用户输入的数据，并返回模型或其他分析结构；MLI 提供了进行特征提取和高级机器学习编程的 API 和平台；MLRuntime 基于 Spark 计算框架，将分布式计算应用到机器学习领域。而 MLlib 是 Spark 实现的一些常见的机器学习算法和实用程序的集合，如分类、聚类、回归等，为用户提供了丰富的机器学习工具。

8.2.2　Spark 机器学习的工作流程

Spark 机器学习的工作流程如下。

（1）需求分析。明确需要解决的问题，确定采用算法的类型，例如分类、聚类或综合性

算法等。

（2）数据收集。收集并整理数据，Spark 支持各种数据源和数据格式，确保数据质量满足建模需求。

（3）数据探索。对数据进行探索性分析，发现数据的规律和特点。

（4）特征提取和建模。对数据进行特征提取和处理，并选择合适的算法进行建模。

（5）编写程序。使用编程语言如 R、Python、Spark MLlib 等编写算法程序。

（6）模型训练。使用训练数据对模型进行训练，优化模型参数。

（7）集成应用系统。将训练好的算法模型集成到应用系统中提供服务。

整个工作流程可以使用 Spark 的 DataFrame 或 DataSet 进行操作，也可以使用低级别的 RDD API 进行操作。

8.2.3 Spark MLlib 的架构

MLlib 的架构主要包含两部分：底层基础和算法库。

底层基础主要包含 Spark 的运行库、矩阵库和向量库，其中向量接口和矩阵接口基于 Netlib、BLAS 和 LAPACK 开发的线性代数库 Breeze。MLlib 支持本地密集向量和稀疏向量，同时支持标量向量。它还支持本地矩阵和分布式矩阵，分布式矩阵分为行矩阵（Row Matrix）、三元组矩阵（Coordinate Matrix）和分块矩阵（Block Matrix）等。

算法库主要包括分类、聚类、回归、协同过滤、特征提取和变换等算法。Spark MLlib 中的算法的分类如表 8.1 所示。

表 8.1　　　　　　　　　　　　　　Spark MLlib 中的算法的分类

分类	具体算法
二元分类	线性支持向量机、逻辑回归、决策树、随机森林、梯度提升决策树（GBDT）、朴素贝叶斯等
多元分类	逻辑回归、决策树、随机森林、朴素贝叶斯等
回归	线性最小二乘法、Lasso、岭回归、决策树、随机森林、GBDT、保序回归等

8.3 数据类型

8.3.1 本地向量

本地向量是由整型索引和双精度浮点数值组成的数据，用于描述和操作数据，分为密集向量和稀疏向量两类。

密集向量：例如向量数据(9,5,2,7)可以被存储为(9,5,2,7)，数据集被整体存储为一个向量集合。

稀疏向量：例如向量数据(9,5,2,7)可以按照向量的大小存储为(4,Array(0,1,2,3),Array (9,5,2,7))。其中，第一个元素 4 表示向量的大小，第二个元素 Array(0,1,2,3)表示非零元素在向量中的位置索引，第三个元素 Array(9,5,2,7)表示这些非零元素的值。

使用本地向量的具体代码如下。

```
import org.apache.spark.mllib.linalg.{Vector,Vectors}
object testVector {
```

```
    //main()函数
    def main(args: Array[String]) {
//创建密集向量
      val vd: Vector = Vectors.dense(2, 0, 6)
//输出密集向量中第 3 个元素的值
      println(vd(2))
      val vs: Vector = Vectors.sparse(4, Array(0,1,2,3), Array(9,5,2,7))
      //创建稀疏向量
//输出稀疏向量中第 3 个元素的值
println(vs(2))
    }
}
```

Spark MLlib 中创建本地向量的方式主要有以下 3 种（3 种方式均创建了向量(1.0,0.0,3.0)）。

```
import org.apache.spark.mllib.linalg.{Vector, Vectors}
//创建一个密集向量
val dv : Vector = Vector.dense(1.0,0.0,3.0);
//创建一个稀疏向量（第一种方式）
val sv1: Vector = Vector.sparse(3, Array(0,2), Array(1.0,3.0));
//创建一个稀疏向量（第二种方式）
val sv2 : Vector = Vector.sparse(3, Seq((0,1.0),(2,3.0)))
```

对 3 种创建本地向量方式的解释如下。

（1）密集向量。将向量中的元素按顺序存储在一个数组中，并作为参数传递给 Vector.dense()函数，其函数声明为 Vector.dense(values : Array[Double])。

（2）稀疏向量（当采用第一种方式时）。3 表示此向量的长度，Array(0,2)表示索引，第一个数组中的每个值表示第二个数组中对应位置的元素在向量中的索引，即第 0 个位置的值为1.0，第 2 个位置的值为 3.0。

（3）稀疏向量（当采用第二种方式时）。3 表示此向量的长度，后面的创建方式比较直观，Seq 里面每一对都采用(索引,数值)的形式。

8.3.2　标签点

标签点由一个本地向量（密集或稀疏）和一个类标签组成。在机器学习中，标签点用于监督学习算法。用双精度浮点型数据来存储标签，因此可以在回归和分类中使用标签点。在二元分类中，标签通常为 0（负标记）或 1（正标记）。在多元分类中，标签从 0 开始索引，如 0、1、2 等。使用标签点的具体代码如下。

```
import org.apache.spark.mllib.linalg.Vectors
import org.apache.spark.mllib.regression.LabeledPoint
object LP {
  def main(args: Array[String]): Unit = {
    //使用正标记和密集向量来创建标签点
    val pos = LabeledPoint(1.0, Vectors.dense(1.0,2.0,3.0))
    //输出标签标记的数据
    println(pos.features)
    //输出标签
    println(pos.label)
    //使用负标记和稀疏向量来创建标签点
    val neg = LabeledPoint
```

```
(1.0,Vectors.sparse(3,Array(0,2),Array(1.0,3.0)))
   }
}
```

在实际运用中，稀疏向量是很常见的，在 MLlib 中可以读取以 libSVM 格式存储的训练实例。其中 libSVM 格式是 LIBSVM 和 LIBLINEAR 的默认格式，每行代表一个含类标签的稀疏向量，格式如下。

```
label index1:value1 index2:value2 …
```

索引从 1 开始并且递增，加载完成后，索引被转换为从 0 开始，具体代码如下。

```
import org.apache.spark.mllib.regression.LabeledPoint
import org.apache.spark.mllib.util.MLUtils
import org.apache.spark.rdd.RDD
import org.apache.spark.{SparkConf, SparkContext}
object LP {
def main(args: Array[String]): Unit = {
    val conf = new SparkConf()
      .setAppName("Labeled Point")
      .setMaster("local")
    val sc = new SparkContext(conf)
    val example:RDD[LabeledPoint] = MLUtils.loadLibSVMFile(sc,"D://Development
projects//sample_libsvm_data")
    example.foreach(println)
  }
}
//输出
(1.0,(5,[0,1,2],[2.0,3.0,4.0]))
(2.0,(5,[1,2,3],[3.0,4.0,5.0]))
(3.0,(5,[2,3,4],[4.0,5.0,6.0]))
```

8.3.3　本地矩阵

MLlib 中的矩阵其实就是向量型的 RDD，分为本地矩阵和分布式矩阵。本地矩阵由整型行列索引数据和双精度浮点型数据组成并存储。MLlib 支持密集矩阵，实体值以列优先的方式被存储在一个双精度浮点型数组中。MLlib 也支持稀疏矩阵，非零实体值以列优先的 CSC(Compressed Sparse Column)格式被存储，具体代码如下。

```
import org.apache.spark.mllib.linalg.{Matrices, Matrix}
object LM {
  def main(args: Array[String]): Unit = {
    val dm:Matrix = Matrices.dense(3,2,Array(1.0,3.0,5.0,2.0,4.0,6.0))
    println(dm)
//输出
1.0   2.0
3.0   4.0
5.0   6.0
//3 行 2 列
//第 1 个数组: Array 从 0 开始, 数字 1 代表第 0 列的元素个数, 数字 3 代表第 0 列的元素个数+第 1 列的元素个数
//第 2 个数组: 非零元素所在的行
//第 3 个数组: 非零元素
val sm: Matrix = Matrices.sparse(3, 2, Array(0, 1, 3),
Array(0, 2, 1), Array(9, 6, 8))
    println(sm)
```

```
//输出
3 x 2 CSCMatrix
(0,0) 9.0
(2,1) 6.0
(1,1) 8.0
}
}
```

8.4　Spark MLlib 的基本统计方法

8.4.1　摘要统计

通过调用 Statistics 类的 colStats()方法，可以获得 RDD[Vector]的列的摘要统计信息。colStats()方法返回一个 MultivariateStatisticalSummary 对象，其中包含列的最大值、最小值、平均值、方差、非零元素的数量以及总数等统计信息。使用 colStats()方法的具体代码如下。

```
import org.apache.spark.mllib.linalg.Vector
import org.apache.spark.stat.{MultivariateStatisticalSummary, Statistics}
val observations: RDD[Vector] = ...
val summary: MultivariateStatisticalSummary =
Statistics.colStats(observations)
//每个列值组成的密集向量
println(summary.mean)
//列向量方差
println(summary.variance)
//每个列的非零元素个数
println(summary.numNonzeros)
```

colStats()实际使用了 RowMatrix 的 computeColumnSummaryStatistics()方法，具体代码如下。

```
@Since(version="1.1.0")
def colStats(X: RDD[Vector]): MultiveriateStatisticalSummary={
    new RowMatrix(X).computeColumnSummaryStatistics()
}
```

8.4.2　相关性

计算两个序列之间的相关性是统计中常用的操作。MLlib 提供了计算多个序列之间相关性的方法，目前支持的关联方法使用了皮尔逊相关系数（Pearson Correlation Coefficient）和斯皮尔曼等级相关系数（Spearman's Rank Correlation Coefficient）。

1. 皮尔逊相关系数

皮尔逊相关系数也称为皮尔逊积矩相关系数（Pearson Product-Moment Correlation Coefficient），是一种线性相关系数。皮尔逊相关系数是用于反映两个变量之间线性相关程度的统计量。皮尔逊相关系数公式：

$$r = \frac{1}{n-1} \sum_{i=1}^{n} \left(\frac{X_i - \bar{X}}{\sigma_X} \right) \left(\frac{Y_i - \bar{Y}}{\sigma_Y} \right)$$

在图 8.2 中，相关系数用 r 表示，其中 n 为样本量，X_i、Y_i、$\overline{X}$、$\overline{Y}$ 分别为两个变量的观测值和均值。r 描述的是两个变量间线性相关的强弱程度。r 的取值范围为 $-1 \sim +1$，若 $r>0$，表明两个变量正相关，即一个变量的值越大，另一个变量的值也会越大；若 $r<0$，表明两个变量负相关，即一个变量的值越大，另一个变量的值反而会越小。r 的绝对值越大表明相关性越强，要注意的是这里并不存在因果关系。若 $r=0$，表明两个变量不是线性相关的，但有可能是其他方式（比如曲线方式）的相关。

2. 斯皮尔曼等级相关系数

斯皮尔曼等级相关系数一般用希腊字母 ρ 表示。斯皮尔曼等级相关系数是一种无参数（与分布无关）的校验方法，用于表示变量之间联系的强弱。在没有重复数据的情况下，如果一个变量是另外一个变量的严格单调函数，则斯皮尔曼等级相关系数就是 +1 或 -1，称这两个变量完全斯皮尔曼等级相关。注意和皮尔逊相关系数的区别，只有当两个变量之间存在线性关系时，皮尔逊相关系数才为 +1 或 -1。斯皮尔曼等级相关系数公式：

$$\rho = 1 - \frac{6\sum d_i^2}{n(n^2-1)}$$

Statistics 提供了计算序列之间相关性的方法，默认情况下使用皮尔逊相关系数。使用 Statistics 的具体代码如下。

```
import org.apache.spark.SparkContext
import org.apache.spark.mllib.linalg._
import org.apache.spark.mllib.stat.Statistics
val sc: SparkContext = ...
val seriesX: RDD[Double] = ...
//和 seriesX 必须有相同的分区和基数
val seriesY: RDD[Double] = ...
val correlation: Double = Statistics.corr(seriesX, seriesY, "pearson")
//每个向量必须是行向量，不能是列向量
val data: RDD[Vector] = ...
val correlMatrix: Matrix = Statistics.corr(data, "pearson")
```

实现 Statistics 中相关性的计算，具体代码如下。

```
@Since(version="1.1.0")
def coor(x:RDD[Vector]):Matrix=Correlations.corrMatrix(x)
@Since(version="1.1.0")
def coor(x:RDD[Vector],method:String):Matrix=
Correlations.corrMatrix(x,method)
@Since(version="1.1.0")
def coor(x:RDD[Double],method:String):Double=Correlations.corrMatrix(x,y)
@Since(version="1.4.1")
def coor(x:JavaRDD[java.lang.Double],y:JavaRDD[java.long.Double])
:Double=corr(x.rdd.asInstanceOf)[RDD[Double]],
y.rdd.asInstanceOf[RDD[Double]])
@Since(version="1.1.0")
def coor(x:RDD[Double],y:RDD[Double],method:String):Double=
Correlations.corrMatrix(x,y,method)
@Since(version="1.4.1")
```

```
def coor(x:JavaRDD[java.lang.Double],y:
JavaRDD[java.long.Double],method:String):Double=
corr(x.rdd.asInstanceOf)[RDD[Double]],
y.rdd.asInstanceOf[RDD[Double]],method)
```

其实质是代理了 Correlations。实现 Correlations 中相关性的计算，具体代码如下。

```
private[stat]object Correlations{
    def corr(x: RDD[Double],y :RDD[Double],methond: String=
    CorrelationNames.defaultCorrName):Double = {
    val correlation = getCorrelationFromName(method)
    correlation.computeCorrelation(x,y)
}

    def corrMatrix(X :RDD[Vector],method:String =
    CorrelationNames.defultCorrName):
    Matrix={val correlation =getCorrelationFromName(method)
    correlation.computeCorrelationMatrix(X)
    def getCorrelationFromNmae(method:String):Correlation ={
    try { CorrelationNames.nameToObjectMap(method)
    }catch{
    case nse :NoSuchElementException=>
    throw new IllegalArgumentException("Unrecognized method name,
Supported correlations:"+CorrelationNames.
nameToObjectMap.keys.mkString(", "))
}
}
}
```

8.4.3　分层抽样

分层抽样（Stratified Sampling）是一种统计学计算方法，它先将总体按某种特征分为若干个次级层，然后在每一层内进行独立采样，将其组成一个样本。为了更好地理解分层抽样，下面举例说明。

某市有 10000 辆机动车，其中大巴车有 500 辆，小轿车有 6000 辆，中巴车有 1000 辆，越野车有 2000 辆，工程车有 500 辆。现在需要了解这些车辆的使用年限，决定采用分层抽样方法抽取 100 个样本。按照车辆占比，各类车辆的抽样数量分别为 5 辆大巴车、60 辆小轿车、10 辆中巴车、20 辆越野车和 5 辆工程车。

摘要统计和相关性的计算方法都被集成在 Statistics 中，而分层抽样只需要调用 RDD[(K, V)] 的 sampleByKey() 和 sampleByKeyExact() 方法即可。在分层抽样中，RDD[(K,V)] 中的键可以被视为标签，值则是具体的属性。sampleByKey() 方法使用 "掷硬币" 的方式来决定是否将一个观测值作为采样对象，因此需要预先指定样本数据的期望大小。而 sampleByKeyExact() 方法需要更多、更有效的资源，但是可以确定样本数据的大小。sampleByKeyExact() 方法允许用户采用符合 $[f_k * n_k] \forall k \in K$ 的方式进行采样，其中 f_k 是键 k 的函数，n_k 是 RDD[(K,V)] 中键为 k 的 (K,V) 对，K 是键的集合。采用分层抽样的具体代码如下。

```
import org.apache.spark.SparkContext
import org.apache.spark.SparkContext
import org.apache.spark.rdd.PairRDDFunctions
val sc: SparkContext = ...
//任意键值对的 RDD[(K,V)]
```

```
val data = ...
val fractions: Map[K. Double] = ...
//指定每个键所需的确切分数
val exactSample = data.sampleByKeyExact(withReplacement =
false, fractions)
```

8.5 分类和回归

常见的数据项分类方法是二元分类，即将数据项划分为两类：正例和反例。如果有不止两个类别，那么这种方法就被称为多元分类。MLlib 支持两种线性分类方法：线性支持向量机和逻辑回归。线性支持向量机只支持二元分类，而逻辑回归可以同时支持二元分类和多元分类。对于这两种方法，MLlib 都支持 L1 和 L2 正则化。在 MLlib 中，训练数据集用 LabeledPoint 格式的 RDD 来表示，其中标签是从 0 开始的类别指标，如 0、1、2 等。在 MLlib 中，反例的标签是 0 而不是-1，以与多元标签保持一致。

8.5.1 线性支持向量机

在大规模的分类任务中，线性支持向量机是一种常用的方法。默认情况下，线性支持向量机使用 L2 正则化进行训练，同时也支持 L1 正则化。通过这种方式，问题被转化为线性规划问题。线性支持向量机的输出是一个支持向量机模型。在预测阶段，指定一个新的数据点 x（表示为特征向量），模型将使用特征向量 x 与权重向量 w 之间的内积（$w^T x$）来进行预测。默认情况下，当 $w^T x \geq 0$ 时，其被判定为正例，否则为反例。

以下是一个 Scala 示例，演示了如何加载简单的数据集、使用算法对象的静态方法执行训练算法，以及如何使用模型进行预测并计算训练误差，具体代码如下。

```
import org.apache.spark.mllib.classification.{SVMModel, SVMWithSGD}
import org.apache.spark.mllib.evaluation.BinaryClassificationMetrics
import org.apache.spark.mllib.util.MLUtils
// 加载训练数据
val data = MLUtils.loadLibSVMFile(sc,"data/mllib/sample_libsvm_data.txt")
// 将数据分成训练数据（占60%）和测试数据（占40%）
val splits = data.randomSplit(Array(0.6, 0.4), seed = 11L)
val training = splits(0).cache()
val test = splits(1)
// 运行训练算法建立模型
val numIterations = 100
val model = SVMWithSGD.train(training, numIterations)
// 清除默认阈值
model.clearThreshold()
// 计算测试集的原始分数
val scoreAndLabels = test.map { point =>
  val score =model.predict(point.features)
  (score, point.label)
}
// 获取评估指标
val metrics = new BinaryClassificationMetrics(scoreAndLabels)
val auROC = metrics.areaUnderROC()
println("Area under ROC = " + auROC)
```

```
// 保存和加载模型
model.save(sc, "myModelPath")
val sameModel = SVMModel.load(sc, "myModelPath")
```

默认情况下，SVMWithSGD.train()使用 1.0 作为正则化参数进行 L2 正则化。如果需要自定义算法参数，可以创建一个 SVMWithSGD 对象并调用 setter()方法进行配置。其他的 MLlib 算法也支持这种自定义方法。例如，下面的代码创建了一个用于线性支持向量机的 L1 正则化变量，其正则化参数为 0.1，迭代次数为 200。

```
import org.apache.spark.mllib.optimization.L1Updater
val svmAlg = new SVMWithSGD()
svmAlg.optimizer.
setNumIterations(200).
setRegParam(0.1).
setUpdater(new L1Updater)
val modelL1 = svmAlg.run(training)
```

8.5.2　逻辑回归

逻辑回归被广泛用于预测二元因变量。逻辑回归算法产生一个逻辑回归模型。指定新数据点 x，该模型使用下面的逻辑函数来预测：其中 $z = w^T x$。默认情况下，如果 $f(w^T x) > 0.5$，则输出为正例，否则为反例。与线性支持向量机不同，逻辑回归模型的输出包含一个概率解释，即 x 是正例的概率。

二元逻辑回归可以被推广到多元逻辑回归来解决多元函数分类问题。例如，对于 K 个可能的输出，其中一个输出可以被视为"基准"，其他(K-1)个输出可以相对于基准输出进行回归。在 MLlib 中，第一个 0 类被选为"基准"类。

对于多元分类问题，逻辑回归算法将输出一个多项式逻辑回归模型，其中包含(K-1)个与第一类不同的二元逻辑回归模型。指定一个新的数据点，(K-1)个模型将会运行，概率最大的类将会被选择为预测的类。有两种算法可被用来解决 Logistic 回归分析问题，分别是小批量梯度下降和 L-BFGS。相较于小批量梯度下降，推荐使用 L-BFGS，因为它能更快地收敛。

以下是示例的 Scala 代码，演示了如何加载一个简单的多元数据集，将其分为训练集和测试集，使用 LogisticRegressionWithLBFGS 适配 Logistic 回归模型，然后对该模型进行测试集评估，并将结果保存到磁盘。

```
import org.apache.spark.SparkContext
importorg.apache.spark.mllib.classification.{LogisticRegressionWithLBFGS,
LogisticRegressionModel}
import org.apache.spark.mllib.evaluation.MulticlassMetrics
import org.apache.spark.mllib.regression.LabeledPoint
import org.apache.spark.mllib.linalg.Vectors
import org.apache.spark.mllib.util.MLUtils
// 加载训练数据
val data = MLUtils.loadLibSVMFile(sc, "data/mllib/sample_libsvm_data.txt")
// 将数据分成训练集（占 60%）和测试集（占 40%）
val splits = data.randomSplit(Array(0.6, 0.4), seed = 11L)
val training = splits(0).cache()
val test = splits(1)
// 运行训练算法建立模型
val model = new LogisticRegressionWithLBFGS()
```

```
    .setNumClasses(10)
    .run(training)
// 计算测试集的原始分数
val predictionAndLabels = test.map { case LabeledPoint(label,features) =>
  val prediction =model.predict(features)
  (prediction, label)
}
// 获得评估指标
val metrics = new MulticlassMetrics(predictionAndLabels)
val precision = metrics.precision
println("Precision = " + precision)
// 保存和加载模型
model.save(sc, "myModelPath")
val sameModel = LogisticRegressionModel.load(sc,"myModelPath")
```

8.5.3　线性最小二乘法

线性最小二乘法是回归问题中常用的方法。根据正则化参数的类型，相关算法可以分为不同的回归算法。

（1）普通最小二乘法或线性最小二乘法，未进行正则化。

（2）岭回归算法，使用 L2 正则化。

（3）LASSO 回归算法，使用 L1 正则化。

其平均损失或训练误差可以使用均方误差公式进行计算。

以下是示例的 Scala 代码，演示了如何加载训练数据并将其解析为一个 LabeledPoint 格式的 RDD；接着使用 LinearRegressionWithSGD 建立一个用于预测类标签的模型；最后，计算均方误差来评估拟合度，具体代码如下。

```
importorg.apache.spark.mllib.regression.LabeledPoint
importorg.apache.spark.mllib.regression.LinearRegressionModel
importorg.apache.spark.mllib.regression.LinearRegressionWithSGD
importorg.apache.spark.mllib.linalg.Vectors
// 加载并解析数据
val data =sc.textFile("data/mllib/ridge-data/lpsa.data")
val parsedData = data.map { line =>
  valparts = line.split(',')
 LabeledPoint(parts(0).toDouble, Vectors.dense(parts(1).split('').map(_.toDouble)))
}.cache()
// 构建模型
val numIterations = 100
val model =LinearRegressionWithSGD.train(parsedData, numIterations)
// 在训练实例上评估模型，计算训练误差
val valuesAndPreds = parsedData.map { point=>
  valprediction = model.predict(point.features)
 (point.label, prediction)
}
val MSE = valuesAndPreds.map{case(v, p)=> math.pow((v - p), 2)}.mean()
println("training Mean Squared Error =" + MSE)
// 保存和加载模型
model.save(sc, "myModelPath")
val sameModel =LinearRegressionModel.load(sc, "myModelPath")
```

8.5.4　流的线性回归

当数据以流的形式传入，以及收到新数据更新模型参数时，在线拟合回归模型是有用的。Spark MLlib 目前使用普通最小二乘法实现流的线性回归。这种拟合的处理机制与离线方法的相似，但其拟合发生于每一数据块到达时，目的是持续更新以反映流中数据。

下面的示例演示了如何从两个文本流中加载训练数据和测试数据，并将其解析为 LabeledPoint 流，基于第一个流在线拟合线性回归模型，然后在第二个流上进行预测。

（1）导入用于解析输入数据和创建模型的必要的类，具体代码如下。

```
import org.apache.spark.mllib.linalg.Vectors
import org.apache.spark.mllib.regression.LabeledPoint
import org.apache.spark.mllib.regression.StreamingLinearRegressionWithSGD
```

（2）创建训练集和测试集的输入流，具体代码如下。

```
val trainingData =ssc.textFileStream
("/training/data/dir").map(LabeledPoint.parse).cache()
val testData =ssc.textFileStream
("/testing/data/dir").map(LabeledPoint.parse)
```

（3）将权重初始化为 0 来创建模型，具体代码如下。

```
val numFeatures = 3
val model = new StreamingLinearRegressionWithSGD()
.setInitialWeights(Vectors.zeros(numFeatures))
```

（4）注册用于训练和测试的流并开始任务，输出其正确的类标签来观察结果，具体代码如下。

```
model.trainOn(trainingData)
model.predictOnvalues(testData.map(lp => (lp.label,lp.features))).print()
ssc.start()
ssc.awaitTermination()
```

现在可以将文本数据存放在训练目录和测试目录中来模拟流事件。每一行数据应该是一个(y,[x1,x2,x3])格式的数据点，其中 y 是类标签，x1、x2、x3 是特征。当一个文本文件被放入/training/data/dir 目录下时，会更新模型。当一个文本文件被放入/testing/data/dir 目录下时，将会看到预测结果。在训练目录下放入的数据越多，预测结果将会更加准确。

8.6　随机森林

MLlib 支持的集成算法主要有两个：随机森林和 GBDT。它们都使用决策树作为基础模型。虽然随机森林和 GBDT 都是采用决策树集成的学习算法，但训练过程不同。这两种集成算法的对比如下。

（1）一方面，GBDT 每次都要训练一棵树，所以它比随机森林需要更长的时间来训练。随机森林可以平行地训练多棵树。另一方面，GBDT 往往能够比随机森林更合理地使用更小（浅）的树，训练小树会花费更少的时间。

（2）随机森林更不易发生过拟合。随机森林训练更多的树会减少大量的过拟合，而 GBDT 训练更多的树会增加过拟合。在统计语言中，随机森林通过使用更多的树减少方差，而 GBDT 通过使用更多的树减少偏差。

（3）随机森林可以更容易地被调整，因为性能与树的数量是单调增加的。但如果 GBDT

的树的数量增长过多，性能可能开始下降。

总之，这两种算法都是有效的，具体取决于特定的数据集。随机森林是分类与回归中最成功的机器学习算法之一。为了减少过拟合的风险，随机森林将许多决策树结合起来。与决策树相似，随机森林用于处理分类问题，也延伸到处理多元分类的设置问题，其不需要对特征进行缩放，并能捕捉到非线性关系和特征的交互。MLlib 使用连续和分类功能支持随机森林的二元及多元分类和回归。

随机森林对每一组决策树分别进行训练，使得训练可以并行完成。该算法在训练过程中注入随机性，使得每棵决策树略有不同。结合每棵树的预测可以减少预测的方差，提高测试数据的性能。

8.6.1 随机注入

将随机注入训练的过程包括以下两点。

（1）每次迭代对原始数据集进行二次采样获得不同的训练集。

（2）考虑在树的每个节点上随机选择特征的子集进行分割。

除了随机性，每个决策树个体是以相同的方法被训练的。

8.6.2 随机森林的预测

对于随机森林的预测，需要对其决策树集合的预测进行聚合。分类和回归问题的聚合方式是不同的。

（1）对于分类问题，采用多数表决法。将每棵树的预测作为一次投票，收到最多投票的分类为最终预测结果。

（2）对于回归问题，采用平均值法。每棵树都有一个预测值，对这些树的预测值求平均值得到最终的预测结果。

8.6.3 3个案例

1. 案例1

使用随机森林进行分类，具体代码如下。

```
//训练随机森林模型
//空 categoricalFeaturesInfo 说明所有特征是连续的
val numClasses = 2
val categoricalFeaturesInfo = Map[Int, Int]()
val numTrees = 3
val featureSubsetStrategy ="auto"
val impurity = "gini"
val maxDepth = 4
val maxBins = 32
val model = Randomforest.trainClassifier(trainingData,
 numClasses, categoricalFeaturesInfo, numTrees, featureSubsetStrategy,
 impurity, maxDepth, maxBins)
val labelAndPreds = testData.map{ point =>
    val prediction = model.predict(point.features)
    (point.label, prediction)
}
```

```
val testErr = labelAndPreds.filter(r =>
r._1 != r._2).count.toDouble / testData.count()
println("Test Error = " + testErr)
println("Learned classification forest model:\n" + model.toDebugString)
model.save(sc, "myModelPath")
val sameModel = RandomforestModel.load(sc, "myModelPath")
```

2. 案例 2

用 LogLoss()作为损失函数，使用 GBDT 进行分类，具体代码如下。

```
//训练 GradientBoostedTrees 模型
//默认使用 LogLoss()
val boostingStrategy = BoostingStrategy.defaultParams("Classification")
boostingStrategy.numIterations = 3
boostingStrategy.treeStrategy.numClasses = 2
boostingStrategy.treeStrategy.maxDepth = 5
//空 categoricalFeaturesInfo 说明所有特征是连续的
boostingStrategy.treeStrategy.categoricalFeaturesInfo = Map[Int, Int]()
val model = GradientBoostedTrees.train(trainingData, boostingStrategy)
val labelAndPreds = testData.map{ point =>
    val prediction = model.predict(point.features)
    (point.label, prediction)
}
val testErr = labelAndPreds.filter(r => r._1 != r._2)
.count.toDouble / testData.count()
println("Test Error = " + testErr)
println("Learned classification GBT model:\n" + model.toDebugString)
model.save(sc, "myModelPath")
val sameModel = GradientBoostedTreesModel.load(sc, "myModelPath")
```

3. 案例 3

用 SquaredError()作为损失函数，使用 GBDT 执行回归，具体代码如下。

```
// 训练 GradientBoostedTrees 模型
// defaultParams()指定了 Regression， 默认使用 SquaredError()
val boostingStrategy = BoostingStrategy.defaultParams("Regression")
boostingStrategy.numIterations = 3
boostingStrategy.treeStrategy.maxDepth = 5
//空 categoricalFeaturesInfo 说明所有特征是连续的
boostingStrategy。treeStrategy.categoricalFeaturesInfo = Map [Int, Int]()
val model = GradientBoostedTrees.train(trainingData, boostingStrategy)
val labelsAndPredictions = testData.map{ point =>
    val prediction = model.predict(point.features)
    (point.label, prediction)
}
val testMSE = labelsAndPredictions.map{case(v, p)
=> math.pow((v - p), 2)}.mean()
println("Test Mean Squared Error = " + testMSE)
println("Learned regression GBT model:\n" + model.toDebugString)
model.save(sc, "myModelPath")
val sameModel = GradientBoostedTreesModel.load(sc,"myModelPath")
```

8.7 朴素贝叶斯

在介绍朴素贝叶斯之前，首先来介绍一些数学中的理论。条件概率：A 和 B 表示两个事件，且 $P(B) \neq 0$（B 事件发生的概率不等于 0），则指定事件 B 发生的条件下事件 A 发生的概率定义为 $P(A|B) = \dfrac{P(A \cap B)}{P(B)}$。

使用条件概率推导出乘法定律：A 和 B 表示两个事件，且 $P(B) \neq 0$（B 事件发生的概率不等于 0）。那么 $P(A \cap B) = P(A|B)P(B)$。

将乘法定律扩展为全概率定律：事件 $B_1, B_2, \cdots, B_n$ 满足 Uni=1 $B_i = \Omega$，Uni=1 表示事件空间的大小为 1，即只有一个事件发生。在这种情况下，每个事件 B_i 都等于事件空间 Ω。$B_i \cap B_j = \varnothing$，$i \neq j$，且对所有的 i，$P(B_i) > 0$。那么，对于任意的 A，满足 $P(A) = \sum_{i=1}^{a} P(A|B_i)P(B_i)$，$a$ 表示样本空间的划分中 B_i 的个数。

对于事件 A、$B_1, B_2, \cdots, B_n$，其中 B_i 不相交，且对所有的 i，$P(B_i) > 0$，朴素贝叶斯公式为

$$P(B_j|A) = \dfrac{P(A|B_j)P(B_j)}{\sum_{i=1}^{a} P(A|B_i)P(B_i)}。$$

朴素贝叶斯算法是一种基于每对特征之间独立性的假设的简单多元分类算法。朴素贝叶斯的思想：对于给出的待分类项，在此项出现的条件下，计算各个类别出现的概率，哪个的概率最大，就认为此待分类项属于哪个类别。朴素贝叶斯算法的定义如下。

（1）设 $x = \{a_1, a_2, \cdots, a_m\}$ 为待分类项，每个 a_i 为 x 的一个特征属性。

（2）类别集合 $C = \{y_1, y_2, \cdots, y_n\}$。

（3）计算 $P(y_1|x), P(y_2|x), \cdots, P(y_n|x)$。

① 找到一个已知分类的待分类项集合，这个集合叫作训练样本集。

② 统计得到在各类别下各个特征属性的条件概率估计，即 $P(a_1|y_1), P(a_2|y_1), \cdots, P(a_m|y_1); P(a_1|y_2), P(a_2|y_2), \cdots, P(a_m|y_2); \cdots; P(a_1|y_n), P(a_2|y_n), \cdots, P(a_m|y_n)$。

③ 如果各个特征属性都是独立的，则根据朴素贝叶斯公式可以得到以下推导，如图 8.2 所示。

（4）如果 $P(y_k|x) = \max\{P(y_1|x), P(y_2|x), \cdots, P(y_n|x)\}$，则 x 属于 y_k。

可以高效地训练朴素贝叶斯模型。通过单独传入训练数据，可以计算指定标签特征的条件概率分布，并预测观察结果。

$$P(y_i|x) = \frac{P(x|y_i)P(y_i)}{P(x)}$$

$$P(x|y_i)P(y_i) = P(a_1|y_i), P(a_2|y_i), \cdots, P(a_m|y_i) = P(y_i)\prod_{j=1}^{m} P(a_j|y_i)$$

图 8.2 朴素贝叶斯公式推导

MLlib 支持多项式朴素贝叶斯和伯努利朴素贝叶斯。这些模型的典型应用场景是文档分类。其中，每个观察是一个文档，每个特征代表一个条件，其值是条件的频率（在多项式朴素贝叶斯中）或一个指示该条件是否能在文档中找到的指示器变量（在伯努利朴素贝叶斯中）。特征值必须是非负的。可以通过设置参数 multinomial 或 bernoulli 来选择模型类型，其中 multinomial 表示选择默认模型。还可以通过设置参数 λ（默认值为 1.0）来添加拉普拉斯平滑。对于文档分类，输入特征向量通常是稀疏的，因为稀疏向量可以利用稀疏性的优势。由于仅使用一次训练数据，因此不必将其缓存。

使用多项式朴素贝叶斯的具体代码如下。

```
import org.apache.spark.mllib.classification.
{NaiveBayes, NaiveBayesModel}
import org.apache.spark.mllib.linalg.Vectors
import org.apache.spark.mllib.regression.LabeledPoint
val data = sc.textFile("data/mllib/sample_naive_bayes_data.txt")
val parsedData = data.map{ line =>
val parts = line.split(', ')
LabeledPoint(parts(0).toDouble, Vectors.dense(parts(1).
split(' ').map(_.toDouble)))}
val splits = parsedData.randomSplit(Array(0.6, 0.4), seed = 11L)
val training = splits(0)
val test = splits(1)
val model = NaiveBayes.train(training, lambda =
1.0, modelType = "multinomial")
val predictionAndLabel = test.map(p =>
(model.predict(p.features), p.label))
val accuracy = 1.0 * predictionAndLabel.filter(x => x._1 == x._2).
count() / test.count()
model.save(sc, "myModelPath")
val sameModel = GradientBoostedTreesModel.load(sc, "myModelPath")
```

8.8　协同过滤

8.8.1　协同过滤推荐算法的原理

讲到协同过滤（Collaborative Filtering，CF），首先想一个简单的问题：如果现在想看电影，但不知道具体看哪部，大部分的人会问朋友最近有什么好看的电影，并且一般倾向于从口味比较相似的朋友那里得到推荐。这就是协同过滤的核心思想。

协同过滤算法又分为基于用户的协同过滤算法和基于物品的协同过滤算法。在推荐系统中为了填补用户关联矩阵的缺失项，经常会用到协同过滤技术。MLlib 支持基于模型的协同过滤，它可以用于预测产品及用户，对缺失项潜在因素的小集合进行描述。MLlib 采用交替最小二乘算法来描述这些潜在的因素。

在使用协同过滤处理用户项矩阵时，分解矩阵的标准方法非常明确。然而，在现实世界中，更常见的案例是只能访问隐式反馈（例如浏览、点击、购买、喜欢、分享等）。

8.8.2　案例需求

现在需要给用户推荐物品，"√"表示喜欢该物品，"○"表示对该物品不感兴趣，各用户对各物品的偏好如表 8.2 所示。

表 8.2　　　　　　　　　　　　　各用户对各物品的偏好

用户	物品 A	物品 B	物品 C	物品 D
用户 A	√	√	√	√
用户 B	√	√	○	√
用户 C	√	○	√	√
用户 D	√	○	○	√

（1）基于用户相似度的分析。直觉分析："用户 A/B"都喜欢物品 A 和物品 B，因而"用户 A/B"的口味最为相近，因此，为"用户 A"推荐物品时可参考"用户 B"的偏好，从而推荐 D，用户相似度的分析如图 8.3 所示。

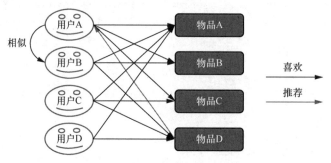

图 8.3　用户相似度的分析

这就是基于用户的协同过滤算法 UserCF 的指导思想。

（2）基于物品相似度的分析。直觉分析：物品 A、D 被同时喜欢出现的次数最多，因此可以认为 A、D 两种物品相似度最高。因此，可以为选择了物品 A 的用户推荐物品 D，如图 8.4 所示。

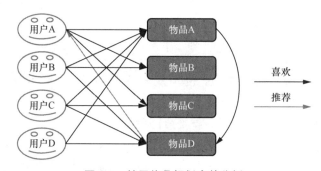

图 8.4　基于物品相似度的分析

这就是基于物品的协同过滤算法 ItemCF 的指导思想。

协同过滤推荐算法的有效性基础如下。

- 用户偏好具有相似性，即用户可被分类。这种分类的特征越明显，推荐准确率越高。
- 物品之间具有相似性，即偏好某物品的人，很可能也同时偏好另一件相似物品。

在不同的环境下，这两种算法的有效性也不同，应用时需要做相应的调整。例如，在豆瓣上文艺作品的用户偏好程度与用户自身的品位有很强的关联性，适合使用 UserCF 算法；而对电子商务网站来说，商品之间的内在联系对用户的购买行为影响更显著，因此适合使用 ItemCF 算法。

8.8.3　算法实现

1. 收集用户偏好

用户有很多方式向系统提供自己的偏好信息，而且对于不同的应用可能大不相同，如

表 8.3 所示。

表 8.3		用户提供偏好信息的不同方式	
用户行为	类型	特征	作用
评分	显式	整数值[0,n]	可以得到精确偏好
投票	显式	布尔量化值（0 或 1）	可以得到精确偏好
转发	显式	布尔量化值（0 或 1）	可以得到精确偏好
保存书签	显式	布尔量化值（0 或 1）	可以得到精确偏好
标记书签	显式	一些单词	需要进一步分析得到偏好
评论	显式	一些文字	需要进一步分析得到偏好
点击	隐式	一组点击记录	需要进一步分析得到偏好
停留	隐式	一组时间信息	"噪声"偏大，不好利用
购买	隐式	布尔量化值（0 或 1）	可以得到精确偏好

2．对原始偏好数据的预处理

（1）用户行为的识别/组合。

在一般的应用中，提取的用户行为通常不止一种。如何组合这些不同的用户行为呢？可以将用户行为分为"查看"行为和"购买"行为等，然后基于不同的行为计算不同的用户/物品相似度。类似于当当网或者京东给出的"购买了该图书的人还购买了……""查看了该图书的人还查看了……"等。

（2）偏好程度加权。

根据不同行为反映用户偏好的程度对其进行加权，得到用户对物品的总体偏好。一般来说，显式的用户反馈比隐式的权值大，但比较稀疏，毕竟进行显式反馈的用户是少数；同时相对于"查看"行为，"购买"行为反映用户偏好的程度更大，但这也因应用而异。

（3）数据的减噪和归一化。

● 减噪。用户行为数据是用户在使用应用过程中产生的，它可能存在大量的噪声和用户的误操作。可以通过经典的数据挖掘算法过滤掉行为数据中的噪声，这样可以使分析更加精确。

● 归一化。如前面讲到的，在计算用户对物品的偏好程度时，可能需要对不同的行为数据进行加权。但可以想象，不同行为数据的取值可能相差很大，例如，用户的查看数据必然比购买数据多。将各个行为的数据统一在一个相同的取值范围中，从而使加权求和得到的总体偏好更加精确，就需要进行归一化处理。最简单的归一化处理，就是将各类数据除以此类中的最大值，以保证归一化后的数据取值在[0,1]范围中。

（4）形成用户偏好矩阵。

用户偏好矩阵一般是二维矩阵，一维是用户列表，另一维是物品列表，值是用户对物品的偏好，一般是[0,1]或[−1,1]的浮点型数值。

3．找到相似用户或物品

当已经对用户行为进行分析得到用户偏好后，就可以根据用户偏好找到相似用户和物品，然后基于相似用户或者物品进行推荐，这就是典型的协同过滤的两个分支：基于用户的协同过滤和基于物品的协同过滤。这两种方法都需要计算相似度。

4. 相似度的计算

对于相似度的计算，现有的几种基本方法都是基于向量的，其实也就是计算两个向量的距离，距离越近相似度越大。

在推荐场景中，可以将一个用户对所有物品的偏好作为一个向量来计算用户之间的相似度，或者将所有用户对某个物品的偏好作为一个向量来计算物品之间的相似度，这些方法都是基于向量的距离计算。

计算相似度的常用方法有 3 种，分别是欧氏距离法、皮尔逊相关系数法、余弦相似度法。对下面这 3 种算法进行介绍。

8.8.4　计算相似度的 3 种常用方法

1. 欧氏距离法

欧氏距离法即计算每两个点的距离，距离越小表示相似度越高。

2. 皮尔逊相关系数法

两个变量之间的相关系数越大，由其中一个变量去预测另一个变量的精确度就越高。这是因为相关系数越大，意味着这两个变量的共变部分越多，所以从其中一个变量的变化可以获知另一个变量越多的变化。如果两个变量之间的相关系数为 1 或-1，那么可由变量 X 去获知变量 Y 的值，具体说明如下。

（1）当相关系数为 0 时，X 和 Y 两个变量无关系。

（2）当 X 的值增大，Y 也增大，呈正相关关系时，相关系数为 0.00~1.00。

（3）当 X 的值减小，Y 也减小，呈正相关关系时，相关系数为 0.00~1.00。

（4）当 X 的值增大，Y 减小，呈负相关关系时，相关系数为-1.00~0.00。

（5）当 X 的值减小，Y 增大，呈负相关关系时，相关系数为-1.00~0.00。

（6）相关系数的绝对值越大，相似度越高；相关系数越接近 1 和-1，相似度越高；相关系数越接近于 0，相似度越低。

3. 余弦相似度法

余弦相似度法是指通过测量两个向量的夹角的余弦值来计算它们之间的相似性。0°角的余弦值是 1，而其他任何角度的余弦值都不大于 1，并且其最小值是-1。两个向量之间的角度的余弦值确定两个向量是否大致指向相同的方向。当两个向量有相同的指向时，余弦相似度的值为 1；当两个向量夹角为 90°时，余弦相似度的值为 0；当两个向量指向完全相反的方向时，余弦相似度的值为-1。在比较过程中，向量的规模不予考虑，仅考虑向量的指向。余弦相似度法通常用于两个向量的夹角小于 90°的情况，因此余弦相似度的值为 0~1。

推荐的计算过程其实就是 KNN 算法的计算过程，基于物品相似度的推荐算法的思路如下。

（1）构建物品的同现矩阵。

（2）构建用户对物品的评分矩阵。

（3）通过矩阵计算得出推荐结果。

推荐结果=评分矩阵×同现矩阵，计算各种物品组合的出现次数，如图 8.5 所示。

	101	102	103	104	105	106	107		U3		R
101	5	3	4	4	2	2	1		2.0		40.0
102	3	3	3	2	1	1	0		0.0		18.5
103	4	3	4	3	1	2	0	×	0.0	=	24.5
104	4	2	3	4	2	2	1		4.0		40.0
105	2	1	1	2	2	1	1		4.5		26.0
106	2	1	2	2	1	2	0		0.0		16.5
107	1	0	0	1	1	0	1		5.0		15.5

图 8.5　计算各种物品组合的出现次数

8.8.5　案例——如何使用协同过滤

```
import org.apache.spark.mllib.recommendation.ALS
import org.apache.spark.mllib.recommendation.MatrixFactorizationModel
import org.apache.spark.mllib.recommendation.Rating
val data = sc.textFile("data/mllib/als/test.data")
val ratings = data.map(_.split(',') match
{ case Array(user,item, rate)=>
Rating(user.toInt, item.toInt, rate.toDouble)
})
//使用ALS构建推荐模型
val rank = 10
val numIterations = 20
val model = ALS.train(ratings, rank, numIterations, 0.01)
//模型计算
val usersProducts = ratings.map{ case Rating(user, product, rate) =>
    (user, product)
}
val predictions = model.predict(usersProducts).map
{ case Rating(user, product, rate) =>
  ((user, product), rate)
}
val ratesAndPreds = ratings.map { case Rating(user, product, rate) =>
  ((user, product), rate)
}.join(predictions)
val MSE = ratesAndPres.map { case ((user, product), (r1, r2)) =>
    val err = (r1 - r2)
    err * err
}.mean()
println("Mean Squared Error = " + MSE)
model.save(sc, "myModelPath")
val sameModel = MatrixFactorizationModel.load(sc, "myModelPath")
```

8.8.6　使用协同过滤算法时的常见问题

虽然协同过滤是一种比较省事的推荐方法，但在某些场合下其并不如利用元信息推荐精确。使用协同过滤会遇到如下两个常见问题。

（1）稀疏性问题。用户做出的评价过少，导致算出的相关系数不准确。

（2）冷启动问题。物品获得的评价过少，导致无"权"进入推荐列表中。

这些问题都是样本量太少导致的（上例中也使用了至少 200 的有效重叠评价数）。因此，在对新用户和新物品进行推荐时，使用一些更一般性的方法效果可能会更好。

例如，给新用户推荐更多平均得分高的电影。又如，将新电影推荐给喜欢类似电影的人（如具有相同导演或演员）。这种做法需要维护一个物品分类表，该表可以基于物品元信息获得，也可以通过聚类得到。

实战训练：利用 MLlib 实现电影推荐引擎

【需求描述】

智能电视通过机顶盒为用户播放电视节目。由于采集到的用户信息非常少，而且智能电视的用户主要以家庭为单位，因此用户画像呈现出家庭特征，其各项属性（如年龄、性别、学历等）特征都是不固定的。为了进行精准推荐，需要通过其他渠道进行数据统计和分析，以得出用户画像。

【思路分析】

（1）扩展用户特征。

利用用户在开通业务时登记的号码，提取用户所在的区域信息。

通过用户的历史观影数据，统计一天内不同时间段的用户数量，并构建数据分布图。根据数据分布，对观影时段进行分类，建立用户观影时段属性。

（2）构建电影之间的相似度矩阵。

① 根据用户观看历史，建立用户与观看电影列表，如图 8.6 所示。

② 利用 word2vec 生成每个电影的词向量，生成 m-m 矩阵（即电影-电影矩阵）。可以自行定义词向量维度，通常为 100～400。由于使用该方法需要进行大量计算，因此需要考虑开销问题。

```
user1  u1_m1 u1_m2 u1_m3 u1_m4 u1_m5
user2  u2_m1 u2_m2 u2_m3
user3  u3_m1 u3_m2 u3_m3 u3_m4 u3_m5
user4  u4_m1
user5  u5_m1 u5_m2 u5_m3 u5_m4
```

图 8.6 用户与观看电影列表

③ 将每个电影的导演、演员、类型等属性组成 sentence，利用编辑距离或自定义加权编辑距离计算电影的距离，并构建 m-m 矩阵。

（3）构建用户之间的相似度矩阵。

根据用户与观看电影列表，计算共同观看电影数量占总观影数量的比例，从而确定用户与用户之间的关系。由于用户的点播行为会随时间变化，并且在不同时段观看电影的类型会有所不同，例如孩子放学时段，播放动画片的概率会更高，因此，用户之间的相似度矩阵也应该随时间更新（例如每月更新一次）。

（4）基于流行度的电视节目推荐。

由于用户特征有限，完全的个性化推荐不太实际。因此，首先考虑采用基于流行度的粗粒度推荐。

① 用户分类如下。

- 根据属性，u-u 矩阵（即用户-用户矩阵）将用户分类。

- 根据属性分组，例如先根据 AREA 粗分，再根据 TIMEZOOM 细分，以将用户分成不同的组。

② 选择排名前 k 的电影。根据第一天的数据，获取每个组下的排名前 k 的电影，并结合 m-m 矩阵，计算最相关的多个电影进行推荐。在此过程中，需要解决编辑距离加权、电影重复推荐和冷片推送等问题。

（5）推荐电影。

使用 spark.mllib.ALS 实现最简单的推荐。采用协同过滤的方法，根据用户的历史评分分析用户的偏好，从而向用户推荐合适的电影。

【操作步骤】

（1）下载数据集，地址如下。

```
https://grouplens.org/datasets/movielens/
```

（2）下载 u.data 和 u.item 数据集并解压缩。

u.data 中存放用户评分数据，分为 4 列，分别是 userid、movieid、rating、time，具体如下：

```
userid  movieid rating time
196     242     3      881250949
186     302     3      891717742
22      377     1      878887116
244     51      2      880606923
166     346     1      886397596
298     474     4      884182806
```

u.item 中有一些字段记录着电影的信息，分别为 movieid、name(year)、publish date 等。

（3）导入数据，具体代码如下。

```scala
scala> val rawUserData = sc.textFile("u.data")
scala> rawUserData.take(5).foreach(println)
196 242 3  881250949
186 302 3  891717742
22  377 1  878887116
244 51  2  880606923
166 346 1  886397596
```

（4）检查数据是否缺失或异常，具体代码如下。

```scala
scala> rawUserData.map(_.split("\t")(0).toDouble).stats()
res1: org.apache.spark.util.StatCounter = (count: 100000,
mean: 462.484750, stdev: 266.613087, max: 943.000000, min: 1.000000)
scala> rawUserData.map(_.split("\t")(1).toDouble).stats()
res2: org.apache.spark.util.StatCounter = (count: 100000,
mean: 425.530130, stdev: 330.796702, max: 1682.000000, min: 1.000000)
scala> rawUserData.map(_.split("\t")(2).toDouble).stats()
res3: org.apache.spark.util.StatCounter = (count: 100000,
mean: 3.529860, stdev: 1.125668, max: 5.000000, min: 1.000000)
scala> rawUserData.map(_.split("\t")(3).toDouble).stats()
res5: org.apache.spark.util.StatCounter = (count: 100000,
mean: 883528851.488622, stdev: 5343829.470155, max: 893286638.000000,
min: 874724710.000000)
```

（5）导入 ALS 和 Rating 依赖包，具体代码如下。

```scala
scala> import org.apache.spark.mllib.recommendation.ALS
import org.apache.spark.mllib.recommendation.ALS
```

```
scala> import org.apache.spark.mllib.recommendation.Rating
import org.apache.spark.mllib.recommendation.Rating
```

（6）提取前 3 个属性*（userid、movieid、rating），具体代码如下。

```
scala> val rawRatings = rawUserData.map(_.split("\t").take(3))
rawRatings: org.apache.spark.rdd.RDD[Array[String]] =
MapPartitionsRDD[12] at map at <console>:27
scala> val ratingRDD = rawRatings.map{case Array(user,movie,rating)
=> Rating(user.toInt,movie.toInt,rating.toDouble)}
ratingRDD: org.apache.spark.rdd.RDD
[org.apache.spark.mllib.recommendation.Rating]=
MapPartitionsRDD[13] at map at <console>:27
```

（7）将构造好的 Rating 放入模型进行训练，具体代码如下。

```
scala> val model = ALS.train(ratingRDD,10,10,0.01)
```

ALS.train 有 4 个参数（ratings、rank、numIterations、lambda），解释如下。

- ratings：具有特定格式的 RDD。

- rank：rank 可以被理解为分解矩阵时特征的数量，是一个超参数，需要人工调整。首先算法将原本的 u-m 矩阵即用户-电影矩阵（通过 ratingRDD 构建）分解为用户矩阵 X 和产品矩阵 Y（分解矩阵之后，矩阵不再稀疏，且维数有所减少），然后分别构建 u-u 矩阵和 m-m 矩阵，进而通过矩阵乘法可以得到电影与所有用户的关系，也可以得到用户与所有电影的关系。

- numIterations：训练次数。

- lambda：正则化参数，用来控制模型泛化性能。

（8）预测用户 454 喜欢的电影，具体代码如下。

```
scala> model.recommendProducts(454,5).mkString("\n")
res8: String =
Rating(454,1141,4.473476952668481)
Rating(454,34,4.465395838192516)
Rating(454,1192,4.129537334173054)
Rating(454,1410,4.125483999697048)
Rating(454,867,4.001905086743346)
```

（9）推荐与用户相关的用户，具体代码如下。

```
scala> model.recommendUsers(464,5).mkString("\n")
res9: String =
Rating(219,464,13.07212541336996)
Rating(726,464,11.970157628357022)
Rating(418,464,11.162018183746392)
Rating(98,464,10.768677532641455)
Rating(820,464,9.919882868872023)
```

（10）预测用户对电影的评分，具体代码如下。

```
scala> model.predict(196,442)
```

（11）查看推荐指数，具体代码如下。

```
res10: Double = -0.20212121637734182
```

（12）将推荐影片的 ID 与名称对应起来，具体代码如下。

```
scala> val itemRDD = sc.textFile("u.item")
itemRDD: org.apache.spark.rdd.RDD[String] = u.item MapPartitionsRDD[226] at
textFile at <console>:26
```

（13）读取对应关系，构建 collectAsMap()，具体代码如下。

```
scala> val movieTitle = itemRDD.map
(_.split("\\|").take(2)).map(array=>(array(0).toInt, array(1))).
collectAsMap()
scala> movieTitle.take(5).foreach(println)
(146,Unhook the Stars (1996))
(1205,The Secret Agent (1996))
(550,Die Hard: With a Vengeance (1995))
(891,Bent (1997))
(137,Big Night (1996))
```

（14）每一次推荐返回的是由 Rating 组成的 Array，具体代码如下。

```
scala> model.recommendProducts(196,5)
res14: Array[org.apache.spark.mllib.recommendation.Rating] = Array
(Rating(196,634,9.521615571592464),
Rating(196,394,9.00603568825851),
Rating(196,1242,8.888490353715557),
Rating(196,1066,8.876096458148403),
Rating(196,1172,8.239287750500973))
```

【结果校验】

使用 rating.product 读出电影 ID，再用 movieTitle 表找出对应名称，具体代码如下。

```
scala> model.recommendProducts(196,5).map
(rating=>(rating.product,movieTitle(rating.product),rating.rating))
.foreach(println)
(634,Microcosmos: Le peuple de l'herbe (1996),9.521615571592464)
(394,Radioland Murders (1994),9.00603568825851)
(1242,Old Lady Who Walked in the Sea,
(Vieille qui marchait dans la mer, La) (1991),8.888490353715557)
(1066,Balto (1995),8.876096458148403)
(1172,The Women (1939),8.239287750500973)
```

8.9　本章小结

本章主要介绍了 Spark MLlib 机器学习算法库。首先对机器学习的概念进行了概括性介绍，并区分了机器学习算法的类别。接着，讲解了分类和回归、随机森林、朴素贝叶斯、协同过滤等常见算法。最后，特别强调了协同过滤算法的重要性，在后面的项目中会广泛应用。通过对本章的学习，读者可以初步了解机器学习的基本概念和常见算法，并且可以直接调用机器学习算法库 API 进行相关操作。

8.10　习题

1. 填空题

（1）机器学习为一门多领域交叉学科，涉及_____、_____、_____、统计学、算法复杂度理论等多门学科。

（2）机器学习强调 3 个关键词：_____、_____、_____。

（3）机器学习算法的类别分为_____、_____。

（4）MLlib 支持两种线性分类方法：_____、_____。

（5）计算相似度的 3 种常用算法：_____、_____、_____。

2．选择题

（1）下面论述中错误的是（　　）。

A．机器学习和人工智能是不存在关联关系的两个独立领域

B．机器学习强调 3 个关键词：算法、经验、性能

C．推荐系统、金融反欺诈、语音识别、自然语言处理和机器翻译、模式识别、智能控制等领域，都用到了机器学习的知识

D．机器学习可以被看作一门人工智能的科学，该领域的主要研究对象是人工智能

（2）下面关于机器学习工作流程的描述，错误的是（　　）。

A．在数据的基础上，通过算法构建出模型并对模型进行评估

B．评估的性能如果达到要求，就用该模型来测试其他的数据

C．评估的性能如果达不到要求，就要调整算法来重新建立模型，再次进行评估

D．对于通过算法构建出的模型，不需要评估就将其可以用于其他数据的测试

（3）Spark 生态系统组件 MLlib 的应用场景是（　　）。

A．图结构数据的处理　　　　　　　　　B．基于历史数据的交互式查询

C．复杂的批量数据处理　　　　　　　　D．历史数据的数据挖掘

（4）下列关于 Spark MLlib 正确的是（　　）。

A．MLlib 只能进行分类、回归分析

B．MLlib 是基于小规模数据的机器学习算法库

C．MLlib 可以保存和加载算法、模型和管道

D．本身不包含线性代数、统计工具

（5）（多选）Spark MLlib 主要提供了哪些的工具？（　　）

A．算法工具　　　　　B．特征化工具　　　C．流水线工具　　　　D．实用工具

（6）（多选）Spark MLlib 提供以下哪些算法？（　　）

A．分类　　　　　　　B．回归　　　　　　C．聚类　　　　　　　D．协同过滤

（7）（多选）MLlib 的主要数据类型包括（　　）。

A．标签点　　　　　　B．本地向量　　　　C．本地矩阵　　　　　D．分布式矩阵

3．思考题

（1）简述什么是机器学习。

（2）简述协同过滤的原理以及适用场景。

第9章 Redis 数据库

本章学习目标

- 了解 Redis 的概念。
- 掌握 Redis 的安装。
- 掌握 Redis 的相关操作。
- 掌握 Redis 的数据类型。
- 了解 Redis 的持久化和高可用。

Redis 数据库

在实时运算过程中，会快速产生海量数据，需要快速访问数据库，因此需要基于内存存储的数据库对数据进行缓存。Redis 数据库便是基于内存存储的主流数据库之一，通常在实时处理模型中负责数据存储。Spark 在实时处理中也会经常使用 Redis 数据库，本章从 Redis 简介开始逐步讲解 Redis 数据库的相关内容。

9.1 Redis 简介

NoSQL（Not-Only SQL）通常指代非关系数据库，它不能替代关系数据库，而是作为关系数据库的良好补充。有些 NoSQL 数据库将数据存储在内存中以提高读写速度，例如 Redis 和 Memcached 等内存数据库。

Redis（Remote Dictionary Server）是用 C 语言编写的、开源的（持有 BSD 许可）、基于内存存储和持久化的日志型高性能键值对数据库，并且为开发者提供了多种语言的 API。Redis 通过提供多种键值数据类型以满足不同场景下的存储需求，支持的键值数据类型有字符串（String）、哈希表、列表（List）、集合（Set）和有序集合（Sorted Set）等，它又被称为数据结构服务器。

9.1.1 常见的 Redis 应用场景

Redis 数据库主要被大型企业、初创公司和政府组织用于以下场景：缓存、构建队列系统、实时欺诈检测、全球用户会话管理、实时库存管理、人工智能/机器学习功能存储以及索赔处理。

Redis 数据库在内存中读写数据的量受到物理内存的限制，不适用于海量数据的高性能读写，再加上它缺少原生的可扩展机制，不具备可扩展能力，需要通过客户端来实现分布式读写，因此 Redis 适合的场景主要局限在较小数据量的高性能操作和运算上。目前，国内的互联网企业，如新浪微博和知乎，以及国外互联网企业的产品，如 GitHub、Stack Overflow、Flickr 和 Instagram，都是 Redis 的用户。

Redis 常见用例包括以下 6 种。

1. 存储数据库

使用云数据库 Redis 时，Redis 作为持久化数据库，主程序被部署在 ECS 上，所有业务数据被存储在 Redis 中。云数据库 Redis 支持持久化功能，采用主备双机存储冗余数据，保证了服务的高可用性。适用场景为游戏网站及应用。

2. 缓存

最常见的 Redis 应用场景就是缓存。Redis 通过 String 类型将序列化后的对象存储到内存中。

3. 消息队列

Redis 支持保存列表和集合等类型的数据，且支持对列表进行各种操作。基于列表来做 FIFO 双向链表可实现轻量级的高性能消息队列服务。常见的应用场景有 12306 网站的排队购票业务和候补业务，电商网站的秒杀、抢购等业务。

4. 排行榜

Redis 使用有序集合和计算"热度"的算法，可以轻松地得到"热度"排行榜。常见的应用场景有新闻头条、微博热搜榜、热歌榜、游戏排行榜等。

5. 位操作

当遇到需要处理上亿数据量的情况时，可以用位操作。例如，几亿用户的签到、去重登录的统计、查询用户的在线状态等场景，如果给每个用户建立一个键，那么腾讯的约 10 亿用户的数据所需要占用的内存大小是难以想象的。使用位操作的 setbit、getbit、bitcount 命令，则可以解决以上问题。

6. 计数器

Redis 高效率读写的特点可以充分发挥其计数功能。在 Redis 的数据结构中，字符串、哈希等支持原子性的递增操作，适用于诸如统计点击数的应用。因为 Redis 是单线程的，所以能够避免并发问题，保证不会出错，而且其 100%毫秒级的性能，非常适用于高并发的秒杀活动、分布式序列号的生成、网站访问量的统计等场景。

9.1.2 Redis 的特性

Redis 数据库具有以下特性。

（1）因为数据被存储在内存中，所以能够快速访问数据。

（2）支持数据持久化机制，使得数据在断电或服务器崩溃等异常情况下也能够安全地被存储。

（3）支持集群模式，可以线性扩展容量以满足存储大规模数据的需求。

（4）相比其他缓存工具（例如 Ehcach 和 Memcached），Redis 数据库的鲜明优势在于支持丰富的数据类型，例如字符串、哈希表、列表、集合、有序集合等，使得该数据库不仅是一个简单的键值存储工具，而且具有更广泛的用途。

9.1.3　持久化机制

持久化机制是指将内存中的数据持久化到磁盘等永久性存储介质中，以保证数据在程序崩溃、服务器故障或断电等异常情况下不会丢失。在数据库或缓存系统等需要长期保存数据的场景中，持久化机制是必要的。

常见的持久化方式包括将数据写入磁盘文件、写入数据库中或使用类似于日志的方式记录数据变化等。通过持久化机制，数据可以在重启或恢复系统之后重新加载，确保数据的完整性和一致性。

9.2　Redis 的安装和启动

9.2.1　Redis 的安装

1．下载 Redis 安装包

首先访问 Redis 官网，进入 Redis 官网下载页面，如图 9.1 所示。

图 9.1　Redis 官网下载页面

由图 9.1 可知，Redis 当前（编写本书时）最新版本为 7.0，Redis 版本号的命名规则借鉴了 Linux 操作系统。若该版本号的第 2 位为奇数，则表示该 Redis 版本是非稳定版本；若为偶数，则表示是稳定版本。因此本书使用的 Redis 7.0.4 为稳定版本，在生产环境中，优先选取第 2 位为偶数的版本的 Redis。右击 Download 7.0.4 并选择复制链接，如图 9.2 所示。

使用 wget 命令从 Redis 官网 http://download.redis.io 或 GitHub 开源社区下载 Redis 安装包，具体命令如下。

```
wget https://github.com/redis/redis/archive/7.0.4.tar.gz
```

图 9.2　复制 Redis 下载链接

2. 解压 Redis 安装包

将 Redis 安装包解压，具体命令如下。

```
tar xzf 7.0.4.tar.gz
```

3. 编译和安装

解压完成后，进入 Redis 安装包所在目录，执行 make 命令开始编译，具体命令如下。

```
cd redis-7.0.4/
make
```

当返回结果为 Hint: It's a good idea to run 'make test'时，表示 Redis 文件夹中的文件编译成功。若提示因缺少 GCC 环境而编译失败，读者可自行执行 yum -y install gcc 命令，配置编译环境。编译完成后，查看 Redis 软件目录，查询结果如下。

```
[root@qfedu redis-7.0.4]# ls
00-RELEASENOTES      INSTALL       runtest-cluster      tests
BUGS                 Makefile      runtest-moduleapi    TLS.md
CODE_OF_CONDUCT.md   MANIFESTO     runtest-sentinel     utils
CONTRIBUTING.md      README.md     SECURITY.md
COPYING              redis.conf    sentinel.conf
deps                 runtest       src
```

安装已经编译完成的 Redis，具体命令如下。

```
[root@qfedu redis-7.0.4]# make install
cd src && make install
make[1]: Entering directory '/redis-7.0.4/src'
    CC Makefile.dep
make[1]: Leaving directory '/redis-7.0.4/src'
make[1]: Entering directory '/redis-7.0.4/src'

Hint: It's a good idea to run 'make test' ;)

    INSTALL redis-server
    INSTALL redis-benchmark
    INSTALL redis-cli
```

```
make[1]: Leaving directory '/redis-7.0.4/src'
```

由上述结果可知，Redis 安装成功。

9.2.2　前端启动

执行 redis-server 命令可以直接启动 Redis 服务，如图 9.3 所示。

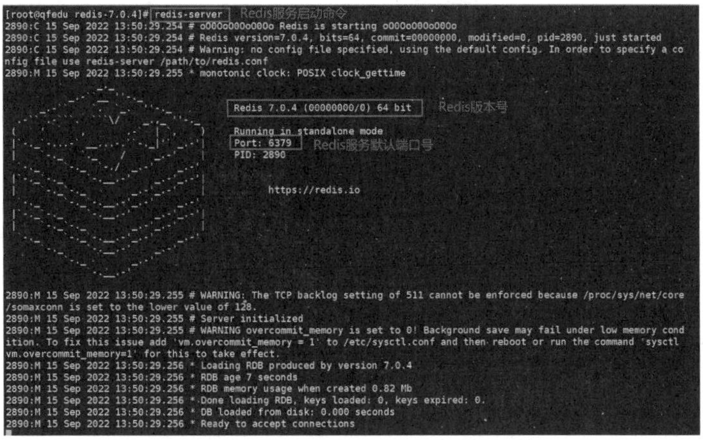

图 9.3　启动 Redis 服务

由图 9.3 可知，Redis 服务端窗口显示了 6379 的端口号，表示 Redis 服务启动成功。
如果要关闭 Redis 服务，可以通过按 Ctrl+C 组合键关闭服务。

9.2.3　后端启动

通过 Redis 服务的指定配置文件，同样可以启动 Redis 服务。首先，将 Redis 的配置文件
redis.conf 复制到 bin 目录下，具体命令如下。

```
cp redis.conf /usr/local/redis0101/bin/
```

修改 Redis 的配置文件，将参数 daemonize 的值改为 yes，用于启动守护进程，如图 9.4
所示。

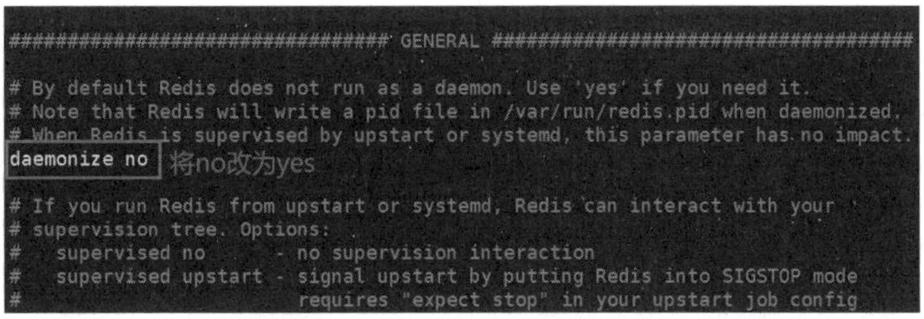

图 9.4　修改 Redis 的配置文件

至此，已通过启动守护进程的方式，实现在后台运行 Redis 服务的目的。
接下来，通过指定配置文件 redis.conf 来启动 Redis 服务器，具体命令如下。

```
./redis-server redis.conf
```

关闭 Redis 服务的命令如下。

```
./redis-cli shutdown
```

9.3 Redis 的客户端

使用 Redis 的客户端可便于管理和操作 Redis 数据库。

9.3.1 Redis 自带的客户端

redis-cli 是 Redis 命令行界面，通过这个简单的程序，可以直接从终端向 Redis 发送命令，并读取服务器发送的回复。

执行 redis-cli 命令启动并进入 Redis 客户端，具体命令如下。

```
//启动 Redis 服务
[root@qfedu ~]# redis-server --daemonize yes
[root@qfedu ~]# ps -ef | grep redis
root      23315     1  0 13:58 ?        00:00:00 redis-server *:6379
root      23326  1415  0 13:58 pts/1    00:00:00 grep --color=auto redis
[root@qfedu ~]# redis-cli
127.0.0.1:6379>
```

由上述结果可知，已成功启动 Redis 客户端，且默认端口为 6379。

9.3.2 Redis 桌面管理工具

Redis 桌面管理工具是指一些可视化的工具，它们可以帮助用户轻松地管理和监控 Redis 数据库。常见的 Redis 桌面管理工具及其特点如下。

1. Redis Desktop Manager

Redis Desktop Manager(RDM)是一个跨平台的 Redis 桌面管理工具，支持 Windows、macOS 和 Linux 等系统。它具有直观的用户界面，使用户可以方便地浏览 Redis 数据库的键、值、过期时间等信息，同时支持对数据的编辑、删除和导出等操作。此外，RDM 还提供了可视化的性能监控和实时日志查看功能，可以帮助用户更好地管理 Redis 数据库。

2. RedisInsight

RedisInsight 是 Redis 官方提供的一个跨平台的桌面管理工具，支持 Windows、macOS 和 Linux 等系统。它提供了一系列的监控和管理功能，包括性能监控、内存分析、命令分析、数据导入和导出等，同时还支持可视化的命令编辑器和查询构建器，使得用户可以更加方便地操作 Redis 数据库。

3. MyRedis

MyRedis 是一个基于 Electron 框架的 Redis 桌面管理工具，支持 Windows、macOS 和 Linux 等系统。它提供了简洁明了的用户界面，支持对数据的导入、导出、查看和编辑等操作，同时还提供了实时性能监控和实时日志查看功能，使得用户可以更加方便地管理 Redis 数据库。

Redis 桌面管理工具可以帮助用户更加方便地管理和监控 Redis 数据库，同时提供了一系列的实用功能，使得用户可以更加高效地进行开发和维护工作。用户可以根据自己的需求选择合适的 Redis 桌面管理工具。

9.3.3　Java 客户端 Jedis

Jedis 是一款流行的 Java 客户端，用于与 Redis 数据库进行交互。它提供了一系列的 API，使用户可以方便地操作 Redis 数据库，支持对基本类型（字符串、列表、哈希、集合、有序集合）数据的操作以及一些高级功能（如事务、管道、发布/订阅等）。

安装使用 Jedis 的步骤主要如下。

1. 下载 Jedis JAR 包

Jedis JAR 包可以从 Maven Central Repository、GitHub 等网站下载得到。可以选择下载最新版本的 JAR 包，或者根据项目需要选择对应版本的 JAR 包。

2. 导入 Jedis JAR 包

将下载得到的 Jedis JAR 包导入项目的 classpath 中，可以使用 Maven、Gradle 等构建工具导入，也可以手动将 JAR 包复制到项目目录下。

3. 创建 Jedis 实例

在 Java 代码中创建 Jedis 实例，连接 Redis 服务器。Jedis 提供了多种构造函数，可以指定 Redis 服务器的 IP 地址、端口号、密码等信息。

例如，创建一个连接 Redis 服务器的 Jedis 实例，具体命令如下。

```
Jedis jedis = new Jedis("localhost", 6379);
```

4. 使用 Jedis 操作 Redis

使用 Jedis 的 API 操作 Redis，可以进行对数据的读写、删除、修改等操作。例如，向 Redis 中写入一个键值对，具体命令如下。

```
jedis.set("key", "value");
```

同时，Jedis 还支持各种 Redis 命令和对数据结构的操作，具体命令如下。

```
// 获取键值对
String value = jedis.get("key");
// 判断键是否存在
boolean exists = jedis.exists("key");
// 自增操作
jedis.incr("counter");
// 列表操作
jedis.lpush("list", "value1", "value2", "value3");List<String> list = jedis.lrange
("list", 0, -1);
```

5. 关闭 Jedis 连接

在程序结束或者不再使用 Jedis 实例时，需要关闭连接，释放资源。关闭 Jedis 连接，具体命令如下。

```
jedis.close();
```

使用 Jedis 可以轻松地连接 Redis 服务器，进行对数据的读写操作。通过 Jedis 的 API，可以快速完成各种 Redis 操作，使得 Java 开发者更加方便地进行开发工作。

9.4　Redis 的数据类型

Redis 以键值对的形式存储数据，而值支持多种数据类型，常见的数据类型有 String（字符串）、List（列表）、Set（集合）、Hash（散列）、Sorted Set（有序集合）。本节将详细讲解这 5 种数据类型。

1. String

String 类型是 Redis 最基本的数据类型，一个键对应一个值，String 类型数据的值最大能存储 512MB。String 的值是二进制类型的，具有较高的安全性，其值的数据类型可以为文本、图片、视频或者序列化的对象。String 的内部组成结构示意如图 9.5 所示。

String 类型数据多用于实现计数功能，如文章的点击数量、阅读数量，视频观看量、分布式锁，也常用于集群环境下的会话共享。

2. List

List 表示简单的字符串列表，按照插入顺序排序，最多可存储$(2^{32}-1)$个元素。对 List 进行读写操作时，只能添加或读取一个元素到 List 的头部（左边）或者尾部（右边）。List 的内部组成结构示意如图 9.6 所示。

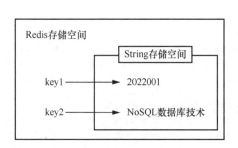

图 9.5　String 的内部组成结构示意

图 9.6　List 的内部组成结构示意

从图 9.6 可以看出，GoodID 为 List 的键名，2022001、2022002、2022003、2022003 都是 List 中的键值。这些值均按照插入顺序排列，分别为 List 的第 1 个字符串元素、第 2 个元素、第 3 个元素、第 4 个元素。另外，List 允许出现重复的值，如该 List 中的第 3 个元素和第 4 个元素都为 2022003。

List 类型数据可用于获取最新的评论列表、最近 N 天的活跃用户数、推荐新闻等。

3. Set

Set 表示字符串元素的无序集合。其中，字符串元素是不重复且无序的，Set 最多可存储

$(2^{32}-1)$ 个元素。Set 的内部组成结构示意如图 9.7 所示。

Set 类型与 Hash 类型数据的存储结构相同，仅存储键，不存储值。这是因为 Set 的内部实现是一个值永远为 null 的 HashMap。HashMap 通过计算 Hash 的方式来实现快速排重，这也是 Set 能判断一个成员是否在集合内的原因。Set 的值和 List 的值类似，都是一个字符串列表，区别在于 Set 是无序的，且 Set 中的元素是唯一的。

利用 Redis 支持的 Set 数据类型可以存储大量的数据，并且，高效的内部存储机制使其在查询方面具有更高的工作效率。

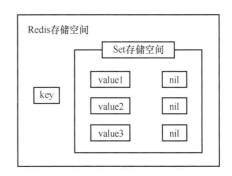

图 9.7　Set 的内部组成结构示意

Set 可用于存储一些集合性的数据，比如微博应用中，把一个用户关注的人放在一个集合中，用户的粉丝放到一个集合中，通过集合的交集、并集、差集等操作，实现共同关注、互相关注、可能认识的人等功能。除此之外，Set 常用于限时抽奖活动、共同好友推荐、商品筛选等场景。

4. Hash

Hash 表示一个无序的键值对集合。Redis 本身是一种键值存储型数据库，而此处的 Hash 数据结构指的是键值对中的值，正是因为如此，Hash 特别适合用于存储对象。Hash 的内部组成结构示意如图 9.8 所示。

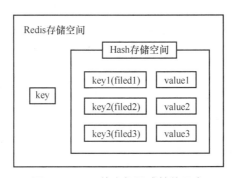

图 9.8　Hash 的内部组成结构示意

Hash 表示一个字符串类型的键和值的映射表，其中键的类型必须为字符串类型，值可以是不可重复的字符串、数字等。

Hash 使用哈希表结构实现数据存储，一个存储空间保存多个键值对数据，常应用于各种网上商城（如淘宝、京东等）购物车。

5. Sorted Set

Sorted Set 是在 Set 的基础上，为值中的每个字符串关联了一个得分（score）属性。Sorted Set 通过计算得分，对字符串进行排序，这也是 Sorted Set 与 Hash 的主要区别。Sorted Set 的内部组成结构示意如图 9.9 所示。

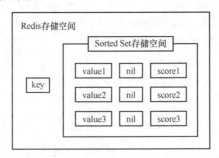

图 9.9　Sorted Set 的内部组成结构示意

Sorted Set 允许直接操作值，Hash 则是通过键来查找值；Sorted Set 的键是唯一的，值是不唯一的，而 Hash 的值是唯一的。Sorted Set 是按照值的大小进行排序的，常用于各种排行榜，如百度新闻榜单、热搜榜等。

9.5　Redis 的持久化和高可用性

9.5.1　RDB 方式和 AOF 方式

1. RDB 方式

RDB 是 Redis 的一种持久化方式，它可以将 Redis 内存中的数据以快照的方式保存到磁盘上，以便在重启 Redis 时恢复数据。

RDB 持久化的主要优点体现在以下方面。

- 数据压缩：RDB 持久化可以将 Redis 内存中的数据以快照的方式保存到磁盘上，数据以二进制格式存储，可以被压缩，节省磁盘空间。
- 数据恢复：在重启 Redis 时，可以通过读取 RDB 文件来恢复数据，避免了数据的重新生成和加载，提高了 Redis 的启动速度。

RDB 持久化的主要缺点体现在以下方面。

- 数据丢失：RDB 持久化定期将数据保存到磁盘上，如果 Redis 在最近一次将数据保存到磁盘之后宕机，会丢失最近一次保存的数据。
- 保存频率：RDB 持久化的保存频率是固定的，无法根据数据的变化情况进行自适应的调整，有可能会造成性能问题。
- 数据格式：RDB 持久化是以二进制格式将数据保存到磁盘上的，不方便进行数据的查询和分析。

RDB 持久化适用于数据量较大的场景，例如 Redis 作为缓存使用时，可以通过 RDB 持久化来保存缓存数据，保证数据不丢失。

在 Redis 中，可以通过配置文件 redis.conf 来配置 RDB 持久化，主要涉及的参数如下。

- save：用于配置 RDB 持久化的保存策略。例如"save 900 1"表示如果 900s 内至少有 1 个键发生变化，则保存 RDB 文件。
- rdbcompression：用于配置 RDB 持久化时是否对数据进行压缩，默认值为 yes。
- rdbchecksum：用于配置 RDB 持久化时是否对数据进行校验和计算，默认值为 yes。

- dbfilename：用于配置 RDB 文件的名称，默认值为 dump.rdb。
- dir：用于配置 RDB 文件的保存路径，默认值为 Redis 的启动路径。

通过修改配置文件 redis.conf 来进行 RDB 持久化的配置的具体步骤如下。

编辑 Redis 的配置文件 redis.conf，找到以下相关参数进行修改。

```
# 配置 RDB 文件的名称，默认值为 dump.rdb
dbfilename dump.rdb
# 配置 RDB 文件的保存路径，默认值为 Redis 的启动路径
dir ./
# 配置 RDB 持久化的保存策略，例如每 900s 至少有 1 个键发生变化，则保存 RDB 文件
save 900 1
# 配置 RDB 持久化时是否对数据进行压缩，默认值为 yes
rdbcompression yes
# 配置 RDB 持久化时是否对数据进行校验和计算，默认值为 yes
rdbchecksum yes
```

修改完成后，保存配置文件 redis.conf。重新启动 Redis 服务，让修改的配置文件生效。

RDB 持久化是 Redis 的一种常用的持久化方式，可以保证数据不丢失，在重启 Redis 时可以快速恢复数据。用户可以根据自己的需求进行配置，在配置时需要注意参数的含义和取值范围，避免配置错误导致数据丢失或性能问题。

2. AOF 方式

AOF（Append-Only File）是 Redis 的另一种持久化方式，通过记录每一个写操作（包括增加、删除、修改）来记录数据库的变化，以便在重启 Redis 服务后可以通过重新执行这些写操作来恢复数据。

AOF 持久化的实现方式是将所有写操作以文本格式记录在 AOF 文件中，在重启 Redis 时 Redis 会读取 AOF 文件并重新执行其中的写操作来恢复数据。因为 AOF 文件是以文本格式记录的，因此相比 RDB 方式，AOF 方式可以提供更好的数据灵活性和可读性。

在 AOF 持久化中，Redis 提供了几种策略来控制 AOF 文件的写入频率和文件大小，如下。

- always：每个写操作会被立即写入 AOF 文件，这是最保险的策略，也是默认的策略。
- everysec：每秒将所有的写操作写入 AOF 文件。
- no：完全禁用 AOF 持久化。

用户可以通过修改 Redis 的配置文件 redis.conf 来进行 AOF 持久化的配置，具体步骤如下。

打开 Redis 的配置文件 redis.conf，找到以下相关参数进行修改。

```
# 开启 AOF 持久化，默认值为 no
appendonly yes
# 配置 AOF 文件的名称，默认值为 appendonly.aof
appendfilename "appendonly.aof"
# 配置 AOF 文件的保存路径，默认值为 Redis 的启动路径
dir ./
# 配置 AOF 持久化的保存策略，例如每秒将所有的写操作写入 AOF 文件
appendfsync everysec
```

修改完成后，保存配置文件 redis.conf。重新启动 Redis 服务，让修改的配置文件生效。

用户可以根据自己的需求进行配置，以便在重启 Redis 时可以快速恢复数据，在进行配置时需要注意参数的含义和取值范围，避免配置错误导致数据丢失或性能问题。

9.5.2 Redis 的高可用性

Redis 的高可用性（High Availability，HA）是指在 Redis 集群中，当某个节点出现故障时，集群可以自动切换到其他节点，从而保证整个集群的正常运行。Redis 的高可用性解决方案主要有以下两种。

1. Redis Sentinel

Redis Sentinel 是 Redis 官方提供的一种高可用性解决方案，它是一个专门用于监控 Redis 集群状态的进程，可以自动检测节点的故障并进行故障转移，从而保证 Redis 集群的高可用性。Redis Sentinel 的主要特点如下。

- 自动发现：当 Redis 节点加入或离开集群时，Redis Sentinel 可以自动发现并进行相应配置的更新。
- 故障转移：当 Redis 节点出现故障时，Redis Sentinel 可以自动进行故障转移，并将客户端重定向到新的节点上。
- 恢复机制：当 Redis 节点恢复正常时，Redis Sentinel 可以自动将节点重新加入集群，并进行相应的配置更新。
- 配置管理：Redis Sentinel 可以动态管理 Redis 集群的配置，包括修改节点的 IP 地址、端口号等参数。

Redis Sentinel 可以监控 Redis 的运行状态，并在主节点出现故障时自动进行主从切换，从而保证 Redis 系统的高可用性。配置 Redis Sentinel 的步骤如下。

（1）准备 Redis Sentinel 实例。首先需要准备多个 Redis Sentinel 实例，至少需要 3 个，可以在不同的机器上安装 Redis Sentinel，或者在同一台机器上分别使用不同的端口启动 Redis Sentinel 实例来实现。

（2）修改 Redis Sentinel 配置文件。在每个 Redis Sentinel 实例的配置文件中，添加如下内容。

```
# sentinel monitor <master-name> <ip> <port> <quorum>
sentinel monitor mymaster 127.0.0.1 6379 2
```

其中，mymaster 为需要监控的 Redis 主节点的名称，127.0.0.1 和 6379 为主节点的 IP 地址和端口号，2 为判断主节点失效的票数，即需要多少个 Sentinel 节点认为主节点已经失效。

（3）启动 Redis Sentinel 实例。在启动 Redis Sentinel 实例时，需要分别启动多个 Redis Sentinel 实例，并确保配置文件正确。

（4）测试 Redis Sentinel。启动 Redis Sentinel 实例后，可以通过模拟主节点故障，然后查看 Redis Sentinel 是否能够自动进行主从切换来测试 Redis Sentinel 的功能是否正常。

在进行 Redis Sentinel 配置时，需要注意 Redis 的版本号，不同版本的 Redis 可能存在配置不兼容的情况。在配置 Redis Sentinel 时，需要确保网络通畅，Sentinel 节点能够连接到主节点。在测试 Redis Sentinel 时，需要注意 Redis Sentinel 自动切换的延迟，即从节点可能会在一定的时间内无法提供服务，应根据实际情况进行调整。

2. Redis Cluster

Redis Cluster 是 Redis 官方提供的另一种高可用性解决方案，它是一种分布式的 Redis 集群方案，可以将多个 Redis 节点组合成一个逻辑上的集群，并提供数据分片、自动故障转移等功能，从而保证整个集群的高可用性。Redis Cluster 的主要特点如下。

- 数据分片：Redis Cluster 可以将整个数据集分成多个子集，并将这些子集分配到不同的节点上进行存储，从而提高处理数据的并发能力。
- 自动故障转移：当 Redis 节点出现故障时，Redis Cluster 可以自动进行故障转移，并将数据重新分配到其他节点上。
- 数据复制：Redis Cluster 可以对节点间的数据进行复制，从而提高数据的可用性和容错性。
- 可扩展性：Redis Cluster 可以动态地添加或删除节点，从而实现集群的扩展或缩减。

以上就是 Redis 的两种高可用性解决方案，用户可以根据自己的需求选择合适的方案来保证 Redis 集群的高可用性。同时，在进行高可用性配置时需要注意参数的含义和取值范围，避免配置错误导致数据丢失或性能问题。

实战训练：Spark SQL 整合 Redis 分析电商数据

【需求描述】

随着电商数据的积累，基于以往的数据分析，可以总结发展趋势，为网络营销决策提供支持且能预测市场未来趋势。本训练计算平台的成交量总额、每个商品分类的商品成交量。新建一个 CSV 文档，将其命名为 data.csv，放入指定路径。文本中各列对应的字段分别是用户编号 id、用户地址 ip、商品分类 kind、商品名称 detail 以及价格 price，现在根据这些数据进行计算。

【模拟数据】

在 Windows 系统的 D:\Development projects 路径下创建 data.csv 文件，添加如下模拟数据。

```
001    202.113.196.115    手机    iPhone8     8000
002    202.113.196.116    服装    T-shirt     450
003    202.113.196.117    药品    感冒灵      40
004    202.113.196.118    药品    板蓝根      23
005    202.113.196.119    手机    iPhone11    8000
006    202.113.196.120    服装    T-shirt     320
007    202.113.196.121    药品    感冒灵      40
008    202.113.196.122    药品    板蓝根      23
009    202.113.196.123    手机    iPhone12    8000
010    202.113.196.124    服装    T-shirt     450
011    202.113.196.125    药品    感冒灵      40
012    202.113.196.126    药品    板蓝根      23
013    202.113.196.127    手机    iPhone13    8000
014    202.113.196.128    服装    T-shirt     450
015    202.113.196.129    药品    感冒灵      40
016    202.113.196.130    药品    板蓝根      23
017    202.113.196.131    手机    iPhone14    9999
018    202.113.196.132    服装    T-shirt     340
```

【代码实现】

创建 RedisTest 类，具体代码如下。

```
package cn.qianfeng.qfedu.test
import org.apache.commons.pool2.impl.GenericObjectPoolConfig
import org.apache.spark.sql.{DataFrame, Row, SparkSession}
import redis.clients.jedis.{Jedis, JedisPool}
```

```
    /**
     * 问题1.计算出成交量总额（将结果保存到 Redis 中）
     * 问题2.计算每个商品分类的商品成交量（将结果保存到 Redis 中）
     */
    object RedisTest extends App {
      private val spark: SparkSession = SparkSession.builder().master("local[2]").
appName("test").
        getOrCreate()
      private val df: DataFrame = spark.read.csv("D:\\Development projects\\data.
csv").toDF("id", "ip", "kind", "detail", "price")
      df.show()
      df.createTempView("tmp")
      //totalTurnOver(df)
      getPerTurnOver(df)

      //问题1.计算出成交量总额（将结果保存到 Redis 中）
      def totalTurnOver(df:DataFrame): Unit ={
        val sql =
          """
            |select sum(price) total
            |from
            |tmp
            |""".stripMargin
        val result: DataFrame = spark.sql(sql)
        val rows: Array[Row] = result.take(1)
        println(rows.mkString("Array(", ", ", ")"))
        val total: Double = rows(0).getDouble(0)
        SaveSumToRedis(total)
      }
      //问题2.计算每个商品分类的商品成交量（将结果保存到 Redis 中）
      def getPerTurnOver(df:DataFrame): Unit ={
        val sql =
          """
            |select kind,sum(price) total
            |from
            |tmp
            |group by kind
            |""".stripMargin
        val result: DataFrame = spark.sql(sql)
        val rows1: Array[Row] = result.collect()
        val jedis: Jedis = getJedis
        for(x<-rows1){
          val kind: String = x.getString(0)
          val price: Double = x.getDouble(1)
          jedis.hset("sales",kind,price.toString)
        }
      }

      def getJedis: Jedis = {
        val config = new GenericObjectPoolConfig()
        val pool = new JedisPool(config, "127.0.0.1", 6379)
```

```
    val jedis: Jedis = pool.getResource
    jedis
  }

  def SaveSumToRedis(num: Double): Unit = {
    val jedis: Jedis = getJedis
    jedis.hset("sales", "totalprice", num.toString)
  }
}
```

【结果校验】

运行 RedisTest.scala 代码，返回结果如下所示。

```
+---+---------------+----+--------+-----+
| id|             ip|kind|  detail|price|
+---+---------------+----+--------+-----+
|001|202.113.196.115|手机|  iPhone8| 8000|
|002|202.113.196.116|服装|  T-shirt|  450|
|003|202.113.196.117|药品|   感冒灵 |   40|
|004|202.113.196.118|药品|   板蓝根 |   23|
|005|202.113.196.119|手机|iPhone11| 8000|
|006|202.113.196.120|服装|  T-shirt|  320|
|007|202.113.196.121|药品|   感冒灵 |   40|
|008|202.113.196.122|药品|   板蓝根 |   23|
|009|202.113.196.123|手机|iPhone12| 8000|
|010|202.113.196.124|服装|  T-shirt|  450|
|011|202.113.196.125|药品|   感冒灵 |   40|
|012|202.113.196.126|药品|   板蓝根 |   23|
|013|202.113.196.127|手机|iPhone13| 8000|
|014|202.113.196.128|服装|  T-shirt|  450|
|015|202.113.196.129|药品|   感冒灵 |   40|
|016|202.113.196.130|药品|   板蓝根 |   23|
|017|202.113.196.131|手机|iPhone14| 9999|
|018|202.113.196.132|服装|  T-shirt|  340|
+---+---------------+----+--------+-----+

Array(106639.0)
```

9.6　本章小结

本章主要对 Redis 数据库进行了讲解，分别对 Redis 的简介、应用场景、特性、安装和启动步骤、客户端、数据类型、持久化和高可用性等进行了详细说明，其中 Redis 的数据类型为本章的重点内容，读者需要熟练掌握。

9.7　习题

1. 填空题

（1）NoSQL 泛指_____数据库。

199

（2）Redis 是用 C 语言开发的一个开源的高性能_____数据库。

（3）Redis 的持久化方式有_____、_____。

（4）Redis 的数据类型包括_____、_____、_____、_____。

（5）Hash 指_____类型，它提供了_____和_____值的映射。

2．选择题

（1）Redis 常见用例不包含（　　　）。

A．缓存　　　　　　　　B．消息队列　　　C．排行榜　　　　　　D．负载均衡

（2）不属于 Redis 桌面管理工具的是（　　　）。

A．RedisInSight　　　　　　　　　　　B．Redis Desktop Manager

C．MyRedis　　　　　　　　　　　　　D．Jedis

（3）关于 RDB 持久化的描述错误的是（　　　）。

A．节省磁盘空间

B．以二进制的格式将数据保存到磁盘上

C．提高 Redis 启动速度

D．保存频率是不固定的

（4）在 Redis 配置文件 redis.conf 中，对于相关参数的描述错误的是（　　　）。

A．appendonly yes：开启 AOE 持久化

B．appendfilename "appendonly.aof"：配置 AOE 文件的名称

C．dir ./：配置文件的保存路径

D．appendfsync everysec：配置持久化的保存策略

（5）集群中存储数据是将数据存储到一个个的（　　　）中。

A．内存　　　　　　　　B．分区　　　　　C．块　　　　　　　　D．槽

（6）启动 Redis 的命令是（　　　）。

A．redis-cli　　　　　B．redis-server　　C．redis　　　　　　　D．redis-shell

（7）Redis 的默认端口为（　　　）。

A．2379　　　　　　　B．9527　　　　　C．3306　　　　　　　D．6379

（8）Redis 属于（　　　）。

A．列存储数据库　　　B．图数据库　　　C．键值存储数据库　　D．文档数据库

（9）Redis 默认的持久化机制是（　　　）。

A．RDB 持久化　　　　　　　　　　　　B．AOF 持久化

C．无持久化　　　　　　　　　　　　　D．同时应用 AOF 和 RDB

（10）（多选）Redis 提供的持久化机制有哪些？（　　　）

A．RDB 持久化　　　　　　　　　　　　B．无持久化

C．AOF 持久化　　　　　　　　　　　　D．同时应用 AOF 和 RDB

3．思考题

（1）如何理解 Redis 的持久化？

（2）Redis Cluster 的主要特点有哪些？

第 **10** 章 综合案例——Spark 电商实时数据处理

本章学习目标

- 掌握搭建系统的步骤。
- 掌握设计项目架构。
- 掌握 Spark 实时计算系统架构。
- 掌握 Spark 流处理方式。
- 掌握 Redis 操作。

综合案例——Spark 电商
实时数据处理

本章通过 Spark 技术开发实时交易数据统计模块,主要功能是在前端页面以动态报表的形式展示后端不断增长的数据,这也是所谓的看板平台。通过介绍并开发看板平台,帮助读者理解大数据实时计算架构的开发流程,并掌握 Spark 实时计算框架 Spark Streaming 在实际应用中的使用方法。本章的核心是使读者在掌握实时计算系统架构的前提下,具备独立使用 Spark Streaming 分析转换数据的能力,并利用 Redis 数据库技术实现数据展示功能。

10.1 项目概述

10.1.1 介绍项目背景

部分电商平台在"双十一"购物节会展示实时销售情况的数据,这其实就是实时报表分析的一种应用场景。实时报表分析是近年来许多公司采用的报表统计方案之一,主要应用于实时大屏展示。它通过流式计算实时得出结果并将其直接推送到前端应用程序,以实时显示重要指标的数值变化。整个计算链路包括从交易下单购买到采集数据、计算数据、校验数据,最终将数据展示在"双十一"大屏上,全链路时间被压缩为秒级别。

10.1.2 设计项目架构

在本项目中,为了保障各个模块稳定和协调工作,MySQL 数据库的访问权限受限,故订单数据无法被直接保存到 MySQL 中，因此使用消息中间件协调传输数据。模拟订单数据作为数据来源，源源不断地产生并将其发送到 Kafka，消费订单交易数据并进行 ETL 操作，将 IP 地址转换为省份 province 和城市 city，并以 JSON 格式将其存储到 Kafka 中。实时从 Kafka 消费 ETL 操作后的订单交易数据，按照不同维度实时统计订单销售额，并将结果存储到内存数据库 Redis 中。为了方便数据库中进行累加操作，本案例采用 Redis 数据库。整个计算链路时间被压缩为秒级别。本项目架构如图 10.1 所示，项目计算指标如图 10.2 所示。

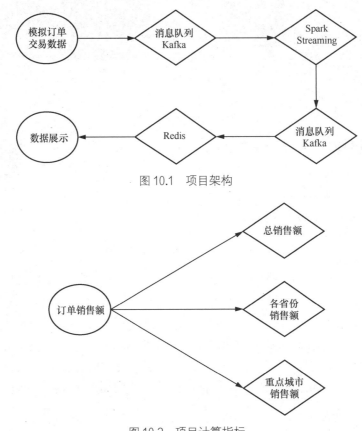

图 10.1　项目架构

图 10.2　项目计算指标

10.2　搭建项目环境

该项目基于电商网站的交易订单数据，实现常见的实时需求。为了了解 Spark 框架中流式模块 Spark Streaming 是如何对数据进行实时处理和分析的，我们还需要整合其他大数据框架，如分布式消息队列 Kafka 和内存数据库 Redis。为此，需要准备大数据环境及应用开发环境。在启动各个框架服务时，可以使用以下命令：在开发程序代码时，可以使用本地模式 LocalMode 运行；在进行测试和生产部署时，则需要使用 YARN 集群模式运行。启动集群，具体命令如下。

```
# 启动 HDFS
hadoop-daemon.sh start namenode
hadoop-daemon.sh start datanode
```

```
# 启动 YARN
yarn-daemon.sh start resourcemanager
yarn-daemon.sh start nodemanager
# 启动 MRHistoryServer
mr-jobhistory-daemon.sh start historyserver
# 启动 Spark HistoryServer 服务
/export/servers/spark/sbin/start-history-server.sh
# 启动 ZooKeeper
zookeeper-daemon.sh start
# 启动 Kafka
kafka-server-start.sh -daemon/export/servers/kafka/config/server.properties
# 启动 Redis
/export/servers/redis/bin/redi        
/export/server/redis/c       .dis.conf
```

10.3　初始化项目结构

10.3.1　创建 Maven 工程

首先打开 IDEA 开发工具，创建 Maven 工程，不选择任何模板，如图 10.3 所示。

图 10.3　创建 Maven 工程

单击 Next 按钮，输入 GroupId（组织名）和 ArtifactId（项目工程名），如图 10.4 所示。

单击 Next 按钮直到出现 Finish 按钮，单击 Finish 按钮完成工程创建。在前面创建的 Maven 工程中创建 Maven Module 模块，在 pom.xml 文件中添加相关依赖，具体代码如下。

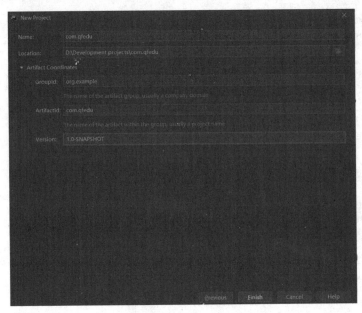

图 10.4　输入组织名、项目工程名

```xml
<!-- 指定仓库位置，依次为 aliyun、cloudera 和 jboss 仓库指定 -->
<repositories>
    <repository>
        <id>aliyun</id>
        <url>http://maven.aliyun.com/nexus/content/groups/public/</url>
    </repository>
    <repository>
        <id>cloudera</id>
        <url>https://repository.cloudera.com/artifactory/cloudera-repos/</url>
    </repository>
    <repository>
        <id>jboss</id>
        <url>http://repository.jboss.com/nexus/content/groups/public</url>
    </repository>
</repositories>
<properties>
    <scala.version>2.12.12</scala.version>
    <scala.binary.version>2.11</scala.binary.version>
    <spark.version>3.2.1</spark.version>
    <hadoop.version>2.7.5</hadoop.version>
    <kafka.version>2.0.0</kafka.version>
    <mysql.version>8.0.19</mysql.version>
</properties>
<dependencies>
<!-- Scala 语言依赖 -->
<dependency>
    <groupId>org.scala-lang</groupId>
    <artifactId>scala-library</artifactId>
    <version>${scala.version}</version>
</dependency>
```

```xml
<!-- Spark Core 依赖 -->
<dependency>
    <groupId>org.apache.spark</groupId>
    <artifactId>spark-core_${scala.binary.version}</artifactId>
    <version>${spark.version}</version>
</dependency>
<!-- Spark SQL 依赖 -->
<dependency>
<groupId>org.apache.spark</groupId>
    <artifactId>spark-sql_${scala.binary.version}</artifactId>
    <version>${spark.version}</version>
</dependency>
<dependency>
    <groupId>org.apache.spark</groupId>
<artifactId>spark-sql-kafka-0-10_${scala.binary.version}</artifactId>
    <version>${spark.version}</version>
</dependency>
<!-- Spark Streaming 依赖 -->
<dependency>
    <groupId>org.apache.spark</groupId>
    <artifactId>spark-streaming_${scala.binary.version}</artifactId>
    <version>${spark.version}</version>
</dependency>
<!-- Spark Streaming 与 Kafka 0.10.0 集成依赖-->
<!--
<dependency>
<groupId>org.apache.spark</groupId>
<artifactId>spark-streaming-kafka-0-10_${scala.binary.version}</artifactId>
    <version>${spark.version}</version>
</dependency>
-->
<!-- Spark Streaming 与 Kafka 0.8.2.1 集成依赖 -->
<dependency>
    <groupId>org.apache.spark</groupId>
<artifactId>spark-streaming-kafka-0-8_${scala.binary.version}</artifactId>
    <version>${spark.version}</version>
</dependency>
<!-- Hadoop Client 依赖 -->
<dependency>
    <groupId>org.apache.hadoop</groupId>
    <artifactId>hadoop-client</artifactId>
    <version>${hadoop.version}</version>
</dependency>
<!-- MySQL Client 依赖 -->
<dependency>
    <groupId>mysql</groupId>
    <artifactId>mysql-connector-java</artifactId>
    <version>${mysql.version}</version>
</dependency>
<!-- 管理配置文件 -->
<dependency>
```

```xml
        <groupId>com.typesafe</groupId>
        <artifactId>config</artifactId>
        <version>1.2.1</version>
    </dependency>
    <!-- 将 IP 地址转换为省份和城市 -->
    <dependency>
        <groupId>org.lionsoul</groupId>
        <artifactId>ip2region</artifactId>
        <version>1.7.2</version>
    </dependency>
    <!-- JSON 解析库: fastjson -->
    <dependency>
        <groupId>com.alibaba</groupId>
        <artifactId>fastjson</artifactId>
        <version>1.2.47</version>
    </dependency>
    <dependency>
    <groupId>com.redislabs</groupId>
        <artifactId>spark-redis_2.11</artifactId>
        <version>2.4.2</version>
    </dependency>
    </dependencies>
    <build>
        <outputDirectory>target/classes</outputDirectory>
        <testOutputDirectory>target/test-classes</testOutputDirectory>
        <resources>
            <resource>
<directory>${project.basedir}/src/main/resources</directory>
            </resource>
        </resources>
        <!-- Maven 编译的插件 -->
        <plugins>
            <plugin>
                <groupId>org.apache.maven.plugins</groupId>
                <artifactId>maven-compiler-plugin</artifactId>
                <version>3.0</version>
                <configuration>
                    <source>1.8</source>
                    <target>1.8</target>
                    <encoding>UTF-8</encoding>
                </configuration>
            </plugin>
            <plugin>
                <groupId>net.alchim31.maven</groupId>
                <artifactId>scala-maven-plugin</artifactId>
                <version>3.2.0</version>
                <executions>
                    <execution>
                        <goals>
                            <goal>compile</goal>
                            <goal>testCompile</goal>
```

```
                    </goals>
                </execution>
            </executions>
        </plugin>
    </plugins>
  </build>
</project>
```

按照开发应用的过程采用分层结构，需要在 src 源码目录下创建相关目录和包，如图 10.5 所示。

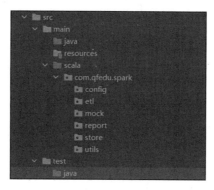

图 10.5　分层结构

10.3.2　构建 SparkSession 和 StreamingContext 实例对象

在项目工程的 com.qfedu.spark.utils 包下创建工具类 SparkUtils，用于构建 SparkSession 实例对象和 StreamingContext 实例对象，为 Spark Streaming 应用使用。创建工具类 SparkUtils 的具体代码如下。

```scala
package com.qfedu.spark.utils
import com.qfedu.spark.config.ApplicationConfig
import org.apache.spark.SparkConf
import org.apache.spark.sql.SparkSession
import org.apache.spark.streaming.{Seconds,StreamingContext}
/**
* 工具类：构建 SparkSession 和 StreamingContext 实例对象
*/
object SparkUtils {
/**
*获取 SparkSession 实例对象，传递 Class 对象
*@param clazz Spark Application 字节码 Class 对象
*@return SparkSession 对象实例
*/
def createSparkSession(clazz: Class[_], isRedis: Boolean = false): SparkSession = {
// 构建 SparkConf 对象
val sparkConf: SparkConf = new SparkConf()
.setAppName(clazz.getSimpleName.stripSuffix("$"))
.set("spark.debug.maxToStringFields", "2000")
.set("spark.sql.debug.maxToStringFields", "2000")
// 判断应用是否采用本地模式运行，如果是则设置值
if(ApplicationConfig.APP_LOCAL_MODE){ sparkConf
```

```
.setMaster(ApplicationConfig.APP_SPARK_MASTER)
// 设置 Shuffle 时的分区数目
.set("spark.sql.shuffle.partitions", "3")
}
// 获取 SparkSession 实例对象
val session: SparkSession = SparkSession
.builder()
.config(sparkConf)
.getOrCreate()
// 返回实例
session
}
/**
*获取 StreamingContext 实例对象
*@param clazz Spark Application 字节码 Class 对象
*@param batchInterval 每批次时间间隔
*/
def createStreamingContext(clazz: Class[_], batchInterval: Int): StreamingContext = {
// 构建对象实例
val context: StreamingContext = StreamingContext.getActiveOrCreate( () => {
// 构建 SparkConf 对象
val sparkConf: SparkConf = new SparkConf()
.setAppName(clazz.getSimpleName.stripSuffix("$"))
.set("spark.debug.maxToStringFields", "2000")
.set("spark.sql.debug.maxToStringFields", "2000")
.set("spark.streaming.stopGracefullyOnShutdown", "true")
// 判断应用是否采用本地模式运行，如果是则设置值
if(ApplicationConfig.APP_LOCAL_MODE){ sparkConf
.setMaster(ApplicationConfig.APP_SPARK_MASTER)
// 设置每批次消费数据的最大值，使用命令行设置生成环境
.set("spark.streaming.kafka.maxRatePerPartition", "10000")
}
// 创建 StreamingContext 对象
new StreamingContext(sparkConf, Seconds(batchInterval))
}
)
// 返回对象
context
}
}
```

10.3.3 构建属性配置文件

　　建议在使用 IDEA 开发应用时，从本地文件系统加载数据，并在本地模式下运行应用。开发完成后，建议从 HDFS 加载数据并在 YARN 集群中运行应用进行测试。因此，我们需要使用属性配置文件 config.properties 来控制应用程序的数据加载和运行模式。对一个完整的项目来说，所有的配置都应该被放到属性配置文件中，以便开发、测试和切换生产环境。config.properties 属性配置文件的具体内容如下。

```
# local mode
app.is.local=true app.spark.master=local[3]
```

```
# kafka config
kafka.bootstrap.servers=192.168.88.161:9092
kafka.auto.offset.reset=largest
kafka.source.topics=orderTopic
kafka.etl.topic=orderEtlTopic
kafka.max.offsets.per.trigger=100000
# Kafka Consumer Group ID
streaming.etl.group.id=order-etl-1000
# Streaming Checkpoint
streaming.etl.ckpt=datas/order-apps/ckpt/etl-ckpt/
streaming.amt.total.ckpt=datas/order-apps/ckpt/amt-total-ckpt/
streaming.amt.province.ckpt=datas/order-apps/ckpt/amt-province-ckpt/
streaming.amt.city.ckpt=datas/order-apps/ckpt/amt-city-ckpt/
# Redis Config redis.host=192.168.88.161 redis.port=6379
redis.db=0
# 字典数据
ipdata.region.path=dataset/ip2region.db
```

其中，开发应用时，采用本地模式运行，将相关数据保存在本地文件系统，测试生产时使用 HDFS。编写加载属性文件工具类 ApplicationConfig，位于 com.qfedu.spark.config 包。创建工具类 ApplicationConfig 的具体代码如下。

```
package com.qfedu.spark.config
import com.typesafe.config.{Config, ConfigFactory}
/**
 * 加载应用属性配置文件 config.properties 获取属性值
 */
object ApplicationConfig {
// 加载属性文件
private val config: Config = ConfigFactory.load("config.properties")
/*
运行模式，开发测试采用本地模式，测试生产通过--master 传递
*/
lazy val APP_LOCAL_MODE: Boolean = config.getBoolean("app.is.local")
lazy val APP_SPARK_MASTER: String = config.getString("app.spark.master")
/*
Kafka 相关配置信息
*/
lazy val KAFKA_BOOTSTRAP_SERVERS: String = config.getString("kafka.bootstrap.
servers")
lazy val KAFKA_AUTO_OFFSET_RESET: String = config.getString("kafka.auto.offset.
reset")
lazy val KAFKA_SOURCE_TOPICS: String = config.getString("kafka.source.topics")
lazy val KAFKA_ETL_TOPIC: String = config.getString("kafka.etl.topic")
lazy val KAFKA_MAX_OFFSETS: String = config.getString("kafka.max.offsets.per.
trigger")
lazy val STREAMING_ETL_GROUP_ID: String = config.getString("streaming.etl.group.id")
//设置 Streaming 应用、检查点目录
lazy val STREAMING_ETL_CKPT: String = config.getString("streaming.etl.ckpt")
lazy val STREAMING_AMT_TOTAL_CKPT: String = config.getString("streaming.amt.
total.ckpt")
lazy val STREAMING_AMT_PROVINCE_CKPT: String = config.getString("streaming.
```

```
amt.province.ckpt")
    lazy val STREAMING_AMT_CITY_CKPT: String = config.getString("streaming.amt.
city.ckpt")
    //设置 Streaming 应用，关闭文件
    lazy val STOP_ETL_FILE: String = config.getString("stop.etl.file")
    lazy val STOP_STATE_FILE: String = config.getString("stop.state.file")
    //设置 Redis 数据库
    lazy val REDIS_HOST: String = config.getString("redis.host")
    lazy val REDIS_PORT: String = config.getString("redis.port")
    lazy val REDIS_DB: String = config.getString("redis.db")
    // 解析 IP 地址字典数据文件的存储路径
    lazy val IPS_DATA_REGION_PATH: String = config.getString("ipdata.region.path")
```

每个属性变量前使用 lazy，表示懒加载初始化，第一次使用变量时才会进行初始化。

10.3.4　配置 Spark Streaming 停止工具

Spark Streaming 应用是一种长期运行的应用，一旦启动，应用程序就会持续地运行下去，停止应用程序并不容易。如果使用 Spark on YARN 模式，可以使用命令 yarn application-kill applicaitonId 强制停止程序。但这种方式存在风险，比如当数据源为 Kafka 时，已经加载了一批数据正在处理，如果中途停止，这批数据很可能没有被完全处理，下次启动时会导致数据被重复消费或部分数据丢失。为了避免这种情况发生，可以在驱动程序 Driver 中增加一个定时扫描 HDFS 上某个文件的功能，每隔一段时间（如 10s 或 3s）检查该文件是否存在，如果存在则调用 stop()方法终止应用程序。具体代码如下。

```
import org.apache.spark.streaming.StreamingContext
/**
*当启动应用以后，循环判断 HDFS 上目录下某个文件（监控文件）是否存在，如果存在就终止该应用
*启动流式应用时创建目录
*${HADOOP_HOME}/bin/hdfs dfs -mkdir -p /spark/streaming
*关闭应用时，HDFS 文件系统停止创建文件
*${HADOOP_HOME}/bin/hdfs dfs -touchz /spark/streaming/stop
*启动应用时，HDFS 文件系统停止删除文件
*${HADOOP_HOME}/bin/hdfs dfs -rm -R /spark/streaming/stop
*/
def stopStreaming(ssc: StreamingContext, monitorFile: String): Unit = {
// 每隔 10s 检查应用是否停止
val checkInterval = 10 * 1000
// 应用是否停止
var isStreamingStop = false
// 循环判断 HDFS 上目录下某个文件（监控文件）是否存在，如果存在就停止应用
while (!isStreamingStop) {
isStreamingStop = ssc.awaitTerminationOrTimeout(checkInterval) val isExists =
isExistsMonitorFile(
monitorFile, ssc.sparkContext.hadoopConfiguration
)
if (!isStreamingStop && isExists) { Thread.sleep(2000)
ssc.stop(stopSparkContext = true, stopGracefully = true)
}
}
}
```

10.4　开发订单数据模块

10.4.1　模拟订单数据

在本项目中，通过随机生成一组 JSON 格式的字符串来模拟订单数据。订单数据模型通常由订单编号、用户编号、订单日期时间、订单金额、订单状态等字段组成。模型中的指标越多，提供给分析人员的可分析维度就越多。例如，针对平台角度的统计指标计算订单数据，可以统计平台今日总销售额度、当天总下单人数、订单数地区排名等。而针对商品销售角度的统计指标计算订单数据，可以计算每种商品的总销售额、每种商品的销售数量等。

在开发本项目模块的过程中，我们需要计算平台销售总额。相应的维度数据在数据库中可以表示为 orders:money:total 字段。字段的名称可根据业务需求自定义设置。首先，在 com.qfedu.spark.mock 包下创建 MockOrderProducer 类，用于定义订单字段以及生成订单数据。编写程序，实时产生交易订单数据，使用 Json4S 类库将数据转换为 JSON 格式，然后发送到 Kafka Topic 中，具体代码如下。

```
package com.qfedu.spark.mock
import org.apache.commons.lang3.time.FastDateFormat
import org.apache.kafka.clients.producer.{KafkaProducer, ProducerRecord}
import org.apache.kafka.common.serialization.StringSerializer
import org.json4s.jackson.Json
import scala.util.Random
/**
*模拟生成订单数据，并将其发送到 Kafka Topic 中
*Topic 中每条数据的 Message 类型为 String，以 JSON 格式发送数据
*数据转换：
*将 Order 类实例对象转换为 JSON 格式字符串数据（可以使用 Json4s 类库）
*/
case class OrderRecord(
    orderId: String,
    userId: String,
    orderTime: String,
    ip: String,
    orderMoney: Double,
    orderStatus: Int
)
object MockOrderProducer {
def main(args: Array[String]): Unit = {
var producer: KafkaProducer[String, String] = null try {
// Kafka Client Producer 的配置信息
val props = new Properties()
props.put("bootstrap.servers", "192.168.88.161:9092")
props.put("acks", "1")
props.put("retries", "3")
props.put("key.serializer", classOf[StringSerializer].getName)
props.put("value.serializer", classOf[StringSerializer].getName)
// 创建 KafkaProducer 对象，传入配置信息
producer = new KafkaProducer[String, String](props)
// 随机数实例对象
```

```
val random: Random = new Random()
// 订单状态：0表示订单打开，1表示订单取消，2表示订单关闭，3表示订单完成
val allStatus =Array(0, 1, 2, 0, 0, 0, 0, 0, 0, 0, 0, 0, 0, 0, 0, 0, 0, 0, 0)
while(true){
// 每次循环模拟产生的订单数目
val batchNumber: Int = random.nextInt(2) + 1 (1 to batchNumber).foreach{number =>
val currentTime: Long = System.currentTimeMillis()
val orderId: String = s"${getDate(currentTime)}%06d".format(number)
val userId: String = s"${1 + random.nextInt(5)}%08d".format(random.nextInt(1000))
val orderTime: String = getDate(currentTime, format="yyyy-MM-dd HH:mm:ss.SSS")
val orderMoney: String = s"${5 + random.nextInt(500)}.%02d".format(random.
nextInt(100))
val orderStatus: Int = allStatus(random.nextInt(allStatus.length))
// 订单记录数据
val orderRecord: OrderRecord = OrderRecord(
orderId, userId, orderTime, getRandomIp, orderMoney.toDouble, orderStatus
)
// 将其转换为 JSON 格式数据
val orderJson = new Json(org.json4s.DefaultFormats).write(orderRecord) println
(orderJson)
// 构建 ProducerRecord 对象
val record = new ProducerRecord[String, String]("orderTopic", orderJson)
//发送数据
def send(messages: KeyedMessage[K,V]*) {producer.send(record)
}
Thread.sleep(random.nextInt(10) * 100 + 500)
}
}catch {
case e: Exception => e.printStackTrace()
}finally {
if(null != producer) producer.close()
}
}
//获取当前时间
def getDate(time: Long, format: String = "yyyyMMddHHmmssSSS"): String = {
    val fastFormat: FastDateFormat = FastDateFormat.getInstance(format)
    val formatDate: String = fastFormat.format(time)
 // 格式化日期
    formatDate
}
//获取随机 IP 地址
def getRandomIp: String = {
// IP 地址范围
val range: Array[(Int, Int)] = Array( (607649792,608174079),
(1038614528,1039007743),
(1783627776,1784676351),
(2035023872,2035154943),
(2078801920,2079064063),
(-1236271104,-1235419137),
)
// 随机数：IP 地址范围索引
val random = new Random()
val index = random.nextInt(10)
```

```
val ipNumber: Int = range(index)._1 + random.nextInt(range(index)._2 - range
(index)._1)
    // 将 Int 类型的 IP 地址转换为 IPv4 格式
    number2IpString(ipNumber)
    }
    //将 Int 类型的 IPv4 地址转换为字符串类
    def number2IpString(ip: Int): String = {
        val buffer: Array[Int] = new Array[Int](4) buffer(0) = (ip >> 24) & 0xff
        buffer(1) = (ip >> 16) & 0xff buffer(2) = (ip >> 8) & 0xff buffer(3) = ip & 0xff
        // 返回 IPv4 地址
        buffer.mkString(".")
    }
    }
```

编写完成后，测试用例最终生成的 JSON 格式订单数据如下。

```
"orderId":"20220822170211252000001",
"userId":"100002216",
"orderTime":"2022-08-2217:02:11.252",
"ip":"112.71.223.52",
"orderMoney": 125.21,
"orderStatus":0
```

10.4.2 启动 Kafka 服务

下面依次启动名为node1、node2、node3 的 3 台主机的集群中的 Kafka 服务，具体命令如下。

```
# 启动 ZooKeeper
zookeeper-daemon.sh start
# 启动 Kafka Broker
kafka-server-start.sh -daemon /export/servers/kafka/config/server.properties
```

启动 Kafka 服务端进程后，通过会话窗口来创建名为 orderTopic 的 Topic，具体命令如下。

```
kafka-topics.sh --create
--zookeeper 192.168.88.161:2181/kafka200
--replication-factor 1
--partitions 3
--topic orderTopic
kafka-topics.sh --create
--zookeeper 192.168.88.161:2181/kafka200
--replication-factor 1
--partitions 3
--topic orderEtlTopic
```

创建 Topic 成功后监听数据，具体命令如下。

```
$ kafka- console- consumer. sh \
--from-beginning - -topic orderTopic\
--bootstrap- server 192.168.88.161:9092
$ kafka- console- consumer. sh \
--from-beginning - -topic orderEtlTopic\
--bootstrap- server 192.168.88.161:9092
```

更多关于 Topic 的操作命令如下。

```
# 查看 Topic 信息
kafka-topics.sh --list --zookeeper 192.168.88.161:2181/kafka200
# 创建 Topic
```

```
kafka-topics.sh --create --zookeeper 192.168.88.161:2181/kafka200 --replication
-factor 1 --partitions 3
--topic orderTopic
# 模拟生产者
kafka-console-producer.sh --broker-list 192.168.88.161:9092 --topic orderTopic
# 模拟消费者
kafka-console-consumer.sh --bootstrap-server 192.168.88.161:9092 --topic orderTopic
--from-beginning
# 删除 Topic
kafka-topics.sh --delete --zookeeper 192.168.88.161:2181/kafka200 --topic orderTopic
```

完成命令执行后，返回到 IDEA 工具并运行 KafkaProducer 类来模拟生产数据。观察 Kafka 消费数据的会话窗口和 IDEA 工具控制台的输出，使用 Kafka API 实现生产者源源不断地模拟生产订单数据。CRT 会话窗口中通过 Kafka 消费者客户端监听并消费数据。通过这样的步骤，模拟订单数据模块开发完成。

10.5　订单数据处理模块

针对 Kafka 中的实时订单数据，本节采用 Spark Streaming 实时计算框架对订单数据中不同商品的成交额进行统计分析，然后将分析出的数据按照业务需求存入 Redis 数据库。

在 com.qfedu.spark.etl 包下编写流式应用 RealTimeOrderETL，实时从 Kafka 的 orderTopic 消费 JSON 格式数据，进行 ETL 操作，具体代码如下。

```
package com.qfedu.spark.etl
import cn.itcast.spark.config.ApplicationConfig
import cn.itcast.spark.utils.{SparkUtils, StreamingUtils}
import org.apache.spark.SparkFiles
import org.apache.spark.internal.Logging
import org.apache.spark.sql.expressions.UserDefinedFunction
import org.apache.spark.sql.functions.{get_json_object, struct, to_json, udf}
import org.apache.spark.sql.streaming.{OutputMode, StreamingQuery}
import org.apache.spark.sql.types.IntegerType
import org.apache.spark.sql.{DataFrame, DataSet, SparkSession}
import org.lionsoul.ip2region.{DataBlock, DbConfig, DbSearcher}
/**
* 订单数据实时 ETL：实时从 Kafka Topic 消费数据，进行 ETL 操作，并将其发送到 Kafka Topic，
以便实时处理
*TODO：基于 StructuredStreaming 实现，Kafka 作为 Source 和 Sink
*/
object RealTimeOrderETL extends Logging{
/**
* 对流式数据 StreamDataFrame 进行 ETL 操作
*/
def streamingProcess(streamDF: DataFrame): DataFrame = { val session = streamDF.
import session.implicit
// 对数据进行 ETL 操作，获取订单状态为 0（打开），转换 IP 地址为省份和城市
// 获取订单记录 Order Record 数据
val recordStreamDS: DataSet[String] = streamDF
// 获取 value 字段的值，将其转换为 String 类型
.selectExpr("CAST(value AS STRING)")
```

```scala
// 将其转换为 DataSet 类型
.as[String]
// 过滤数据：通话状态为 success
.filter(record => null != record && record.trim.split(",").length > 0)
// 自定义 udf() 函数，解析 IP 地址为省份和城市
session.sparkContext.addFile(ApplicationConfig.IPS_DATA_REGION_PATH)
val ip_to_location: UserDefinedFunction = udf(
(ip: String) => {
val dbSearcher = new DbSearcher(new DbConfig(), SparkFiles.get("ip2region.db"))
// 依据 IP 地址解析
val dataBlock: DataBlock = dbSearcher.btreeSearch(ip)
// 转换后的数据格式为中国|0|海南省|海口市|教育网
val region: String = dataBlock.getRegion
// 切分字符串，获取省份和城市
val Array(_, _, province, city, _) = region.split("\\|")
// 返回 Region 对象
(province, city)
// 其他订单字段，按照订单状态过滤和转换 IP 地址
val resultStreamDF: DataFrame = recordStreamDS
// 提取订单字段
.select(
get_json_object($"value", "$.orderId").as("orderId"),
get_json_object($"value", "$.userId").as("userId"),
get_json_object($"value", "$.orderTime").as("orderTime"),
def main(args: Array[String]): Unit = {
// 获取 SparkSession 实例对象
val spark: SparkSession = SparkUtils.createSparkSession(this.getClass) import
spark.implicits._
// 从 Kafka 读取消费数据
val kafkaStreamDF: DataFrame = spark
.readStream
.format("kafka")
.option("kafka.bootstrap.servers", ApplicationConfig.KAFKA_BOOTSTRAP_SERVERS)
.option("subscribe", ApplicationConfig.KAFKA_SOURCE_TOPICS)
// 设置每批次消费数据的最大值
.option("maxOffsetsPerTrigger", ApplicationConfig.KAFKA_MAX_OFFSETS)
.load()
// 数据 ETL 操作
val etlStreamDF: DataFrame = streamingProcess(kafkaStreamDF)
// 对流式应用来说，输出的是流
val query: StreamingQuery = etlStreamDF.writeStream
// 为流式应用设置输出模式
.outputMode(OutputMode.Append())
.format("kafka")
.option("kafka.bootstrap.servers", ApplicationConfig.KAFKA_BOOTSTRAP_SERVERS)
.option("topic", ApplicationConfig.KAFKA_ETL_TOPIC)
// 设置检查点目录
.option("checkpointLocation", ApplicationConfig.STREAMING_ETL_CKPT)
// 调用 start() 方法启动流式应用
.start()
// 流式查询等待流式应用终止
```

```
query.awaitTermination()
query.stop()
}
}
```

10.6　开发报表

本节介绍如何将实时统计的各维度销售额保存至 Redis 数据库，以便前端大屏快速展示数据。企业中实时计算结果一般都被存储在 Redis 数据库中。通过对本节的学习，读者可以了解到如何使用 Spark Streaming 和 Redis 进行数据处理与存储。在实际开发中，将实时计算结果保存至 Redis 数据库是常见的做法，可以提高查询数据的效率和响应速度。创建一个 RealTimeOrderReport 类，用于计算总销售额、各省份销售额、重点城市销售额，具体代码如下。

```
package com.qfedu.spark.report
import com.qfedu.spark.config.ApplicationConfig
import com.qfedu.spark.utils.{SparkUtils, StreamingUtils} import org.apache.
spark.broadcast.Broadcast
import org.apache.spark.sql.expressions.UserDefinedFunction import org.apache.
spark.sql.functions._
import org.apache.spark.sql.streaming.OutputMode import org.apache.spark.sql.
types.DoubleType
import org.apache.spark.sql.{DataFrame, DataSet, Row, SaveMode, SparkSession}
/**
*实时订单报表：从 Kafka Topic 实时消费订单数据，进行订单销售额统计，将结果实时存储在 Redis 数
据库中，维度如下。
*- 第一，总销售额：由 sum()函数获取
*- 第二，各省份销售额：province
*- 第三，重点城市销售额：city
*/
object RealTimeOrderReport {
/** 实时统计：计算总销售额，使用 sum()函数 */
def reportAmtTotal(streamDataFrame: DataFrame): Unit = {
//导入隐式转换
import streamDataFrame.sparkSession.implicits._
//业务计算
val resultStreamDF: DataSet[Row] = streamDataFrame
// 累加统计订单销售额总额
.agg(sum($"money").as("total_amt"))
.withColumn("total", lit("global"))
//输出 Redis 及启动流式应用
resultStreamDF
.writeStream
.outputMode(OutputMode.Update())
.queryName("query-amt-total")
// 设置检查点目录
.option("checkpointLocation", ApplicationConfig.STREAMING_AMT_TOTAL_CKPT)
// 将结果输出到 Redis
.foreachBatch{ (batchDF: DataFrame, _: Long) => batchDF
// 减少分区数目
.coalesce(1)
// 行转列
```

```
.groupBy()
.pivot($"total").sum("total_amt")
// 添加一列, 统计类型
.withColumn("type", lit("total"))
.write
.mode(SaveMode.Append)
.format("org.apache.spark.sql.redis")
.option("host", ApplicationConfig.REDIS_HOST)
.option("port", ApplicationConfig.REDIS_PORT)
.option("dbNum", ApplicationConfig.REDIS_DB)
.option("table", "orders:money")
.option("key.column", "type")
.save()
}
// 流式应用, 需要调用 start() 方法启动
.start()
}
/** 实时统计: 计算各省份销售额, 按照 province 分组 */
def reportAmtProvince(streamDataFrame: DataFrame): Unit = {
//导入隐式转换
import streamDataFrame.sparkSession.implicits._
//业务计算
val resultStreamDF: DataSet[Row] = streamDataFrame
// 按照 province 分组, 求和
.groupBy($"province")
.agg(sum($"money").as("total_amt"))
// 输出 Redis 及启动流式应用
resultStreamDF
.writeStream
.outputMode(OutputMode.Update())
.queryName("query-amt-province")
// 设置检查点目录
.option("checkpointLocation", ApplicationConfig.STREAMING_AMT_PROVINCE_CKPT)
// 调用 start() 方法启动流式应用
.start()
}
/** 实时统计: 计算重点城市销售额, 按照 city 分组 */
def reportAmtCity(streamDataFrame: DataFrame): Unit = {
//导入隐式转换
val session: SparkSession = streamDataFrame.sparkSession import session.implicits._
// 重点城市: 9个
val cities: Array[String] = Array(
"北京市", "上海市", "深圳市", "广州市", "杭州市", "成都市", "南京市", "武汉市", "西安市"
)
//业务计算
val resultStreamDF: DataSet[Row] = streamDataFrame
//输出 Redis 及启动流式应用
resultStreamDF
.writeStream
.outputMode(OutputMode.Update())
.queryName("query-amt-city")
// 设置检查点目录
.option("checkpointLocation", ApplicationConfig.STREAMING_AMT_CITY_CKPT)
```

```scala
// 流式应用，需要调用 start() 方法启动
.start() }
def main(args: Array[String]): Unit = {
// 获取 SparkSession 实例对象
val spark: SparkSession = SparkUtils.createSparkSession(this.getClass) import
spark.implicits._
// 从 Kafka 读取消费数据
val kafkaStreamDF: DataFrame = spark
.readStream
.format("kafka")
.option("kafka.bootstrap.servers", ApplicationConfig.KAFKA_BOOTSTRAP_SERVERS)
.option("subscribe", ApplicationConfig.KAFKA_ETL_TOPIC)
// 设置每批次消费数据的最大值
.option("maxOffsetsPerTrigger", ApplicationConfig.KAFKA_MAX_OFFSETS)
.load()
// 提供数据字段
val orderStreamDF: DataFrame = kafkaStreamDF
// 获取 value 字段的值，将其转换为 String 类型
.selectExpr("CAST(value AS STRING)")
// 将其转换为 DataSet 类型
.as[String]
// 过滤数据：通话状态为 success
.filter(record => null != record && record.trim.split(",").length > 0)
// 提取字段：orderMoney、province 和 city
.select(
get_json_object($"value", "$.orderMoney").cast(DoubleType).as("money"),
get_json_object($"value", "$.province").as("province"),
get_json_object($"value", "$.city").as("city")
)
// 实时报表统计：总销售额、各省份销售额及重点城市销售额
    reportAmtTotal(orderStreamDF)
    reportAmtProvince(orderStreamDF)
    reportAmtCity(orderStreamDF)
// 定时扫描 HDFS 文件，关闭 StreamingQuery
spark.streams.active.foreach{query =>
StreamingUtils.stopStructuredStreaming(query, ApplicationConfig.STOP_STATE_FILE)
}
}
}
```

10.7 本章小结

本章主要介绍如何利用 Spark Streaming、Kafka 和 Redis 等进行集成，模拟电商实时数据处理。通过学习本章，读者可以了解大数据实时计算架构的开发流程，熟悉使用 Spark 开发应用的过程，掌握算子的使用以及注意事项，并加深对 Spark Streaming 和 Kafka 在实际开发中使用方式的理解。本章重点在于使读者在掌握系统架构和业务流程的前提下，通过自己动手开发系统来提升实践能力，当遇到问题时，能够更加熟练地解决问题。